卷四

菜根谭全集

[明] 洪应明 著

吉林出版集团有限责任公司

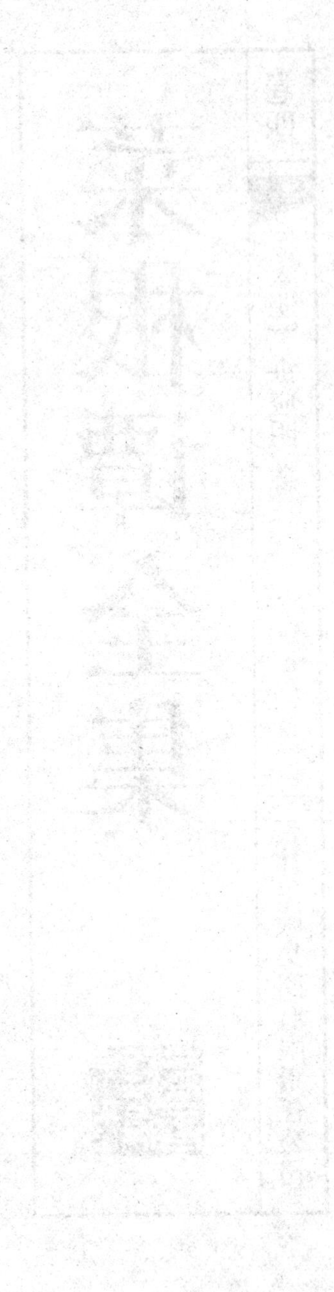

第八编　品评尚议篇

臆见是蟊贼，聪明乃藩屏

利欲未尽害心，意见乃害心之蟊贼[①]；声色未必障道，聪明乃障道之藩屏[②]。

【注释】 ①蟊贼：指危害人的人。在此指害虫。

②藩屏：障碍。

【译文】 追求利禄不一定有害处，主观心念才是妨碍领悟的大敌；歌舞美色不一定有害，过于智巧反而会成为挡路的绊脚石。

【解评】 拥有财富功名并不一定能遮蔽一个人的心性，只要能把握住自己的真心，"君子爱财，取之有道，用之有度"，反而刚愎自用、自以为是那才是心灵的毒药。自以为是就没法听进旁人的意见，一个人只凭自己的主观臆断，即使获得成功又会维持多久呢？自以为聪明的人最终避免不了失败，就是因为他以为自己看透一切、能把握所有的东西，而事实上一个人的精力和智力是绝对无法把握这个千变万化的世界，你的成功中总包含着众人共同努力的成果。《红楼梦》中的王熙凤就是聪明反被聪明误最典型的例子。

王熙凤像

一念之差，咫尺千里

人人有个大慈悲，维摩屠刽[①]无二心也；处处有种真趣味，金屋茅檐非两地也。只是欲蔽情封，当面错过，便咫尺[②]千里矣。

【注释】 ①维摩屠刽：即维摩诘和屠夫刽子手。维摩诘为释迦牟尼同一时代的人，精通大乘佛法。此处是大慈大悲的代称。

②咫尺：指极短的距离。

【译文】 每人心中都存有与人为善的想法，即使屠夫和刽子手在本性上也与维摩诘相同；世界上到处都存在生活情趣，黄金与茅草房在本质上并没有太大差别。只不过是人们被私心贪欲所蒙蔽，即使善心和真趣近在身边，也会像远隔千里而无法找到。

【解评】 恶人不是天生的，俗话说"人心都是肉长的"，即便是再凶残的人内心深处也会有柔软的地方。屠夫刽子手与佛陀又有什么不同呢？都是从孩童长到成年，从懵懂无知到阅尽世事，经历相同的春秋冬夏，体味一样的生老病死，他们的区别就在于是否发现了自己的慈悲之心。如果是为欲望利益蒙蔽了眼睛，自然就无法回到自己的内心，也无法发现自己潜在的品质，就好像黄金造就的房屋和草房又有什么区别呢？房屋的功能就是用来遮风避雨休养生息，即使是用钻石镶嵌也不可能让你长生不老百病不生，只不过是满足人的虚荣罢了。人生百年，对于这生生不息的世界也不过是朝菌蟪蛄，那这虚荣该又是多么的无力和可笑。

诗家真趣，禅教玄机

一字不识而有诗意者，得诗家真趣[①]；一偈[②]不参而有禅味者，悟禅教玄机[③]。

【注释】 ①真趣：即内涵。

②偈：佛经中的唱词，一般四句为一偈。

③玄机：奥妙的义理。

【译文】 有的时候不认识一个字的人说出的话更具有诗意，说明他更具有诗人的内在气质；不懂佛法的人说出的话更加具有佛理，说明他领会参悟到佛教的玄机。

【解评】 诗意出自灵性，而不是因为学问高低，所以一字不识的人，很有可能眼中所见，都是诗趣；有学问不一定能写诗，即使学富五车，如果胸中了无诗意，即使对着美景也难以吟成佳句。再有天分的人，不读书，不识字，还是写不出好诗。禅宗讲"即心即佛"，有没有禅味，悟不悟禅机，在于内心，而不在于偈语。禅宗主张"不立一法"、"不著在一切相上"，所有参偈子、参话头、参公案者，只是为了方便入门，不得已才设置的，如果拘泥于这些，那就走入末流了。

人心不同，各如其面

吉人[①]无论作用安详，即梦寐神魂，无非和气；凶人[②]无论行事狼戾[③]，即声音笑语，浑是杀机。

【注释】 ①吉人：指心地善良之人。

②凶人：指心性凶暴，心地险恶之人。

③狼戾：凶残。

【译文】 心地善良的人，不单单是处事温文尔雅，即便是在梦中也充满善意；心性凶暴的人，不单单是处世为人心狠手辣，就是在笑容满面地与人交谈时，也潜藏杀机。

【解评】 "心者貌之根，审心而善恶自见。"一个人的内心世界总是能够通过他的表现反映出来，同样，一个人的言行总是能够反映出他的内心。人心不同，各如其面。有人会反对说，那可不一定，现在许多人都是面前一套，背后一套，特别会伪装呢。可是，能伪装一时，不能伪装一世；能伪装一点，不能伪装全部。一个伪善的人不可能做到面面俱到。即使脸上挂着笑容，眼睛里也是不会有笑意的，只要仔细观察，就知道那是笑里藏刀。为了最讲一个真诚，给自己套个面具能套到什么时候呢？总有露出马脚的时候，还不如发自内心地做一个真诚的人，即使有缺点也不伪装掩饰，直面自己，是比伪饰更需要勇气的。

少事即是福，多心才是祸

福莫福于少事，祸莫祸于多心[①]。惟苦事者[②]方知少事之为福；惟平心者[③]始知多心之为祸。

【注释】 ①多心：指乱起疑心，用不必要的心思。

②苦事者：深受事务困扰的人。

③平心者：内心平静的人。

【译文】 没有事情打扰是最大的幸福；乱起疑心是最大的祸患。只有深受事务困扰的人，才最能体会到无事是一种福气；只有内心保持平静的人，才最能感受到猜忌怀疑别人是一种祸患。

【解评】 《围城》中说：婚姻就像是一座城堡，城外的人想冲进来，城里的人想逃出去。其实人生都是这样，人们总是彼此羡慕，一旦双方的境遇相互转换，才能明白个中甘苦。许多无所事事的人总是羡慕别人天天有忙碌的事情，看起来活得很充实。而整天事务缠身的人最大的愿望就是能没有任何打扰地品茶赏花，但此时他是很难有空闲时间的。这看起来很悖谬，当你身处其中，才知道其中的甘苦，但也是无法抽身的，于是我们永远不能满足。多心的人也许奇怪为什么有些人总能心平气和，他们觉得有很多事情需要算计，不明白为什么另一些人看起来什么都不计较，也许要等到自己能平心静气的时候，才能明白那才是多大的幸福。

有心求不得，无意功在手

施恩者内不见已，外不见人，即斗粟[①]可当万钟之惠[②]；利物者计己之施，责[③]人之报，虽百镒[④]难成一文之功。

【注释】 ①斗粟:即一斗米,形容极少。

②万钟之惠:钟,量器,容量单位。六角斗四斗为一钟。惠,恩惠。

③责:要求,索要。这里有算计的意思。

④镒:古代的重量单位。二十四两为一镒,一说二十两为一镒。

【译文】 想着给别人恩惠的人,自己却并不把这当作一回事,也不向人宣扬。这样哪怕是帮助别人一斗米,也比万钟米的恩惠强得多;重利轻义的人,自己总是算计着会得到多少回报,这样哪怕他拿出千两黄金,也会被看做一文不值。

【解评】 助人为乐、与人为善本来是人的天性,帮助别人并不是为了能得到回报,而是从帮助他人解决困难中得到快乐。一个乐于助人却从不到处宣扬的人可以说是个真君子,一个帮助了别人却整天挂在嘴上要求回报的人只能是个伪君子。人们是能分辨君子与小人、真心与伪善的,所以帮助别人的时候不要存功利之心,否则就算是你真的付出了什么,也不可能得到旁人的感激,反而会加深别人的厌恶。而一个真君子,虽然他不求回报,别人也会"滴水之恩,当涌泉相报"的。世间的事大多都是这样,"有心栽花花不发,无意插柳柳成荫",做事不能太过计较,今天的果也许是很久以前的因,心地善良的人一定会得到应有的回报。

《东西晋演义》版画之石季伦击碎珊瑚图。石季伦即石崇,他与王恺斗富,击碎了晋武帝赐给王恺的玉珊瑚。

贫而有余,拙而全真

奢者[①]富而不足,何如俭者贫而有余;能者劳而府怨[②],何如拙者逸而全真[③]。

【注释】 ①奢者:即奢侈的人。

②府怨:怨恨聚集的地方。

③全真:保持纯真的天性。

【译文】 奢侈的人虽然富足却还是不知足,怎么可能比得上节俭的人不期望拥有很多的财富而快乐美满;有才的人因为终日操劳却积怨许多,怎么能够比得上笨拙的人既能安心享受清闲又可保持天性。

【解评】 欲望是没有止境的,就像财富。富足当然是好的,可以保证衣食无忧,才能进一步追求道德完善,但怎样的富裕才算富裕?西晋的石崇可以说富可敌国,他在与王恺互相攀比自己的财富时,王恺用糖水洗锅,石崇就把蜡烛当柴火烧;王恺展示一株稀世的珊瑚,石崇为了炫耀自己藏有几十株这样的珊瑚,就故意把王恺的打碎……财富只是为了满足人的使用，这样的奢侈浪费只能是暴殄天物。反倒是清贫人家过的满足且有富余，因为他们知道约束自己不合理的欲望，物尽其用才是追求财富的意义。有些才华出众的人认为自己高人一等，总是抱怨被身边平庸的人所拖累，虽然他们比旁人多做了一些事，却招致别人的厌恶，还不如生性笨拙的人，无所作为却能保持完满的天性。

贪者图名，拙者用术

真廉无廉名，图名者正所以为贪；大巧[①]无巧术，用术者乃所以为拙[②]。

【注释】 ①大巧：技术高明、绝顶聪明的人。

②拙：笨，笨拙。

【译文】 真正廉洁的人并不看重清廉的名声，喜好被称为清廉的人恰恰暴露了他贪婪的本性；技巧高明的人并不要弄什么手腕，凡是使用小技巧的人恰恰是表明了他的笨拙。

【解评】 真正清廉的人并不贪图名利，根本不存在计算付出的能收回多少的想法，反而是为自己宣扬名声的人才是居心叵测。有个很奇怪的现象，赞扬某些领导总会称赞他拒绝受贿多少次。太奇怪了！拒绝受贿多少次是怎么算出来的？难道别人行贿一次他就做一次记录？而且，旁人又是怎么知道的？难道他还定期公布笔记？这只能说明他拒绝受贿不过是为了给自己换取好听的名声。若是有一天一笔足够的贿赂摆在他眼前，他衡量这份利比名更重，他还会拒绝吗？真正清廉的人根本不会关心自己的名声，就像真正大智慧的人不会耍手腕玩手段一样。因为他们的所作所为只出于自己的良心，世俗的观念根本不能束缚他们。

拔除名根，消融客气

名根[①]未拔者，纵轻千乘甘一瓢，总堕尘情；客气[②]未融者，虽泽四海[③]利万世，终为剩技[④]。

【注释】 ①名根：即名利的念头。

②客气：不真诚、虚伪。

③四海：四方，天下。这里是用来形容宽广、广大。

④剩技：即多余的伎俩。

【译文】 不能放弃追求虚名的念头，即便是蔑视帝王的尊位而过上清贫的生活，同样还是身陷世俗难以自拔；假如不改掉虚情假意的毛病，就算是广施恩惠、造福万代，也不过是施展权术罢了。

【解评】 不能真正看破名利，就不可能真正超越世俗观念的束缚。有的人表面上厌恶权势名利，其实是想得却得不到才故作清高，如果有机会，他肯定还是不会拒绝名利的诱惑的。中国古代的知识分子有“隐”的传统，有的人是洁身自好不同世俗同流合污，但有些人根本就不存在真正的“隐退”之心，他们也“隐”，不过是标榜自己好让官府请自己去做官。这样的人即使布施恩惠，也不过是为了抬高身价，给自己换取好名声，归根结底都是交易的手段而已。

洁出自污，明蕴于晦

粪虫[①]至秽，变为蝉，而饮露[②]于秋风。腐草无光，化为萤，而耀采于夏月。固知洁[③]常自污出，明每从晦[④]生也。

【注释】 ①粪虫：指蝉的幼虫，经羽化成蝉。

②饮露：为高洁的象征。

③洁：品德纯洁，高洁的意思。

④晦：昏暗，阴暗。

【译文】 粪中的虫是最肮脏的，但当它羽化为蝉之后，就会在秋风送爽的季节吮吸朝露；腐朽的草木本来晦暗无光，但是从中滋生的萤火虫，却能够在皎洁的夏季月夜发出光亮。由此可以看到，高洁往往来自污秽，光明每每生于阴暗。

【解评】 成长时的环境会影响人格的形成，但这并不是完全绝对的，否则，出身贫寒的人只能永远比人低人一等，富家子弟不用任何努力就能青云直上，但很多事实却恰恰相反。宋朝的宰相寇准，自幼丧父，家境贫寒，全靠母亲织布度日。后来他成为当朝宰相，但是他对自己的子孙却很放任，他死后，子孙后代大多败落。可见环境对人的影响并不是起决定性作用的，只要有志向和毅力，即使是在恶劣的环境中也能成为人才。就像荷花，生长在淤泥之中，却开出最为淡雅清香的花朵。

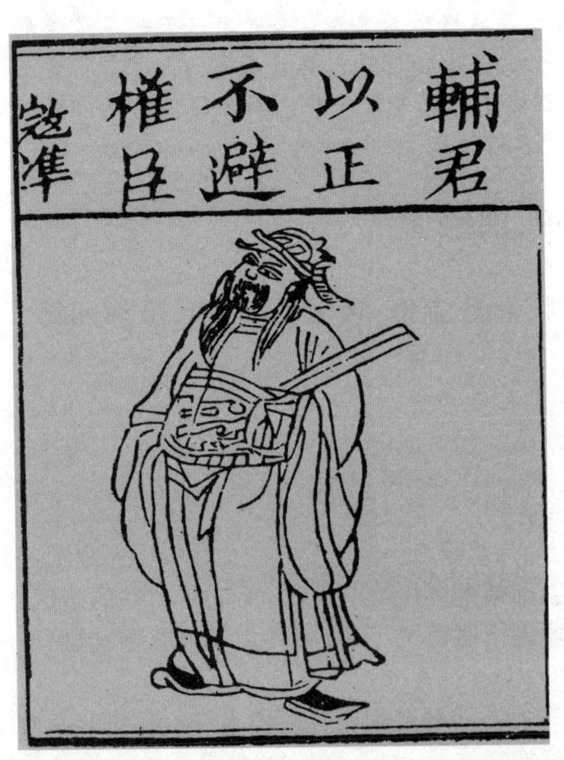

寇准像，图出自《群英杰》。

功名利禄，终是了了

人知名位[①]为乐，不知无名无位之乐为最真；人知饥寒为忧[②]，那知不饥不寒之忧为更甚。

【注释】 ①名位：官职，在此指名誉和地位。

②忧：担心，忧虑。

【译文】 人们只知道得到名誉和地位的乐趣，却不知道那不贪求虚名、不图高位的快乐才是真正的快乐；人们都会为挨饿受冻而担心忧愁，哪里会知道那种不想挨饿受冻从而产生的忧愁更是难以解脱。

【解评】 “天下熙熙，皆为利来；天下攘攘，皆为利往。”人们用尽一生都在追求名声地位和财富，最终又能怎样呢？古今多少大将名相，生前无比显贵，死后也只有一堆荒草掩盖了的坟墓；财富更是生不带来死不带去，即使家财万贯也换不到长命百岁健康和气。反倒是因为处心积虑地博取功名、计算得失而错过了人生中最美的风景。

恶中犹有善，善处却见恶

为恶而畏[①]人知，恶中犹有善路[②]；为善而急人知，善处即是恶根[③]。

【注释】 ①畏：害怕。

②善路：即向善学好的道路。

③恶根：祸根，即罪恶的根源。

【译文】 在作恶时如果担心别人知道，那么说明这个人将来也许还有弃恶从善的可能；在做善事时如果急于让大家都知晓，那么所做的善事已开始为日后作恶埋下了祸根。

【解评】 良知是人心目中的警钟，当我们违背了自己内心的道德准则时，它就会跳出来警示我们。只要心中还存在一丝良知，就会为自己作恶的行为感到羞耻。相反，做了好事却四处宣扬以博得称赞褒扬，其实这是一种急功近利的心理。善行变成了修饰自己的工具，如果一旦没有得到他想要的东西，那从善行里也会诞生出恶的念头。

福不可邀，祸不可避

福不可邀[①]，养喜神[②]以为召福之本而已；祸不可避，去杀机[③]以为远祸[④]之方而已。

【注释】 ①邀：求，谋取。

②喜神：宋代对人的画像之称，在此指高兴的神态。

③杀机：指想杀害别人的心思。

④祸：祸患。

【译文】 幸福不能强求，如果能够培养乐观的心境，倒是可能招来福气；祸不可能躲避，假如能去掉心中的作恶的念头，倒是一种远离祸患的方法。

【解评】 幸福不是祈求就能求到的，否则我们只要天天吃斋念佛，祈求幸福的降临就可以了。祈求幸福，那只是弱者的行为，生活的强者应当是争取自己的幸福。首先我们应该明白幸福是什么，是优越的生活还是炙手的权势？其实幸福就取决于我们的态度。没有人会愿意让灾祸降临在自己头上，但天灾人祸是任谁也无法躲避的。

只要自己不做恶事没有邪念,就不必担心遭到上天的惩罚,那么,即使遭遇灾祸也不用心虚,只当它是命运的考验。对于能够锻炼自己能力与人格的事情,又有什么好逃避的呢?

天理路甚宽,人欲道也窄

天理[①]路上甚宽,稍游心,胸中便觉高明广大;人欲路上甚窄,才寄迹[②],眼前俱是荆棘泥涂[③]。

【注释】 ①天理:指天然的道理,在此是自然天性的意思。

②寄迹:涉身,托足。

③泥涂:泥泞。

【译文】 天性自然的道路非常宽广,只要稍稍留意,便会认为前景广阔;通向个人欲望的道路十分狭窄,刚刚迈步,便会觉得眼前一片布满荆棘泥泞。

【解评】 追求真理和道德大概是世界上最为幸福的事业,道德与真理的路只会越走越宽,和它有鲜明对照的是,牟取个人私利的路只会越走越窄。古人云:“行一件好事,心中泰然;行一件歹事,衾影抱愧。”即便是没有天理的惩罚,也最终逃不过自己的良心。

惺惺不昧,独坐中堂

耳目闻见为外贼;情欲意识为内贼。只是主人翁惺惺[①]不昧,独坐中堂[②],贼便化为家人矣。

【注释】 ①惺惺:机警,清醒。

②中堂:厅堂的正中。

【译文】 耳闻目见的现象就好像是外来的盗贼;出自内心的意念就好像是家贼。只要头脑清楚,那就好比是明察秋毫的主人端坐在中堂,而“家贼”、“外贼”就都能化为宝贵的财富。

【解评】 灯红酒绿纸醉金迷的现代生活中,不仅仅是为了生存发展,而是为了满足无限膨胀的欲望。外界的诱惑与内心的欲望两者交替爬升,最终人被欲望驱使,那和行尸走肉又有什么区别?人在世界上生存,总会有各种各样的欲望,合理的当然应该满足,过分的就要压制和排除,否则终会沦落到贪婪无度,而又不能物尽其用,这可谓是双重的浪费。要能克制无度的欲望,需要对生活与自我清醒地认识。要控制自己的欲望而不是盲目地为欲望所驱使,这才是人与动物的区别,是做人的根本。

人生一世,善始善终

声妓[①]晚岁从良,一世之胭花[②]无碍;贞妇白头失节,半生之清苦俱非。

语云:“看人只看后半截,”真名言也。

【注释】 ①声妓:古代官宦家中的歌舞妓。
②胭花:指卖笑。

【译文】 妓女到了晚年从良,以前的卖笑生涯就不会被人计较;贞节烈妇晚年失去贞节,半辈子的清苦就会一笔勾销。俗话说:“看人只看后半生”,此话确实存在一定道理。

【解评】 中国人最讲究“善始善终”,即使是开头不好,也可以在过程中得到修正,最后得到好完美的结果;但是如果只有好的开头,却不能坚持到底,反而以残局收场,再好的开头又有什么意义呢?

无位公相,有爵乞人

平民肯种德[①]施恩,便是无位的公相;士夫徒贪权市宠[②],竟成有爵的乞人。

【注释】 ①种德:布行德惠。
②市宠:争权取宠,即博得别人的喜爱或恩宠。

【译文】 平民百姓假如能够积德行善,就好比是没有爵位的王公贵族;士大夫假如只知争权取宠,就好比是有爵位的乞丐。

【解评】 在追求的人生目标中,立德应该是最重要的,而功名尚且排在第二位。德行反映一个人的内在品质,伴随人的一生,有道德的人可以成为万世之楷模。而功名只是一时一世的身外之物,可以意外地得到,也可以意外地失去,它与人的关系相当于一种偶然的巧合。功名固然也值得追求,然而忘记了德行的修养去追求功名,就无异于舍本逐末,失去了人生本真的价值。何况“天下为公,有德者居之”,离开德行得来的功名权位,就像离开了源头的溪流,又怎么能够在世间长久呢?

诈善君子,不及小人

君子而诈善[①],无异小人之肆恶[②];君子而改节,不及[③]小人之自新。

【注释】 ①诈善:指虚伪、骗人的善行。
②肆恶:肆意作恶。
③不及:不如。

【译文】 君子伪装从善,就和小人作恶没什么两样;君子丧失节操,还不如悔过的小人。

【解评】 君子做事不是为谋私利而是为追求道义,所以被众人所敬爱。凡事只从个人利益出发的小人肯定会被人唾弃,但比小人更危险的是道貌岸然的伪君子。小人还不遮掩自己的私欲,虽贪婪倒也坦诚,让人亦有应对的方法。而伪君子只嘴上讲正经事,行事却没半点正经。他们不仅为私利钻营,还要编出冠冕堂皇的理由伪饰自己的贪婪,没有深入了解的人就很容易上当受骗。小人被人所不齿,也会生出羞耻之心,加以适当地引导即可改过自新;在中国的传统观念里,“知耻近乎勇”,是受到鼓励的行为,而“辱,莫大于不知耻。”中途变节的君子则是“不知耻”,他们本比那些小人懂得更多的道义,却仍不能超越私欲的诱惑,不由得不叹息啊!

逆境皆针药,顺境满兵戈

居逆境①中,周身皆针砭②药石③,砥节砺行③而不觉;处顺境内,眼前尽兵刃戈矛⑤,销膏靡骨⑥而不知。

【注释】 ①逆境:不顺利的境遇。

②针砭:一种石针,用砭石制作而成,也指针灸治病。

③药石:泛指药物。

④砥节砺行:即磨炼意志与品行。

⑤兵刃戈矛:泛指兵器。

⑥靡骨:即粉身碎骨的意思。

【译文】 身在逆境之中,就好比全身扎着针、敷着药,在不知不觉中意志得到磨炼;身在顺境之中,身体就好像被兵器所困,不知不觉就被淘空。

【解评】 《史记》中写道:“周文王被拘羑里而演《周易》,孔子困陈蔡而编《春秋》,屈原遭流放而赋《离骚》,左丘明失明而写《国语》,孙膑脚残而著《兵法》,吕不韦迁蜀地而出《吕览》,韩非子被秦国囚有《说难》、《孤愤》,《诗经》三百篇,大多都是发愤所作。”许多英雄志士都是先经历了苦难的考验,磨炼了自身的能力与心理素质,然后奋发而起,才最终成功,故古语云:“吃得苦中苦,方为人上人。”《孟子·告子下》篇中接着说道:“入则无法家拂士,出则无敌国外患者,国恒亡。”人亦是如此,太过顺利就会松懈人的斗志懒惰人的心性,长此以往,人亦恒亡!

《武王伐纣书》版画之周文王被囚羑里城。羑里城位于汤阴县城北约4公里处,是世界遗存最早的国家监狱,传说文王在此演《周易》,司马迁说“文王拘而演《周易》”即指此事。

奢欲无度，自铄焚人

生长富贵丛中的，嗜欲[1]如猛火，权势如烈焰。若不带些清冷气味，其火焰若不焚人，必将自铄[2]矣。

【注释】 ①嗜欲：嗜好与欲望。通常指耳目口鼻等方面贪图享受的要求。

②铄：销毁、熔化。

【译文】 生活在富贵的环境里，对欲望的需求就像大火一样猛烈，对权力的需求就像烈焰一样灼人。如果不能够冷静下来，那么这种火焰不是伤害了别人，就会毁灭自己。

【解评】 有这么一个故事，说是：有一个年轻人和老总去吃饭，刚咬一口就吐出来，说："什么肉这么难吃！"他的上司惊讶地说："这可是300块钱一斤的穿山甲啊！"所以说生长在优越环境里的人如果不能自觉地锻炼自己，修养自己的道德，那么只能沦为欲望的奴隶，久而久之，就会在欲望的泥潭中越陷越深。如果规矩失去道德理性，毫无节制地挥霍，只能逐渐走上歧途。

持盈履满，君子兢兢

老来疾病，都是壮[1]时招的；衰后罪孽[2]，都是盛时造的。故持盈履满，君子尤兢兢[3]焉。

【注释】 ①壮：壮年，青年。

②罪孽：佛教指应当受到报应的罪恶。

③兢兢：小心谨慎。

【译文】 在人老的时候所生的疾病，都是因为青年时所形成的病根；当衰败后所遭受的苦难，都是在兴盛发达时作孽的报应。所以在事业达到顶峰时，君子要特别小心谨慎。

【解评】 年轻人总是认为自己身体好，从而不在意保养自己。许多年轻的女孩为了漂亮冬天也穿裙子，等到岁数大了患上关节炎的有很多。很多隐患都是在你春风得意之时埋下的，只不过因为当时一帆风顺，发展的因素大于衰退的，所以一时显现不出衰败的迹象。但万事万物的发展都是一个新陈代谢的过程，现在处于顶峰，就一定会有处于低谷的时候。即使达到成功的巅峰，也要时刻保持清醒的头脑，小心谨慎，决不能得意忘形。无所顾忌、为所欲为，最终自己一定会自食恶果的。

君子所行，独从于道

曲意[1]而使人喜，不若直躬[2]而使人忌；无善而致人誉，不若无恶而致人毁[3]。

【注释】 ①曲意：委曲求全，即委屈自己而奉承别人。

②直躬：指刚直不阿的行为。

③毁：诽谤。

【译文】 与其委曲求全地让别人高兴，不如仗义执言被他人忌恨；与其没有做好事就受到别人的赞扬，不如没做坏事却被人诽谤。

【解评】 迎合别人说好听话，叫做谄媚；不分是非全都说好，叫做阿谀。不分善恶，用两面派的面孔随机应变，暗中揣度、助长别人的私欲，叫做阴险。这些都是小人所干的，君子为人只顺应天理道义，不能为了粉饰自己而曲意奉承。正所谓“圣人信道不信身，顺道不顺心，动不为己，先以为人”。正直、真诚、正义……都是一个君子应当具备的品质，《老子》中也说道：“大德之人不随世俗，所行独从于道。”君子不会迎合世俗随波逐流，坚持“道义”这一原则是指引着我们逐步靠近高尚。

燮理的工夫，敦睦的气象

吾身一小天地也，使喜怒不愆[①]，好恶有则，便是燮理[②]的工夫；天地一大父母也，使民无怨咨，物无氛疹[③]，亦是敦睦[④]的气象。

【注释】 ①愆：过错，过失。

②燮理：调理。

③氛疹：因为凶恶之气的浸染而形成的灾害和疾病。

④敦睦：温馨，亲厚和睦。

【译文】 我们的身体好比是一方小的天地，假如不大喜大悲，爱憎分明，就说明修身的功夫已经到家；而天地就好比是胸怀博大的父母，如果天下百姓没有怨恨之声，万物欣欣向荣，就算得上是一派和谐温馨的气象。

【解评】 宇宙间万事万物在本质上都有联系，整个世界就是一个由相互关联的各部分组成的整体。所以天地自然是个大世界，假如各部分能相互协调，就会风调雨顺，国强民富，显现出欣欣向荣的和睦景象。人的身体也是个小世界，机体健康运转，心体澄明，就可以与天地万物融为一体，领悟到生命的本真所在。

妍媸相对，洁污相仇

有妍[①]必有丑为之对，我不夸妍，谁能丑我；有洁必有污为之仇[②]，我不好洁，谁能污[③]我。

【注释】 ①妍：形容美丽或美好的样子。

②仇：匹配。

③污：指行为卑污。

【译文】 世界上，有美必定会有丑与它相对照，我不夸耀自己的漂亮，又有谁能够说我丑陋;洁净的对立面就是污秽,我不喜欢高洁的行为,又有谁能够指责我行为卑污。

【解评】 世界上的事物本来都是相对的,有好就必定会有坏,有美就有丑。但好坏美丑本身也是相对的,没有绝对的好,同样也没有绝对的坏,再美丽的东西中也必定会包含着丑的部分,而丑恶之中也同样蕴涵着美的成分。想要鸡蛋里挑骨头总是能挑出毛病的,如果因为自己的长处而得意忘形,一定会露出马脚。有个故事说有一只开屏的孔雀,周围动物纷纷夸奖赞美它五光十色的大尾巴,这只孔雀高兴地昏了头脑,想把全部的自己展示给大家,竟然转过身去,露出了丑陋的屁股,大家哄然散去。所以什么时候都不能忘掉谦虚的美德,自我膨胀只会导致身败名裂的后果。

富贵多炎凉,骨肉尤妒忌

炎凉[①]之态,富贵更甚于贫贱;妒忌之心,骨肉尤狠于外人。此外若不当以冷肠,御以平气,鲜不日坐烦恼障[②]中矣。

【注释】 ①炎凉:热和冷。比喻对待地位不同的人或亲势攀附,或冷淡疏远。

②障:阻隔,这里是包围的意思。

【译文】 对于人情冷暖变化的感觉,富贵人家要比贫贱人家更加明显;人们相互之间的嫉妒,至亲骨肉之间甚至比外人之间还要厉害。在这个时候假如不能把它们看得淡一些,予以妥善处理,那么整天就会被烦恼所包围。

【解评】 可以共患难的人众,共富贵的人少。越是富贵人家,往往利害冲突往往越尖锐,亲情反而淡薄,反而不如贫穷人家里同甘共苦、相濡以沫更加温馨。同胞骨肉之间,本应该相亲相爱,但若一旦发生冲突,却一丝一毫也容不得对方,反而比平常人来得惨烈。《红楼梦》里贾环因为自己不是正房所生,而妒忌哥哥贾宝玉,竟然趁父亲贾政生气之机,诬告贾宝玉强奸丫鬟未遂,以致丫鬟跳井自杀,结果贾政盛怒之下,叫来宝玉,差点把宝玉打死。贾环诬告的时候,

《红楼梦》插图之"不肖种种大受笞挞",描绘了贾政笞打宝玉的情景。

未必不清楚后果，但是他还添油加醋，其居心可称得上险恶了。这些也都是人情常态，只能用平常心来对待，否则的话，整天放在心里，也只是徒增烦恼罢了。

显恶祸小，阳善功小

恶忌阴[①]，善忌阳[②]。故恶之显者祸浅，而隐[③]者祸深；善之显者功小，而隐者功大。

【注释】①阴：隐蔽，不明显，即不容易被发现的地方。
②阳：明亮，这里指明显处，即容易被看见的地方。
③隐：隐蔽，隐匿。

【译文】对坏事最害怕察觉不到，做善事最害怕四处宣扬。所以那些容易发现的坏事的危害就比较小，而那些不容易被发现的坏事的危害就比较大；人们都知道的善行其功劳是有限，而不为人知的善行其功德无量。

【解评】古人说："人非圣贤，孰能无过？"即便是君子，也难免犯有过失，不同的是"过也，人皆见之，及其更也，人皆仰之"。一个人并不掩饰自己的过错，首先可以证明他是个诚实的人，其实是个勇敢的人，他会因自己的错误而感到羞愧。但相信自己不能坦然面对自己错误的人，一定不会重蹈覆辙。相反，做点好事就迫不及待四处宣扬的人，内心其实十分险恶，其行善的目的就是给自己博取好名声或者利益，可以想象，如果没有利益，他还会做善事吗？

德者才之主，才者德之奴

德者才之主，才者德之奴。有才无德如家无主而奴用事[①]矣，几何不魍魉[②]而猖狂。

【注释】①用事：管事。
②魍魉：传说中的怪物。比喻无法无天的人。

【译文】对人来说，品德是才干的主人，才干是品德的奴仆。如果做人只有才干而没有德行就像没有主人的家庭仆人主事一样，必定会无法无天，把一切搞得一团糟。

【解评】《老子》有言："上德不德，是以有德。下德不失德，是以无德。"意为崇高的道德不是用来自我表现的道德，这才是真正的道德；低级的道德是自我表现的道德，所以并不是真正的道德。即使身怀绝技，有道德的人也不会自我吹嘘，因为他们首先明白自我表现就是德行上的缺陷。天外有天，道德的修为是要仿效自然，而自然就是无限；那些有点本领就夸夸其谈的人往往都是井底之蛙，以为天只有井口那么大，所以才会认为自己无所不知无所不能，自我膨胀到了极限，一旦遇上真正需要才能的大事，他们只会是乱作一团。

返己辟善，尤人浚恶

反己者[①]，触事[②]皆成药石；尤人者[③]，动念即是戈矛。一以辟众善之路，一以浚诸恶之源，相去霄壤[④]矣。

【注释】 ①反己者：反己，即反省自己。反己者，即严于律己的人。
②触事：触，接触；事，事情。
③尤人者：喜欢抱怨的人。
④霄壤：指天与地之间，即天壤之别的意思。

【译文】 能严于律己的人，能从所接触过的每件事中得到教诲和益处；喜欢经常抱怨的人，他的所有想法都是伤害他人的邪念。前者是多行善事之途径，而后者是各种坏事之源头，两者相比较有天壤之别。

【解评】 能够时时反省自己的人，无论遇到什么挫折都会首先从自身找问题，什么事先检讨自己是否处理得当。这样，他每接触一件事情，都等于给自己上了一课。随时总结自己的经验教训，找到弥补提高的方法，不断地向前摸索，这就是进步。而一个总是抱怨的人，碰到任何问题，潜意识里都先把自己的责任推开，一味怪罪外部因素，想来想去总之谁都有问题，只有他自己没有问题。这样只能恶化与他人的关系，并且有碍自身的进步，只能永远在原地踏步。时间久了难免不生出其邪恶的念头，比如嫉妒、仇恨，若付诸行动就肯定会造成更坏的结果。

机里藏机，变外生变

鱼网之设，鸿则罹[①]其中；螳螂之食，雀又乘其后。机里藏机，变外生变，智巧何足恃[②]哉！

【注释】 ①罹：遭遇不幸。
②恃：倚仗。

【译文】 本来是为了捕鱼而设的网，却捕捉到了空中的大雁；螳螂只想着捕捉前面的蝉，却没想到身后的黄雀正打着它的主意。由此可见，世间万物的关系十分玄妙，变幻莫测，人的智慧又有什么可以仗恃的呢！

【解评】 人是万物的灵长，这种说法最早见于《尚书》。后人更是得出“人是万物的主宰”的结论，但是却忽略了一个重要的哲学命题。其实世间万事万物之间都有着千丝万缕的联系，人只是这个世界能量循环中的一环。做什么事情都不能自以为是，要知天外有天，人外有人，如果是沾沾自喜于自己的长处，肯定会有乐极生悲的一天。

清心寡欲，安贫乐道

交市人，不如友山翁；谒[①]朱门[②]，不如亲白屋[③]；听街谈巷语，不如闻牧唱樵歌；谈今人失德过举，不如述古人嘉言懿行[④]。

【注释】①谒：进见，拜见。
②朱门：指红色大门。喻富贵之家。
③白屋：指平民百姓家的房屋。
④嘉言懿行：对世人有教育意义的良好言语和行为。

【译文】和商人结交，不如和山翁做朋友；投靠贵人，不如和平民为友。听闹市里的各种议论，不如听山野中的牧夫和樵夫唱歌。议论现代人的缺点，不如讲述一些古代人的美德。

【解评】做商人的，即使满腹经纶儒雅清淡，还是会为利益而做事，不然天下的商人都只能饿死了。商人谋取利益就免不了世俗风气，所以单纯从结交知心朋友这个角度来说，与商人结交不如与山林老翁结交来得轻松愉悦。同样，攀附达官贵人则不如与平民亲近更加亲切自然，听街头巷尾的是非恩怨，不如听听牧童吟唱樵夫野歌有趣味。因为与当下的利益贴近，就会为其所羁绊，甚至身陷其中，就免不了为其所累。所以说君子假如没有求取功名谋取利益之心，那还是远离世俗，贴近自然，学习一下古人更有助于品德的修养。

诚信为本，不疑不诈

信人者[①]，人未必尽诚，己则独诚矣；疑人者[②]，人未必皆诈[③]，己则先诈矣。

【注释】①信人者：即相信别人的人。
②疑人者：即对别人猜疑的人。
③诈：欺诈，欺骗。

【译文】相信别人的人，即使别人所说的话不一定全都可信，但最起码自己是诚心待人的；对别人猜疑的人，即使别人不一定会有欺诈行为，但首先是自己已经成为虚伪奸诈的人。

【解评】充分信任别人的人对人总是一片赤诚，就算别人对你未真心实意，并没有百分之百地信任你，但自己先做到了这一点儿就可以问心无愧，即使吃了亏，也会被大多数人所尊敬。一个处处对别人猜疑的人，就算旁人对他一片赤诚，也会被他怀疑曲解，这就是自己先做了小人。所以君子待人虽然防人之心不可无，但害人之心却不会有，宁可被别人欺骗，也不能事先猜疑。这是君子的修身之道：既要做事精明又心地浑厚。能够做到这两点，就会得到旁人的尊敬，即使是欺骗你的小人也会被感化。

厚者煦育，刻者阴凝

念头宽厚[①]的，如春风煦育万物，遭之而生；念头忌刻[②]的，如朔雪[③]阴凝万物,遭之而死。

【注释】 ①宽厚:忠厚老实。

②忌刻:对人忌妒刻薄。

③朔雪:即北方的雪。

【译文】 忠厚老实的人,就如同温暖的春风,当沐浴在其中时就能使万物都焕发出生机;内心恶毒的人,就如同寒冷的冰雪,当大地被侵袭时能使万物凋零。

【解评】 委屈自己而成全别人,别人也一定会成全你。想要别人怎样对待你,首先要怎样对待别人。宽厚的人可以容忍别人的错误与过失,在某种程度上是给了别人改过自新的机会,假如针锋相对,估计谁也不能冷静下来退让一步,更别提反省自己的错误了。与此相反,心胸狭窄为人刻薄的人别说是原谅别人,就是别人没有触犯他的利益,他也会算计别人,与这样的人相处如履薄冰一样难受,就算你小心翼翼还是免不了受到伤害,谁又可能会愿意与这样的人为友?

君子持身之符,小人营私之具

勤者敏于德义[①],而世人借勤以济其贫;俭者淡于货利,而世人假俭以饰其吝。君子持身之符,反为小人营私[②]之具[③]矣,惜哉!

【注释】 ①德义:指道德仁义。

②营私:牟取私利。营,谋求的意思。

③具:器具,工具。

【译文】 勤勉的人本来应该既讲究道德又注重仁义,但是,有些人却把勤勉用在搜刮钱财上;俭朴的人本来既不贪钱也不爱财,但有些人假借节俭之名而掩饰他的吝啬。勤俭本来是君子的立身法宝,但却成了小人牟取私利的工具,真是太可惜!

【解评】 小人和君子的区别究竟在哪里?君子会以天地自然为准则,追求道德的自我完善,顺乎自然,出于本心,丝毫没有造作之意。但是,小人却营私舞弊无恶不作,并且还处心积虑地为自己掩饰,把君子的修为道德拉过来做遮羞布。品德高尚的人俭朴勤劳,是出于强本节用,珍惜自然之馈赠。小人吝啬地一毛不拔却还拿俭朴当作借口。君子的道德标准用到小人那里就变成了他们牟取私利的工具。而如此混淆视听,就会让普通人无法看清小人的真面目,也会误解歪曲君子的真心,真是太悲哀了!

意兴难久,情识难悟

凭意兴[①]作为者,随作则随止,岂是不退之车轮;从情识解悟[②]者,有悟则有迷[③],终非常明[④]之灯烛。

【注释】 ①意兴:即兴致。

②解悟:在认识上从不了解到了解,即领会的意思。
③迷:迷惑,糊涂。
④明:明亮,耀眼,光明。

【译文】 单凭一时冲动做事的人,随时都可能会停下来不做,怎么可能会像车轮那样一直向前;凭着感觉去追求真理的人,时而清楚时而糊涂,根本不可能会像发着耀眼光芒的灯烛。

【解评】 因为一时兴起就赶紧动手,只能是莽撞做事。既没有事前的资料收集、调查研究,也没有详尽合理的计划,更不可能有充分的心理准备,这样做事怎么可能会长久?稍微碰到一点小挫折,就会让他失去信心,自然不可能继续下去。只凭借感情就想领悟真理,无异于占卜定凶吉。感情没有理性的引导,就很可能泛滥成灾。有些问题在感情的范围内就能看得清楚,但复杂的问题必须依靠理智才能得出正确的判断,脱离了理性的指导,感情就会像失去灯塔的航船,或者撞上暗礁粉身碎骨,或者误入浅滩从此搁浅。

为奇不求异,求清不为激

能脱俗便是奇,作意[①]尚奇者,不为奇而为异;不合污便是清,矫情[②]求清者,不为清而为激。

【注释】 ①作意:此指特别用心。
②矫情:故意违反常情。

【译文】 做人假如能够摆脱庸俗习气就可以称得上是奇迹,假如刻意去追求新奇,那就不是奇而是怪;不同流合污就是清高,假如违背世间常理而去追求清高,那就不再是清高而是顽俗了。

【解评】 什么是奇?能够不被世俗的标准所束缚,不被世俗的观点所羁绊,就可以称得上是奇。假如要刻意地追求超凡脱俗,处处标新立异来标榜自己的与众不同,那其实根本没有超脱世俗的风气,除了逞一时之能,只能是别人的笑谈。什么是清高?不与腐败的力量同流合污就可以称为清高。如果矫揉造作以表现自己的清高,只能像东施效颦,白白让人笑话罢了。所以什么事都要有个度,过了度就可能适得其反。君子追求道德修为是发自内心的自然之举,如果是故意表现,就违背了道德的本意,非但不能提高个人的修为,反而更表现出自己的粗鄙罢了。

百炼之金,千钧之弩

磨砺[①]当如百炼之金,急就者必非邃养[②];施为宜似千钧[③]之弩[④],轻发者决无宏功[⑤]。

【注释】 ①磨砺:锻炼,磨炼。
②邃养:邃,精深;养,学养、涵养。

③千钧：三十斤为一钧，千钧即三万斤。通常形容力量大或器物重。

④弩：用机械发矢的弓。

⑤宏功：大的功效，即成功。

【译文】 培养品德，就要像炼钢那样反复来进行锤炼，不可以急于求成；在干事业时，就要像拉开千钧之弩那样用力，如果轻易放箭就不可能取得巨大成功。

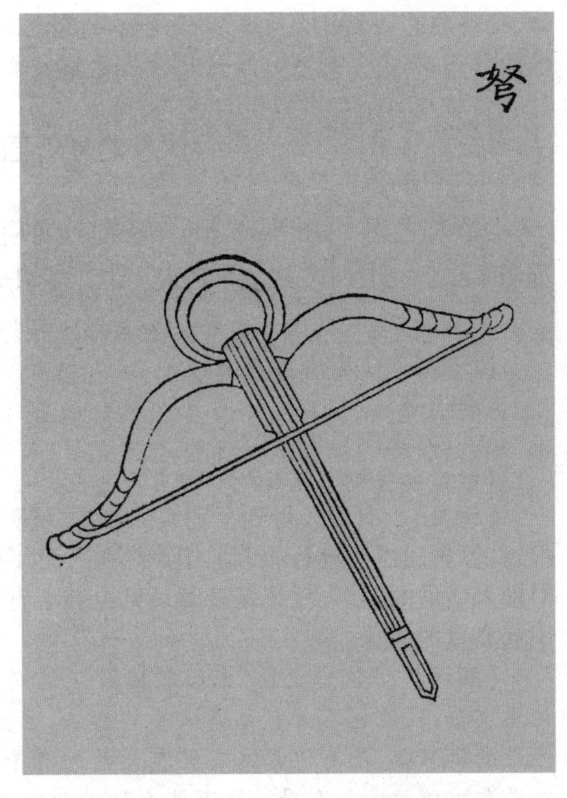

弩图

【解评】 修炼道德需要有“水滴石穿”、“铁杵磨成针”的精神与毅力，不可能一蹴而就。假如三天两天就能修成正果，那世上不知有多少个佛祖了。如果在追求道义品德上也急于求成，就是打着“道德修为”的幌子另有他图。而这种人完全是选错了路径。“道法自然”，道德的修为就像沧海变桑田一般悠久自然，想在这上面使障眼法，那就打错了算盘。很多见真功夫的事情都要厚积薄发，建立功业也是这样。“白手起家”其实并不是“白手”，要知道在这之前已经积累了多少知识，磨炼了多久的意志，哪里可能会有不劳而获的事情？

好利者害浅，好名者害深

好利者①逸②失于道义之外，其害显而浅；好名者窜入③于道义之中，其害隐而深。

【注释】 ①好利者：喜好名利的人，即见利忘义之人。

②逸：超越，超出。在这里是偏离的意思。

③窜入：隐藏，隐藏进。

【译文】 见利忘义的人本来就是已经偏离了正路，由于人们对他的所作所为容易识破，所以所造成的危害并不是很深；欺世盗名者却往往打着维护正义的幌子，但人们容易受到欺骗，因此，所造成的恶果一时间难以看出。

【解评】 过分追逐利益的人一般都不去掩饰自己的欲望，旁人也比较容易看清他们的底细，就算他做了什么伤天害理的事情，大家也都能及时发现，而且事先可以做好提防，所以造成的损害不会很大。与之相反，追逐功名的人危害性却很大。追逐名声的人会以各种伪装来掩饰自己的野心，很容易骗到心地善良而单纯的人的信任。所以有的时候不仅他自己为自己擦脂抹粉，还有不明实际情况的人出于好心帮他说话，这样迷惑的人就会更多。若是他做了什么坏事，大家也不会怀疑，无疑是纵容他继续作恶，只有等到掩饰不住的时候才被大家发现，可那时的危害已经很严重了。

小人之心，宜切戒之

受人之恩[①]，虽深不报。怨则浅亦报之；闻人之恶，虽隐不疑[②]。善则显亦疑之。此刻之极，薄之尤[③]也，宜切戒[④]之。

【注释】 ①恩：德惠，恩惠。

②疑：怀疑。

③尤：最，甚，即过分的意思。

④切戒：切实避免，提高警惕的意思。

【译文】 有的人得到了别人的恩惠，就算再深也不想着报答。但是，对别人的怨恨，就算再浅也要进行报复；当听到别人犯了错误，哪怕是并不足信却也深信不疑。对别人所做的善事，就算是显而易见也会心有怀疑。这种人真是刻薄到了极点，应该引起高度的警惕。

【解评】 “滴水之恩，当涌泉相报”，这是君子的处世信条。有的人就算别人对他恩重如山，他也不会有丝毫报答的想法，甚至有人还会以怨报德，就好比是东郭先生救的那只狼，还有伊索寓言里农夫救的那条蛇，当他们一旦摆脱危险，第一件事不就是要吃掉救命恩人吗？还有些人睚眦必报，鸡毛蒜皮的小事也会嫉恨很久，或者一听到谁犯了错误就十分高兴，就算是谣言他也会添油加醋，又或者看到有人行善，就认为别人有不可告人的目的……这就是“以小人之心，度君子之腹”。与这种人相处，不必和他计较太多，但也不能对他掉以轻心。

圆融顺通，执拗失机

建功立业者，多圆融之士[①]；偾事[②]失机者，必执拗之人[③]。

【注释】 ①圆融之士：指随机应变的人。

②偾事：指把事情搞坏。

③执拗之人：指不知变通的人。执拗，固执任性，不听从别人的意见。

【译文】 能够建立功业的人，大多是那些能够随机应变的人；做事失败的人，必定是那些不知变通的人。

【解评】 一些成就大事的人都有一些相近的地方：比如坚毅的人格。他们对于经过自己慎重考虑而得出的结论抱有相当的自信，不会人云亦云，不会被小人的谗言所迷惑。他们为人行事都有自己的原则，在某些事情上绝对不会让步，但并不是呆板固执。坚持原则也是要以有弹性地对待问题为基础的，事物总是千变万化，没有人能预知将来，知道下一步会有什么事发生，那么唯一不让自己措手不及的对策就是随机应变。当然，是在坚持原则的基础上的随机应变。“兵来将挡，水来土掩。”才能立于不败之地。但是，一些人所谓的坚持原则其实就是固执己见、拘泥呆板，这样的人一定会遭到失败。

鄙啬伤雅道，曲谨多机心

俭，美德也，过俭则为悭吝[①]，为鄙啬[②]，反伤雅道；让，懿行[③]也，过让则为足恭，为曲谨[④]，多出机心[⑤]。

【注释】 ①悭吝：吝啬，即过分爱惜自己的财物，当用不用。

②鄙啬：浅俗，计较得失。

③懿行：即美好的品行。

④曲谨：谨小慎微、小心翼翼。

⑤机心：巧诈之心。

【译文】 节俭，肯定是一种美德，如果节俭过了头就成为吝啬，就会被别人看不起，这样反而会败坏了节俭的名声；谦让，是一种美德，但谦让过了头就会有谄媚的嫌疑，会让人觉得谨小慎微，这种做法多半出于投机的目的。

【解评】 “成由俭败由奢”，这是历经无数历史事实所证明了的真理。俭朴是美德，更是成就事业的必备品德，没有人可以挥霍无度但财富还能保持得长久。但是，俭朴与吝啬有着本质区别。俭朴是物尽其用的美德，吝啬却是私利贪婪的充分表现。好像葛朗台一样，虽然家中拥有万贯财产，却连自己的女儿都憎恨他，这样的富有又有什么意义呢？葛朗台死的时候，也不能把金币带进坟墓。谦逊也是一种美德，表示对他人的尊重。但是一味的谄媚就让人不得不怀疑你的用心。谦逊所表达的是在双方平等基础上的尊敬，放下自己的尊严，没有原则的谄媚，只能表明有着不可告人的目的，因此把自己的尊严也放下了。

吉于宽舒，败于多私

仁人心地宽舒[①]，便福厚而庆[②]长，事事成个宽舒气象；鄙夫[③]念头迫促[④]，便福薄而泽短，事事得个迫促规模。

【注释】 ①心地宽舒：即心怀坦荡。宽舒，宽敞舒展。

②庆：善。

③鄙夫：即鄙陋浅薄的人。

④迫促：急迫，急促。

【译文】 君子因为心怀坦荡，所以福气不断，做任何事情也都会比较顺利；小人因为心胸狭隘，因此总是时运不佳，做任何事情都难免遇到艰辛。

【解评】 《道德真经广圣义》中说：“若恃其功，则功细矣；若恃其德，则德薄矣。”意思是说如果是倚仗功劳而骄傲，那么功劳就显得小了；若倚仗德性而骄傲，德性就显得薄了。君子行事坦荡无私，做事情要有理有节，任何方面都不能过分。而小人稍有功劳就自吹自擂，自命不凡，但在有修为的人眼中，那些无疑是跳梁小丑的丑行。

君子做什么事都没有私心，知足常乐；小人为了牟取私利而不择手段，即使得到的财富功名也不可能会长久。

得山林之乐，忘名利之情

羡[1]山林[2]之乐者，未必真得山林之趣；厌名利[3]之谈者，未必尽忘名利之情。

【注释】 ①羡：贪慕，羡慕。

②山林：即有山和林的地方，常借喻隐居的意思。

③名利：声誉与利益，功名与利禄。

【译文】 羡慕山林生活的乐趣的人，未必领悟到山林之间的真正乐趣；高声畅谈讨厌名利的人，心中不一定就能把名利完全忘掉。

【解评】 古代文人一直有归隐山林的情结，入世就辅佐帝王造福天下，功成就隐退到山林去领悟天地之造化。如果是生逢乱世，高洁的君子选择归隐，即能远离祸害保全自身，又可以远离世俗的腐败混乱而保全名节。但有些人却把“归隐”当做标榜清高、粉饰名声，求取官禄进身的台阶。春秋战国时，楚威王派使者去请庄子去做宰相，庄子却说：“子亟去，无污我！”这才是真正地忘却了功名，充分到天地大自然中寻找山林乐趣。

林黛玉像

聚散无常，悲喜交加

宾朋云集[1]，剧饮淋漓[2]，乐矣。俄而[3]漏尽烛残，香销茗冷，不觉反成呕咽[4]，令人索然无味。天下事大率类似，人奈何[5]不早回头也。

【注释】 ①云集：比喻许多人从各处来，聚集在一起。

②淋漓：充满、酣畅的样子。

③俄而：不久，转眼间。

④呕咽：形容很不舒服的样子。

⑤奈何：怎么，为什么。

【译文】 当朋友们在一起欢聚时，尽兴痛饮狂欢从而得到欢乐。但是，转眼间就会夜深人静，香灭茶冷了，这时想想刚才的场面，心里反而会觉得很不舒服，会让人有索然无味的感觉。其实天下的事情有许多都是这样，物极必反，为人处世为什么不能适可而止呢？

【解评】《红楼梦》里的黛玉是“喜散不喜聚”的典型代表。她生性感伤，当大家欢聚的时候喜气洋洋，唯独她一人郁郁不乐，她说：“人有聚就有散，聚时欢喜，到散时岂不冷清？既清冷则伤感，所以不如倒是不聚的好。比如那花开时令人爱慕，谢时则增惆怅，所以倒是不开的好。”这是因为她深切体味到了“好花不常开，好景不长在”的悲凉之后才能说出的。而人生就是在悲喜交加之后才显出魅力，就算是有悲，但是有快乐的对比才显出离散之悲，所以没必要为快乐的逝去过分悲哀，而更应该为珍视生活中的幸福。

知足者常乐，善用者则生机

事到眼前，知足者[1]仙境，不知足者凡境[2]；因出世上，善用者生机[3]，不善用者杀机[4]。

【注释】①知足者：即感到满足、感到知足的人。
②凡境：平凡的境界，即人世间。
③生机：即生存的希望、生存的机会。这里是比喻前途光明的意思。
④杀机：即杀人的念头。这里是比喻前途危险的意思。

【译文】对于所碰到的事情，感到满足的人，就是已经进入神仙的境界；没有感到满足的人就会进入平凡的境界；对于所能看到的道理，善于运用的人就会前途无限光明，不善于运用的人前途就会非常危险。

【解评】不顺心的事在人生之中有十之八九，月尚有圆缺，人有生老病死，各自具有微妙之处。随着各自际遇的不同，心境的取舍就会产生不同的结局，关键在当事者如何把握当下，自得其乐，想一想孩童们无欲无求，但他们最为快乐。天地之间的事理其实就在万物之中，只看你能否把握，能否运用。一样的机会，在不同的人那里就会有不同的结局，完全在当局者如何策划决断。所以挫败的时候一定不要一味地怨天尤人，要多反省自己的错误，来个换位思考，别人可以成功的地方，为什么自己会摔倒？想得通了，也就是悟到了事理。

色欲火炽，幻消道长

色欲火炽，而一念及病体，便兴似寒灰；名利饴[1]甘，而一想到死时，便味如嚼蜡。故人常忧死虑病，亦可消幻业[2]而长道心[3]。

【注释】①饴：饴糖，蜜糖。
②幻业：是佛教用语，在此指邪念。
③道心：佛教用语，在此指品德。

【译文】对于色情的欲火是难以控制的，但想到可能会因为这样会得病，便会让

《红楼梦》插图之"贾天祥正照风月鉴"

人兴趣全无;美名厚利的诱惑好比蜜糖,但想到死后一切都是空的,就会觉得追求它们实在乏味。所以做人应该时常想到自己会生老病死,这样就会消除邪念而提高品德。

【解评】 《红楼梦》中有一回写到贾瑞对王熙凤心怀不轨,却被王熙凤接连捉弄,最后弄得重病缠身,吃什么药都无济于事。此时一个跛足道人说可以救他性命,给了他一面镜子。叮嘱他千万不能看正面,只可照背面。贾瑞照了反面,却是一骷髅,把他吓了一跳。他忍不住又照正面,竟是凤姐站在里面向他招手。"贾瑞心中一喜,荡悠悠的觉得进了镜子,与凤姐云雨一番。"却"心中到底不足","如此三四次",就断了气。所以说病人纵欲就会元气大伤,甚至致死。故纵然是色欲难耐,但想到性命要紧也只能是克制自己的欲望。贾瑞若是这样自觉,也不会白白丢了性命。

隐逸无荣辱,道义泯炎凉

隐逸[①]林中无荣辱[②],道义路上泯[③]炎凉[④]。

【注释】 ①隐逸:即隐居的人。

②荣辱:荣华与耻辱。荣,兴盛。

③泯:灭、亡。

④炎凉:原指夏季和冬季,后来常比喻人情的反复无常。

【译文】 在隐居山林的人的眼里,是看不到世间的荣华与耻辱;在坚持正义的仁者心中,是不存在世间的炎凉冷暖的。

【解评】 有个人向法师请教什么叫做人,法师回答说:"做人,就是通过长久地去做一件或多件事情的方法,达到人的境界。"这个人又问道:"为何现在的人做了很多事,却没有到达这个境界?"法师说:"那是因为他们做事的时候,做着做着就被事情拖着跑了,把人撇在了一边。"这个人又问:"为什么会这样呢?"回答说:"那是因为'人'是一个看不见的东西,不容易把握,'事'却是实在的,五颜六色,酸甜苦辣,容易当成真。"世人被欲望利益蒙住眼睛,难以看透,但"临大剩而不易其义"的君子坚持道德的原则,就可以超越"事物"表面的虚荣,不被世俗的观念所动摇。

贪得者恨不得玉，知足者旨于膏粱

贪得者[①]，分金恨不得玉，作相怨不封侯。权豪[②]自甘为乞丐；知足者，藜羹[③]旨于膏粱[④]，布袍[⑤]暖于狐貉。编氓何让于王公[⑥]。

【注释】 ①贪得者：即贪得无厌的人。贪，不择手段地追求财物。

②权豪：即权贵豪强。

③藜羹：藜草煮成的羹，泛指粗劣的食物。

④膏粱：肥肉和上等的粟，精美的食品。

⑤布袍：指布制的长袍。

⑥王公：贵族，即达官贵人。

【译文】 贪婪无度的人，即使给了他金银他还嫌没有得到珠宝，让他当宰相他还会嫌没给他爵位。这样的人即使很富贵却实为乞丐；能够满足的人，就算是吃野菜也比吃山珍还要香甜，即使穿布衣也比着狐裘还要温暖。这样的人即使卑下却实为贵族。

【解评】 《渔夫与金鱼》的故事说，渔夫放走了一条金鱼，金鱼答应满足他的愿望。而他的妻子却贪心不足，要了洗衣盆，又要新房子，还要宫殿，最后居然要做海上的女王。金鱼发怒了，最终把她变回只守着破洗衣盆的老太婆。有贪念，就会产生嗔心，因为欲望得不到满足就会产生怨恨。这在旁人眼中我们却是身在福中不知福。生活中的烦恼，大多来自我们自己的贪欲与不知足，应当谨记先哲的话："天下事，占便宜不得，有便宜之贪念，即有不便宜之大悔。"

逃名之趣，省事之闲

矜名[①]不若逃名趣，练事[②]何如省事[③]闲？

【注释】 ①矜名：矜，崇尚；名，名誉，名声。

②练事：即熟谙世事。

③省事：减少事情。

【译文】 经常夸耀自己名声的人，不如隐匿自己名声的人更高明；潜下心来研究事理的人，又如何能比得上什么事都不干的人更加悠闲？

【解评】 自我夸耀声名的人，不过是把名誉当成体现自己价值的砝码，就好比是那些争夺利益的人一样，都是为了满足自己的私心和欲望，而追逐声名的人更是给自己披上一件神圣的外衣。这样是比直接牟取财富利益更加危险的行为，因为比起直接牟取财富，博取功名的目的更加隐匿，普通人不容易察觉。而当他们的目的无法达到就会心生怨恨却又不露声色，造成的后果会严重得多。所以修饰语句练达世事不如清静无为，因为它更加悠然自得，这才是修身养性的正道。

猛兽易伏，人心难降

眼看西晋之荆榛[1]，犹矜白刃[2]；身属北邙之狐兔，尚惜黄金。语云：猛兽易伏，人心难降；溪壑[3]易盈[4]，人心难满。信哉！

【注释】 ①荆榛：指丛生灌木，常形容荒芜情景，比喻艰险，困难。

②白刃：锋利的刀。在此是武力的意思。

③溪壑：指溪谷和沟壑。

④盈：满足。

【译文】 西晋面临亡国时，但是还有一些高官还在夸耀武力；汉代皇族在活着的时候尽管吝惜财富，但是死后被埋于北邙山，尸体就成了野兽的食物。俗话说："野兽容易制伏，人心却难以降服；沟壑容易填平，欲望却难以满足。"这句话说得很对！

【解评】 人心也许比宇宙还要大。人的思维无限广大，只要能够想到的，人心无所不包。然而欲望也因人心而大，人的生命仅仅短短数十年，维持生活所必需的物质金钱也是相当有限，但除此之外，只要能够得到的，就一定还想得到；即便是不能得到的，也幻想着终究会有一天能据为己有。就像《渔夫的故事》里，渔夫的妻子每一次索求来的，不是让她获得满足，而是煽起她更大的欲望，然后就是更大的索求。获取之路看似无尽，但前面终究有一处是悬崖，所以要及时止步，才是人生的福分。

田单火牛破敌图，出自清·马骀《百将传图》。

奈何火牛风马，不思自适其性

峨冠大带[1]之士，一旦睹轻蓑小笠[2]，飘飘然逸[3]也，未必不动其咨嗟[4]；长筵广席之豪，一旦见净几疏帘，悠悠然静也，未必不增其绻恋[5]。人奈何驱以火牛、诱以风马，而不思自适其性哉。

【注释】 ①峨冠大带：古时儒生和士大夫的装束，即高高的帽子和宽大的衣带。

②轻蓑小笠：古时老百姓的装束。蓑，蓑衣；笠，斗笠。

③逸：快乐，闲适。

④咨嗟：叹息，赞叹。

⑤绻恋：爱恋不舍的样子，在此是羡慕的意思。

【译文】 身穿华丽衣服的大官，偶尔看到头戴斗笠身披蓑衣的贫民，可能也会感到轻松；每天周旋于宴饮间的富豪，偶尔看到生活朴实的常人，也许会有几分羡慕。无奈是世人偏要放纵自己的欲望、追求名利，而不去想想为什么不去过自己喜欢的生活呢？

【解评】 战国时候燕国军队包围了即墨城，即墨太守田单在城里征集了一千多头牛，牛角上扎上尖刀，牛尾上捆上浸了油脂的芦苇束，在牛身上画上五彩条纹，然后趁夜里在城墙上凿开了十几个洞，点燃牛尾把牛驱赶出去，士兵拿着武器冲在后面，结果大败燕军。所谓风马牛不相及，就是说让不同性别的马和牛互相引诱，希望它们能够交配，这肯定是徒劳无功的。田单火牛阵破敌，尽管是了不起的功业，被后人所称颂，然而人类以这样的互相残杀相夸耀，实在是很悲哀。人的本性热爱闲逸超脱，却总是受到物欲羁累，追名逐利，熙熙攘攘，丧失了本性纯真的生活，也就像风马牛一样的没有任何意义。

无事道人，不了禅师

才就筏[①]便思舍筏，方是无事[②]道人；若骑驴又复觅驴，终为不了禅师[③]。

【注释】 ①筏：竹筏，一种用竹木或牛羊皮等制成的水上交通工具。

②无事：无为。

③禅师：和尚，高僧，是对僧侣的尊称。

【译文】 刚坐竹筏就想到在上岸之后它就没有用了，这是不被外物所拖累的道士；假如骑着毛驴还想另外其他的毛驴，那么永远也不可能成了了却尘缘的高僧。

【解评】 在《世说新语》里有这样一则有趣的故事，说是王羲之的儿子王徽之在山阴（今浙江绍兴）居住，有一天下大雪，他突然想起画家戴安道，当时戴在剡县，于是王徽之就坐着小船连夜前去拜访。过了一夜才到剡县，但是王徽之到了戴家门前，却没有进去就回来了。别人问原因，他说："我本来就是乘兴而往，尽兴而

王徽之雪夜访戴逵图，出自清·任熊绘《于越先贤像传赞》。

返，为什么非要见到戴安道呢。”这样的人，也可以算无事道人了吧。在我们的生活当中，有很多人明明幸福就在眼前，却不懂得把握，非要到名利富贵中去寻找，结果白白被物欲所纠缠，最后还是一无所获。

冷眼观英雄，冷情当得失

权贵龙骧[①]，英雄虎战，以冷眼观之，如蚁聚膻[②]，如蝇竞血；是非蜂[③]起，得失猬兴，以冷情当之，如冶化金，如汤[④]消雪。

【注释】 ①龙骧：龙腾跃或昂举，比喻气势威武的样子。

②膻：羊膻气，在这里指腥膻的食物。

③蜂：原指蜜蜂，后来常比喻众多的样子。在此指群蜂乱舞的样子。

④汤：热水。

【译文】 用冷静眼光来观察，达官显贵的威武八面，英雄好汉的搏杀争斗，就像蚂蚁爬向腥膻之物，苍蝇飞到血污的地方一样；假如用平静的心态对待，就会像群蜂乱舞的人间是非，像刺猬锐刺竖起的利害得失，都会像高炉里的金属，热水之中的冰雪那样消亡。

【解评】 在庄子讲过的一个寓言中，说是：蜗牛的左角上有一个国家，叫做“触氏”；蜗牛的右角上有一个国家，叫做“蛮氏”。两个国家因为争夺领地而爆发战争，战况异常激烈，留下数万具尸体，战胜的一方追逐败军，过了半个月才返回。如果用超脱的眼光来看待，人世间的争战也是这样，被我们当成不世之功勋的，和蜗牛角上争夺尺寸之地的争斗，又有什么区别呢？是非只是一时间的是非，得失再大，比起生命本身，甚至是宇宙天地来，就显得微不足道了。

华萼枝叶易空，子女玉帛难守

树木至归根[①]日，而后知华萼[②]枝叶之易空；人生到盖棺[③]时，而后知子女玉帛[④]之难守。

【注释】 ①归根：在此是死的意思。

②华萼：花萼。华，花。

③盖棺：指死亡。

④玉帛：瑞玉和缣帛，泛指财富。

【译文】 树木在临近枯死时，才发现花朵枝叶早早已经消失；人在既将死亡时，才发觉子女财宝其实根本无法带走。

【解评】 人们总是在追寻自己尚且没有拥有的东西，但是一旦获得，又觉得并不是想象中的那么完美。今年的人已经老了，而花还是和去年一般漂亮。佛家说“诸行无常”，人的生命就好像太阳下的冰块，每天都在不断消融，而人们却被一些转瞬即逝的东西苦苦纠缠。若能感悟到生命的无常，大概就会身心都得到安宁吧！

好名不殊好利，焦思何异焦声

烈士让千乘，贪夫争一文，人品星渊[①]也，而好名不殊好利；天子营家国，乞人号饔飧[②]，位分霄壤也，而焦思何异焦声。

【注释】 ①星渊：指天上的星斗与地下的深潭。喻差距极大。

②饔飧：饔，指早餐。飧，指晚餐。在此泛指食物。

【译文】 重道义的人肯把王位禅让给别人，而贪得无厌的小人就是为了一分钱也会争个你死我活。他们的人品真是有着天壤之别，但是二者就沽名钓誉喜爱金钱的本质来看其实没有什么区别；做皇帝来统治国家，当乞丐是为了吃饱肚子，就二者的地位来说确实有着天壤之别，但皇帝整天因为国事操劳，这和乞丐为讨饭而哀求又有什么区别。

尧时的名士许由像，图出自清·任熊绘《高士传图》。传说尧曾让天下于许由，被许由拒绝。

【解评】 人必须要有辞让之心，而辞让之最，莫过于让出国家和天下。古代时有许由、务光让天下，伯夷、叔齐让国，他们都被看做是道德高尚的人，以至于得到圣贤的美名。然而，若是辞让仅仅为了名声，那也不过是相当于一种交易，用国来交换名声而已；因为他们把名声看得比国家还重，所以在鱼与熊掌不可兼得的情况下，选择了名而非国，终究还是没有达到名利两忘的境界。国君日理万机，是为了经营一个国家；乞丐沿街乞讨，是为了能吃上一顿饱饭。虽然所经营的东西相去甚远，但都是为“经营”而辛劳，不能享受人间清福，在这上面是没有什么区别的。

前念不滞，后念不迎

今人专求无念[①]，而终[②]不可无。只是前念不滞[③]，后念不迎，但将现在的随缘[④]，打发得去，自然渐渐入无[⑤]。

【注释】 ①无念：即没有杂念。

②终：始终。

③滞：停留，滞留。

④随缘：佛教用语，泛指顺应机缘，顺其自然的意思。

⑤无：这里指无人的境界，即没有杂念的境界。

【译文】 现在的人总想做到专一用心而心中没有杂念，但又始终都做不到。其实只要不思前想后，只把眼前的事随意处理好，自然就会渐入无泯之境。

【解评】 现在的人们由于经济生活的提高，使人们心中没有杂念都不可能做到了。"心无杂念"固然是修身养性的要诀，然而人只要还活着，思维没有停止，就不可能彻头彻尾地做到一点念头都没有。纵使身处静室，不受一点干扰，平日所见所闻，所思所想，难免会不经意间冒上心头。如果一味提醒自己什么都别想，那就是纠缠在"什么都别想"这个念头上，绝不是没有杂念的境界。所以，要想做到心无杂念，关键不在于没有念头，而在于不被念头牵着走。所谓"前念不滞，后念不迎"，就是要像对待行云流水一样，绵绵不断，却又不留下一点痕迹。长此以往，心可以静，虑可以平，连"心无杂念"这回事都可以忘记了。

万钟如瓦缶，一发似车轮

心旷[①]则万钟[②]如瓦缶[③]，心隘[④]则一发[⑤]似车轮。

【注释】 ①心旷：指心胸豁达。旷，宽大，辽阔。

②万钟：指优厚的俸禄。

③瓦缶：一种口小腹大的陶制容器。

④心隘：指心胸狭窄。隘，狭窄。

⑤一发：即一根头发。

李白像，图出自《吴郡名贤图传赞》。

【译文】 心胸豁达的人，把家财万贯看得微不足道；心胸狭窄的人，把一根头发也如同看成粗如车轮。

【解评】 俗话说："宰相肚里能撑船"，做人要心胸豁达，才能立世处世，如时时事事小肚鸡肠，恐怕不是被社会淘汰，就是一事无成了。豪放豁达者莫如李白，看他的《将进酒》是如何的淋漓酣畅："人生得意须尽欢，莫使金樽空对月。天生我材必有用，千金散尽还复来。"之所以如此豁达，是因为他深知"君不见黄河之水天上来，奔流到海不复回。君不见高堂明镜悲白发，朝如青丝暮成雪。"人生短短几十年，弹指间白驹过隙，如果抓住一点蝇头小利不放，只能平添无数烦恼。徐积的词《无一事》中写道："见说红尘罩九衢，贪名逐利各区区。论得失，问荣枯。争似侬家占五湖。"

不如“莫听穿竹打叶声，何妨吟啸且徐行。竹杖芒鞋轻胜马，谁怕？一蓑烟雨任平生。”可见徐积的荡荡大气了。

顺逆一视，欣戚两忘

子生而母危，镪[①]积而盗窥[②]，何喜非忧也？贫可以节用，病可以保身，何忧非喜也？故达人[③]当顺逆[④]一视，而欣戚[⑤]两忘。

【注释】 ①镪：钱贯，引申为成串的钱。

②盗窥：盗贼。

③达人：通达事理，心胸开阔的人。

④顺逆：即顺境和逆境。

⑤欣戚：欣，欣喜。戚，休戚。

【译文】 当母亲生孩子时，母亲反而很危险，当钱财太多时就容易招来盗贼的祸患，哪种欢乐不隐含着忧虑呢？贫穷有助于养成节俭的美德，疾病有助于人们关爱自己的身体，哪种忧虑不暗藏着欢乐呢？因此，心胸开阔的人把顺境逆境同等看待，既不因喜事高兴，也不因坏事发愁，把高兴与愁苦都忘记了。

【解评】 现今的人们总是因为挫折而整天忧人，总是因为一时成功而得意忘形，殊不知，悲喜同在，顺逆同途的道理。新生命的诞生总是令人欣喜，然而人们在欢欣中也常常忽视了母亲的痛苦。有个说法说孩子的生日就是母亲的受难日，对于母亲来说，生育是一件充满太多不确定因素的冒险，很可能为了孩子的降临而失去了母亲的生命。好像一个天平，一端是生命的开始，另一端也许要以生命的结束为代价。世间的事物总包含着两个方面，有好的一面就有坏的一面，其实这正是事物得以不断发展、不断前进的动力，世人却常常贪恋有利的方面，排斥不利的一面，总是忘记“福兮祸所伏，祸兮福所倚”的道理，塞翁失马，焉知非福？常有此念，才能达到“顺逆一视，欣戚两忘”的境界。

清苦饶逸趣，鄙略具天真

山林之士[①]清苦，而逸趣自饶；农野之夫鄙略，而天真浑具。若一失身市井[②]、侪伍屠侩，不若转死沟壑[③]，神骨犹清。

【注释】 ①山林之士：隐居的人。

②市井：城邑，市街。

③沟壑：山沟，这里指荒郊野外。

【译文】 隐士生活在山林之中，日子过得虽然清苦，但却显得潇洒自如、饶富情趣；乡间农夫虽然见识不多，但天真淳朴。如果生活在城市中，成天与屠夫商贩为伴，还不如死在荒郊野地，那样起码能落得一身清清白白。

【解评】 这是一种超越物境的人生态度，在今人来看，有些消极避世的嫌疑，然

林逋像，图出自清·顾沅辑《古圣贤像传略》。

而细细体悟之后，不免有些体悟。隐居山林在物质生活上固然是清苦的，但对于真正的隐士来说，超越物质对心灵与身体的桎梏，与万物合一，领悟天地之间的道理是更为重要的。林逋终身不仕，终身未娶，但他却是自得的，种梅养鹤，寄托情怀，被后人称为“梅妻鹤子”。农夫虽然没有文化，但却因此没有被世俗的价值观所沾染，能保全一颗赤诚之心。诸葛亮在《诫子书》中说：“夫君子之行，静以修身，俭以养德，非淡泊无以明志，非宁静无以致远。”淡泊是一种人生观，也是一种价值观，心存淡泊，方能志存高远。即使过着最为普通的生活，也能领悟到生命真正的机趣。

不求非分之福，不贪无故之获

非分[①]之福，无故之获，非造物之钓饵[②]，即人世之机阱[③]。此处着眼不高，鲜不堕[④]彼术中矣。

【注释】 ①非分：不是分内应有的东西。
②钓饵：诱饵。
③机阱：在这里比喻为坑害人而设的陷阱。
④堕：落。

【译文】 不属于自己的东西，却无缘无故地得到，如果不是上天为考验你而放下的诱饵，就是别人暗算你的陷阱。当遇到这种情况要特别注意，因为很少有人不落入此圈套中。

【解评】 古人说，“福兮祸所倚，祸兮福所伏。”如果处理不当，福祸之间常常能互相转化，能因祸得福，也能因福生祸。而非分之福，无故之获，尤其值得警惕，因为事情不会无缘无故地发生，而无缘无故得来的好处，后面也许隐藏着对你不利的意图。范蠡辅佐勾践灭了吴国，留给大夫文种一封信，告诉他“鸟尽弓藏，兔死狗烹”的道理，自己跑到别国隐居去了。文种不相信，依然留在朝里，后来勾践送来一把剑，让文种自杀，他才后悔没有听范蠡的话。智者有功尚且不居，何况既无功劳又无苦劳，凭空而来的好处，怎么能不警惕呢？避之唯恐不及，才是明智的态度。

释道清静之门,常为淫邪渊薮

淫奔[①]之妇,矫而为尼;热中[②]之人,激[③]而入道。清净之门,常为淫邪之渊薮[④]也如此。吁!可嗤已。

【注释】 ①淫奔:男女不顾礼法私自结合。

②热中:躁急心热,多指急切追求名利权势。

③激:一气之下,一时激动。

④渊薮:指事物聚集的地方。渊,人和事物的聚集处。

【译文】 与人私奔的妇女,常削发为尼;热衷功名的人,也会在一气之下当了道士。本来是清静的修行之地,但常常被淫荡邪恶的人所聚集。唉!实在太可笑了。

【解评】 不能光从表面上看人,所谓"知人知面不知心",人心最难测,从衣着打扮,举止谈吐上是很难看得出来的。佛道清净之门,入此门者,本该是善良本分,脱离尘世的人;但剃了头就像和尚,扎了髻就像道士,而剃了头扎了髻的,却未必都是善良脱俗的人。武则天在唐太宗死后,也曾跟随众嫔妃到感业寺出家为尼,但这并不意味她断了尘心,后来还是还俗入了高宗的后宫。剃了光头穿着袈裟的,未必不是杀人如麻的江洋大盗;在名牌大学里当教授的,不一定就真的学问过人。身份就像标签,往哪儿贴都行,但看人就不能只看标签了,而应记住一句老话:日久见人心。

身在事中,心超事外

波浪兼天,舟中不知惧[①],而舟外者寒心[②];猖狂骂座,席上不知警,而席外者咋舌[③]。故君子身虽在事中,心要超事[④]外也。

【注释】 ①惧:害怕。

②寒心:因恐惧而有所戒备、有所担心的意思。

③咋舌:咬舌头。形容因为害怕而不敢说话。

④超事:这里指跳出事外。

【译文】 当波浪滔天的时候,船上的人并不感到害怕,而岸上的人看了却胆战心惊;对酒醉后的叫骂声,坐在饭店里的人并不奇怪,但外面的人却摇头叹息。所以君子虽然身处事中,心却要跳出事外。

【解评】 "横看成岭侧成峰,远近高低各不同。不识庐山真面目,只缘身在此山中。"这是宋代大诗人苏轼在游江西庐山的时候写下的《题西林壁》诗。你身处山中,自然只能看见山的一部分,而不能把握山的整体,所谓"旁观者清,当局者迷"就是这个道理。我们为人处世,由于身处其中,牵涉到自己的利益和感情,常常会轻易地做出片面的判断。因此,在遇到问题时,我们需要不时地提醒自己挣脱事物本身的局限,跳出自身利益的计算,从大处着眼,做整体的考虑,冷静理智地解决问题,才是真正的智者,才能不断地迎接生活中新的挑战。

人生减省一分，便超脱一分

人生减省一分，便超脱一分。如交游[1]减，便免纷扰[2]；言语减，便寡愆尤；思虑减，则精神不耗；聪明减，则混沌[3]可完。彼不求日减而求日增，直桎梏[4]此生哉。

【注释】 ①交游：交际，交朋友。

②纷扰：混乱，这里指麻烦。

③混沌：自然淳朴的样子。

④桎梏：手铐，枷锁。比喻受束缚的样子。

【译文】 为人处世少揽一些事情便会超脱一点。倘若少和他人来往，就能减少很多麻烦；倘若少说一点话，就能少犯错误；倘若少去思考问题，就能避免过度劳神；倘若少去卖弄聪明，就会显得更为淳朴。有的人不是想少揽事情，而是唯恐自己管得不多，这样到死也无法摆脱世俗的枷锁。

【解评】 淡泊是人生的最高境界，孔子说："饭疏食，饮水，曲肱而枕之，乐亦在其中矣。"那些整天忙忙碌碌，事务缠身的人，好像过得很充实，然而一旦闲下来，回头看看，却会发现自己其实过得很空虚。因他们的充实只是外在的，而真正重要的内心的充实却被忽略了。而孔子所说的"乐"，却是能安于淡泊，内心自足自适的君子之乐。陶渊明做着清闲无事的小官，就已因"心为形役"而无法忍受，自问道："寓形宇内复几时？何不委心任去留？"写了著名的《归去来兮辞》，最后辞去官职，回到田园中去"乐夫天命"。这样的境界，与热衷名利的人真有天壤之别。

陶渊明像，图出自清·顾沅辑《古圣贤像传略》。

【解悟】

施之不求，求之无功

人应有助人为乐的精神，并且要把它上升为一种高尚的道德情操。施恩惠于人而不求回报，"为善不欲人知"，是一种发自内心的真诚。所谓"有心为善虽善不赏，无心为恶虽恶不罚"，假如抱着沽名钓誉的心态来行善，即使已经行了善也不会得到任何回报，出于至诚的同情心付出的可能不多，受者却足可感到人间真情。所以，施恩惠的人应该不求回报，有所求反而会没有功效。

隋朝李士谦把几千石粮食借给了同乡的人。刚巧这年粮食没有丰收，借粮的人家无法偿还。李士谦把所有的借粮人请来，摆下酒食招待他们，并当着他们的面把债券都烧了，说："债务了结了。"第二年粮食大丰收，借了粮食的人都争着来还债，李士谦一概拒绝不受。有人对他说："你积了很多阴德。"李士谦说："做了人们不知道的好事才叫阴德。而我现在的行为，都是你知道的。还不叫阴德。"

李士谦没有乘人之危，逼债逞狂，而是以慈怜为本，以爱心示人，一焚券了债，二拒人还债，有恩于人不居恩自播，确能得到人们的爱戴，他死后百姓恸哭不已就是明证。拔一毛而利天下可为，自产利他人亦可为，施者无所求，公道自在人心，他得到的回报是无价的。

名不独享，过不推脱

洪应明的为人处世观点告诉我们：做人应当敢于承担责任，不能只沾美名，逃避责任。从历史上看，一个人有伟大的政绩和赫赫的战功，常常会遭受他人的嫉妒和猜疑。历代君主多半都杀戮开国功臣，因此才有"功高震主者身危"的名言出现，只有像张良那样功成身退善于明哲保身的人才能防患于未然。所以君子都宜明了居功之害。遇到好事，总要分一些给其他人，绝不自己独享，否则易招致他人怨恨，甚至杀身之祸。完美名节的反面就是败德乱行，人都喜欢美誉而讨厌污名。污名固然能毁坏一个人的名誉，然而一旦不幸遇到污名降身，也不可以全部推给别人，一定要自己面对现实承担一部分，使自己的胸怀显得磊落。只有具备这样的涵养德行的人，才算是最完美而又清高脱俗的人。对待名利的良策就是让名利引咎。

隋文帝杨坚像，图出自明·天然撰《历代古人像赞》。

隋文帝的妻子独孤皇后。她虽然身为皇后，而且家族世代富贵，但她却并不仗势凌人、爱慕虚荣，而是以社稷为重。突厥与隋朝通商，有价值八百万的一箧明珠，幽州总管阴寿准备买下来献给皇后。皇后知道后，断然回绝，她说："明珠不是我急用的。当今敌人屡犯边境，我军将士疲劳，不如把这八百万分赏有功将士。"皇后喜爱读书，待人和蔼，百官对她敬重有加。有人引用周礼，提议让皇后统辖百官妻室。皇后不愿开妇人涉政的先例，没有接受。大都督崔长仁是皇后的表兄弟，犯了死罪，隋文帝碍于皇后情面，想免他的罪。皇后却能从维护国家利益出发，顾全大局，她说："国家大业，焉能顾私。"崔长仁最后受到律法的严惩。

独孤皇后不收明珠，却把它分赏将士；表兄弟违法犯罪，她却不因权徇私；独孤皇后的这些举动确实做到了不露锋芒，因此，她也远离了许多祸害，同时也保持了名节。

放得功名，便可脱凡

"人人都说神仙好，惟有功名忘不了"，这是《红楼梦》中一段很精彩的《好了歌》。结果是"荒冢一堆草没了"。说到底，只有"好"，才能"了"，关键在于"了"字。这个"了"看似容易，但做起来却极难。许多人都说荣辱如流水，富贵似浮云，但始终摆脱不了功利、虚名、荣华，身受束缚，结果身名俱损。

严子陵，会稽余姚人，我国古代著名的隐士。他的本名叫严光，字子陵。严光年轻时就是一位名士，才学和品德都很受人推崇。当时，严光曾与后来的汉光武帝刘秀一道游学，二人是同窗好友。

后来，刘秀成为中兴汉朝的光武帝，光武帝便想起了自己的这位老同学。因为找不到叫严光的人，所以就命画家画了严光的形貌。然后派人"按图索骥"，拿着严光的画像四处去寻访。过了一段时间之后，齐国那个地方有人汇报说："发现了一个男人，和画像上的那个人长得很像，整天披着一件羊皮衣服在一个湖边钓鱼。"

严光像，图出自明·天然撰《历代古人像赞》。严光，字子陵，是汉光武帝刘秀的老同学，却拒不出仕，甘作渔夫。他的行为为后世人所敬仰，至今富春江畔尚有严子陵钓鱼台。

刘秀听后，认为严光就是那个钓鱼的人，于是就派了使者，驾着车，带着厚礼前去聘请。使者前后去了三次才把此人请来，而且此人果然就是严光，刘秀高兴极了，立刻把严光安排住处，并派了专人伺候。

司徒曹霸与严光是故人，听说严光来到朝中，便派了自己的属下侯子道拿自己的亲笔信去请严光。侯子道见了严光，严光正在床上躺着。他也不起床，就伸手接过曹霸的信，坐在床上读了一遍。然后问侯子道："君房（曹霸的字叫君房）这人有点痴呆，现在坐了三公之位，是不是还经常出点小差子呀？"侯子道说："曹公现在位极人臣，身处一人之下万人之上，已经不痴了。"严光又问："你来做什么？来的时候都嘱咐你什么了？"侯子道说："曹公听说您来了，非常高兴,特别想跟您聊聊天,可是公务太忙,抽不开身。所以想请您等到晚上亲自去见见他。"严光笑着说:"你说他不痴,可是他教你的这番话还不是痴语吗?天子派人请我,千里迢迢,往返三次我才不得不来。皇上都没见呢,别说是曹公了,难道我就一定该见吗?"

侯子道请他给曹公写封回信,严光说:"我的手不能写字。"然后口授道:"君房足下:位至鼎足,甚善。怀仁辅义天下悦,阿庚顺旨要断绝。"侯子道嫌这回信太简单了,请严光再多说几句。严光说:"这不是买菜添秤,说清楚就行了。"

曹霸得到严光的回信很生气,第二天一上朝便在刘秀面前告了一状。光武帝听了只是哈哈大笑,说:"这可真是狂奴故态呀!你不能和这种书生一般见识,他这种人就是这么一副样子!"曹霸见皇上如此庇护严光,也就没说什么了。

刘秀劝过曹霸,当时便下令起驾去见严光。

皇上来了,严光仍是卧床不起,也不出门迎接,光武帝明知严光作态,也不说破,只管走进他的卧室,把手伸进被窝,抚摸着严光的肚皮说:"好你个严光啊,我费了那么大的劲把你请来,你却一点都没有帮助我。"

严光仍然装睡不应。过了好一会儿,他才张开眼睛看着刘秀说:"以前,帝尧要把自己的皇位让给许由,许由不干,和巢父说到禅让,巢父赶快到河边洗耳朵。士各有志,你干什么非要使我为难呢?"光武帝连声叹道:"子陵啊,子陵!以咱俩之间的交情,我竟然不能使你折节,放下你的臭架子吗?"严光此时竟又翻身睡去了。刘秀没办法只好摇着头登车而去了。

几天后,光武帝派人把严光请进宫里,两人推杯论盏,把酒话旧,说了几天知心话。

刘秀问严光:"我和以前相比,有变化吗?"

严光说:"我看你好像比以前胖了些。"

这天晚上,二人抵足而卧,睡在了一个被窝。严光睡着以后,把脚放在了刘秀的肚子上。第二天,主管天文的太史启奏道:"昨夜有客星冲撞帝星,好像圣上特别危险。"刘秀听了大笑道:"没事,那是我的故人严子陵和我共卧而已。"

刘秀封严光为谏议大夫,想把严光留在朝中。但严光坚决不肯接受那种做官的束缚,最终还是离开了刘秀,躲到杭州郊外的富春江隐居去了。后来光武帝又曾下诏征严光入京做官,但都被严光回绝了。严光一直隐居在富春江的家中,直到80岁才去世。为了表示对他的崇敬,后人把严光隐居钓鱼的地方命名为"严陵濑"。传说是严光钓鱼时蹲坐的那块石头,也被人称为"严陵钓坛"。

由于严光不屈于权势,不惑于富贵,正是孟子所说的"威武不能屈,富贵不能淫"的精神,因此成为儒教所推崇的隐士典范。

穷寇勿追,为鼠留路

有三种状态是人在面临绝境的想法:一是坐以待毙;二是全力挣扎,以死相拼;三是竭尽自己的智慧,积极地寻求摆脱的办法。第二、第三种状态深刻提醒着那些暂时得势的征服者,就是斩草除根固然重要,但"置人于死地"也往往容易激起更大的反弹力,反而可能会瞬间成败易位。因而在征服者已经把被征服者置于必败之险境的同

曹仁像，图出自《图像三国志》。

时，为自己留有一点余地是必要的。

河北平定之后，曹仁跟随曹操包围壶关。曹操下令说：“城破以后，把俘虏全部活埋。”但是连续几个月都攻不下来。

曹仁对曹操说：“围城一定要让敌人看到逃生的门路，这是给敌人敞开一条生路。如果你告诉他们只有死路，敌人会人人奋勇守卫。而且城池坚固粮食又多，攻则会伤亡士兵，围守便会旷日持久。今日陈兵在坚城的下面，去攻击拼命的敌人，不是好办法。”

曹操采纳了他的意见，城上守军投降了。

胜败乃兵家常事。而每一战的胜利，都可能有一批降者，如何对待降者，霸主们或杀或留，自有一番主张。虽然对于降者斩尽杀绝的做法，可以起到斩草除根的作用，但是英明的霸主是不会杀降者的。

曹操一生不杀降的事很多，收编青州黄巾军即为其一。

曹操打败于毒的黑山军后，于兖州东郡有了立足点，做了名副其实的东郡太守，名声大振后，采纳陈宫策略，决定先平定黄巾，再图取天下。于是曹操向青州黄巾军发起进攻。当黄巾军退至济北时，已是寒冬十二月，衣食接济很困难。曹操敦促黄巾军投降。经谈判后，黄巾军数十万人向曹操投降，愿意接受他的指挥。曹操非常高兴，宣布既往不咎，一个也不加伤害，将其中的老幼妇女缺乏作战能力的，全部安排在乡间从事生产，挑选其中精壮者五六万人，组成“青州军”。

这样，曹操的军事力量得到增加，有了一支同其他势力抗衡的武装队伍。

同时，曹操也不计较对于像张绣那样降而复叛，叛而复降，并致使爱将典韦、长子曹昂、侄儿曹安民丧生的投归者，并表示热烈地欢迎，立即任命他为扬武将军，封他为列侯，还与他结为儿女亲家，为己子曹均娶了张绣的女儿。在后来的官渡之战中，张绣为曹操打败袁绍立下了战功。

因此曹操的一生，虽然杀了很多人，但他固不杀降者，确实为壮大自己的力量，向天下人显示自己的宽阔胸怀和不计私怨的品格，从而为曹操取信于天下，争取更多的智能之士归附他，起到了积极的作用。

不怕小人，怕伪君子

明枪易躲，暗箭难防。生活中有很多防不胜防的暗箭。许多道貌岸然的人看上去像是忠厚的君子，其实肚子里净是阴谋诡计男盗女娼。像这种伪君子理应受到社会的唾弃。但在现实生活中，这些披着道德外衣的人往往还能得逞于一时，欺世盗名。由于披上了一层伪装，所以就更难认清了。

王安石在变法的过程中，视吕惠卿为自己最得力的助手和最知心的朋友，一再向神宗皇帝推荐，并予以重用，朝中之事，无论巨细，全都与吕惠卿商量之后才实施，所有变法的具体内容，都是根据王安石的想法，由吕惠卿事先书写成文及实施细则，再交付朝廷颁发推行。

当时，变法受到了很大的阻力，尽管有神宗的支持，但还是不知道能不能成功，在这种情况下，王安石认为，变法的成败关系到两人的身家性命，并一相情愿地把吕惠卿当成了自己推行变法的主要助手，是可以同甘苦共患难的“同志”。然而，虽然吕惠卿千方百计讨好王安石，并且积极地投身于变法，却有自己的小九九，他不过是想通过变法来为自己捞取个人的好处罢了。对于这一点，当时一些有眼光、有远见的大臣早已洞若观火。司马光曾当面对宋神宗说：“吕惠卿可算不了什么人才，将来使王安石遭到天下人反对，一定都是吕惠卿干的！”又说：“王安石的确是一名贤相，但他不应该信任吕惠卿。吕惠卿是一个地道的奸邪之辈，他给王安石出谋划策，王安石出面去执行，这样一来，天下之人将王安石和他都看成奸邪了。”后来，司马光被吕惠卿排挤出朝廷，临离京前，一连数次给王安石写信，提醒说：“吕惠卿之类的谄谀小人，现在都依附于你，想借变法为名，作为自己向上爬的资本，在你当政之时，他们对你自然百依百顺。你一旦失势，他们肯定会以出卖你作为自己新的晋身之阶。”

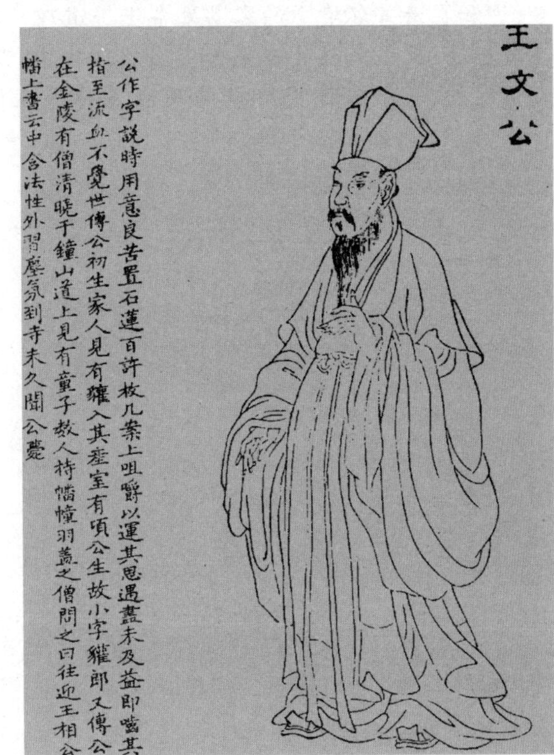

王安石像，图出自清·上官周绘《晚笑堂画传》。

吕惠卿的伪君子手段果然是大见其效，王安石一点都没听进去这些话，他已完全把吕惠卿当成了同舟共济、志同道合的变法同伴，甚至在吕惠卿暗中捣鬼使他被迫辞去宰相职务时，王安石仍然觉得吕惠卿对自己如同儿子对父亲一般的忠顺，只有吕惠卿能够真正坚持变法，便大力推荐吕惠卿担任副宰相职务。

王安石失势后，吕惠卿马上露出了小人嘴脸。不仅立刻背叛了王安石，而且为了想取代王安石的宰相之位，担心王安石还会重新还朝执政，便立即对王安石进行打击陷害，先是将王安石的两个弟弟贬至偏远的外郡，然后便将攻击的矛头直接指向了王安石。

吕惠卿真是一个伪君子，当年王安石视他为左膀右臂时，什么话都对他说，一次在讨论一件政事时，因还没有最后拿定主意，便写信嘱咐吕惠卿："这件事先不要让皇上知道。"就在当年"同舟"之时，吕惠卿便有预谋地将这封信留了下来。此时，便以此为把柄，将信交给了皇帝，告王安石一个欺君之罪，他要借皇上的刀，为自己除掉心腹大患。在封建时代，欺君可是一个天大的罪名，轻则贬官削职，重则坐牢杀头。吕惠卿就是希望彻底断送王安石的前途。虽然说最后因宋神宗对王安石还顾念旧情，而没有追究他的"欺君"之罪，但毕竟已被吕惠卿的"软刀子"刺得伤痕累累。

为人处世中，有很多这样的人，当你得势时，他恭维你、追随你，表示出愿意为你赴汤蹈火的热情；但同时也在暗中窥伺你、算计你，搜寻和积累着你的失言、失行，作为有朝一日打击你、陷害你并取而代之的秘密武器。你可以防备公开的、明显的对手，但是像这种以心腹、密友的面目出现的伪君子，实在令人防不胜防。

身居逆境，砥节砺行

居逆境固然是痛苦压抑的，但对一个有作为、能自省的人来讲，在各种磨砺中可以锻炼自己的意志，修正自己的不足，一旦有了机会，就可能由逆向顺。居顺当然是好事，但对于一个没有良好的品质和远大追求的人来讲，优裕环境中往往容易堕落腐败，这和在清苦环境中的容易发奋上进道理一样。如果生活太优裕，就容易游手好闲不肯奋斗；反之如果处在艰苦穷困的环境中，"穷则变，变则通"。所以贫与富不是绝对不变的，我们应该用辩证的观点看待人生的起落顺逆。顺与逆也是可以相互转化的。

苏秦像，图出自《鬼谷四友志》。

商鞅变法后，秦国越来越强大。面对着这种趋势，其他六国不免恐慌起来。有的主张六国联合起来，共同抵抗秦，这种主张被叫做合纵；有的主张六国中的任何一国联合秦国，来攻击其他国家，这种主张被叫做连横。在这场"合纵连横"活动中出现了许多能言善辩、靠游说获得禄、进仕途的游士、说客。苏秦就是一个其中一个典型的代表。

苏秦出生于农民家庭，家境贫穷，他读书时，生活非常艰苦，饿极了就把自己的长发剪下去卖点钱，还常常帮人抄写书简，这样既可以换饭吃，又在抄书简的同时学到很多知识。这时，苏秦以为自己的学识已差不多了，就外出游说。他想见周天子，当面陈述自己的政见、对时势的看法，但没有人为他引荐。他来到西方的秦国，求见秦惠文王，向他献计怎样兼并六国，实现统一。秦惠文王客气地拒绝了他的意见，说："你的意见很好，恐怕我还做不到啊！"苏秦想，建议不被采纳，能给个一官半职也好嘛，可是他什么也没有得到。他在秦国耐着性子等了一年多，家里带来的盘缠都花光了，生活非常困难，无奈之下，只好长途跋涉回家去。

苏秦回到家里，家人看见他狼狈的样子很不高兴，都不理他，父母不与他说话，妻子坐在织机上只顾织布，看也不看他。他放下行李，又累又饿，求嫂嫂给他弄点饭吃，嫂嫂不仅不弄，还奚落他一顿。在一家人的责怪下，苏秦非常难过。他想：我就这么没出息吗？出外游说，宣传我的主张，为什么不被接受呢？那一定是自己没有把书读透，没有把道理讲清楚。他感到很惭愧，暗暗下决心，要把兵法研习好。

有了决心，自然就要行动。白天，他跟兄弟一起劳动，晚上就刻苦学习，直到深夜。夜深人静时，他读着读着就疲倦了，总想睡觉，眼皮粘到一块儿怎么也睁不开。他气极了，骂自己没出息。他想，瞌睡是一个大魔鬼，我一定要想法治治它！结果，他找来一把锥子，当困劲上来的时候，就用锥子往大腿上一刺，血流出来了。这样虽然很疼，但这一疼就把瞌睡冲走了。精神振作起来，他又继续读书。

经历一年的苦读，苏秦掌握了姜太公的兵法，他还研究了各诸侯国的特点，以及它们之间的利害冲突，他又研究了诸侯的心理，以便于游说他们的时候，自己的意见、主张能被采纳。这时苏秦觉得已有成功的条件，他再次出家，信心十足地踏上了游说之路。

公元前333年，六国诸侯正式订立合纵的盟约，大家一致推苏秦为"纵约长"，把六国的相印都交给他，让他专门管理联盟的事。苏秦的努力获得了成功。

受挫自省，不怨天尤人；刺股律己，终成大器。苏秦的成才之路，告诉我们一定要正确对待逆境，在逆境中努力拼搏，最终就会实现自己的目标。

己所不欲，勿施于人

"己所不欲，勿施于人"指的是用以己度人、推己及人的方式处理问题。这样可以造成重大局、守信用、不计前嫌、不报私仇的氛围，以及双方宽广而又仁爱的胸怀。所以，不妨就按照"己所不欲，勿施于人"的原则，反求诸己，推己及人，则往往会有皆大欢喜的结果。反求诸己，易入情，由情入理，自然生羞恶之心而知义，辞让之心而知礼，是非之心而知耻。有些人不懂推己及人的道理，往往毫无顾忌地把苦恼转嫁到旁人身上。按照以上所说的方式处世，走到哪里，被人骂到哪里，真正损人不利己。

有一天，子贡问孔子："有没有一个字可以作为终生奉行不渝的法则呢？"孔子回答："其恕乎！己所不欲，勿施于人。"这里的恕是凡事替别人着想的意思。其意是，自己不喜欢的事，不要加在别人身上。我们可以把这句话看成是待人处事的基本修养，如果我们能做到这一点，就可建立良好的人际关系。

战国时，梁国与楚国相临，两国在边境上各设界亭，亭卒们也都在各自的地界里种了西瓜。梁亭的亭卒勤劳，锄草浇水，瓜秧长势极好，而楚亭的亭卒懒惰，不事瓜事，瓜秧又瘦又蔫。与对面瓜田的长势简直不能相比。楚亭的人觉得失了面子，有一天乘夜无月色，偷跑过去把梁亭的瓜秧全给扯断了。梁亭的人第二天发现后，气愤难平，报告给边县的县令宋就，说："我们也过去把他们的瓜秧扯断好了！"宋就回答说：

“楚国人这样做当然是很卑鄙的，可是，我们明明不愿他们扯断我们的瓜秧，那么为什么再反过去扯断人家的瓜秧？别人不对，我们再跟着学，那就太狭隘了。你们听我的话，从今天起，每天晚上给他们的瓜秧浇水，让他们的瓜秧长得好，而且，你们这样做，一定不可以让他们知道。”梁亭的人听了宋就的话后觉得有道理，于是就照办了。楚亭的人发现自己的瓜秧长势一天好似一天，仔细观察，发现每天早上地都被人浇过了，而且是梁亭的人在黑夜里悄悄为他们浇的。楚国的边县县令听到亭卒们的报告后，感到十分惭愧十分敬佩，于是报告了楚王。楚王听说后，被梁国人修睦边邻的诚心所感动，特备重礼送梁王，一方面表示自责，另一方面也以此表示酬谢，结果他们从以前的敌国变成了友好的邻邦。

持盈履满，君子兢兢

滋生自负、自满的情绪往往都是因为壮大。危险往往潜藏在人们的自满中，在人们懈怠的那一刻突然出现。无论现状有多好，我们时时都要具有忧患意识。只有居安思危，做好迎战厄运到来的思想准备，才能使“盈满”的状态长久保持，如果面临危机，也不会措手不及。

《残唐五代史演义》版画之李晋王像

唐末，因沙陀族首领李克用帮助朝廷镇压黄巢起义，被封为陇西郡王，后来又封为晋王。在临终的时候，他交给儿子李存勖三支箭，说：“梁王，是我仇人；燕王，是我拥立的，契丹王耶律阿保机，与我曾相约为兄弟，但他们却都背叛了我去投靠梁王。我最遗憾的是我生前没能亲手杀了这三个人，现在交给你三支箭，一定要为我报仇。”

李克用病死前一年，梁王朱温已经篡唐称帝。在当时的割据势力中，梁地广兵多，据有今河南、山东两省和陕西、山西、河北、宁夏、湖北、安徽、江苏等省各一部分。

燕王指刘仁恭和他的儿子刘守光。刘仁恭任卢龙军节度使，是经李克用推荐而被唐王朝任命的。但刘仁恭后来却恩将仇报，袭败李克用军向梁讨好。李克用病死这一年（907年），刘守光囚禁了父亲，自称卢龙军节度使，四年后自称大燕皇帝。

李存勖继任晋王后，一心念着父亲的遗嘱，觉得自己的实力还弱，于是养精蓄锐。一方面,他下令所属各州县推举贤才,一方面黜退贪残,宽免租税,抚恤孤寡,昭雪冤案,查禁奸盗。过了不久,境内得到很好的治理,没过几年,民富国强,上下一心。

公元913年11月,李存勖率兵攻燕,刘仁恭父子被擒。10年之后,即公元923年,李存勖登基为皇帝,建国号为唐。同年出兵进攻梁。这时朱温已死,梁国皇帝是他的儿子朱友贞。朱友贞抵挡不住唐军的攻势而自杀。李存勖把朱友贞君臣的头用漆涂了收藏在太庙。三个仇家刚收拾了两个,他却不可一世起来,开始花天酒地,打猎游玩,不然就与戏子们混在一起,亲自粉墨登场,国事家仇都抛到了脑后。戏子郭门高任亲军指挥使,部下有人作乱,事发被诛。李存勖说这是受了郭门高的指使,这使郭门高极为害怕,便趁李存勖的养子李嗣源造反的机会,率领部下攻入宫中,射死了李存勖。欧阳修的《伶官传序》中曾写道:"故方其盛也,举天下豪杰,莫能与之争;及其衰也,数十伶人困之而身死国灭,为天下笑。"

天道忌盈,业不求满

给自己留条后路,从多方面考虑事物发展的大势,无论是做什么都会有好处的。俗话说,做日短,看日长。要考虑到将来的前程,设身处地地想,人生的福分就像银行里的存款,不能一下子就透支,应当好好珍惜,精打细算,方能细水长流。不因一时贪心毁坏将来的名声,抱着平常心,才是得乐的好办法。

商鞅,姓公孙,所以也叫卫鞅或公孙鞅。战国时期的卫国人,他原本在魏国宰相公叔痤手下任中庶子,帮助公叔痤掌管公族事务。

因商鞅的才华受到公叔痤的欣赏,曾建议魏惠王用商鞅为相,但魏惠王瞧不起商鞅,便没有答应;公叔痤死前又向魏王建议,魏王仍没有起用商鞅。

公叔痤死后,失去了靠山的商鞅便投奔到了秦国。通过宠臣景监的荐举,秦孝公多次同商鞅长谈,发现商鞅是个难得的治国奇才,便"以卫鞅为左庶长,卒定变法之令"。

因为当时新兴地主阶级认为封建生产关系已经登上政治舞台,社会正处于新兴的封建制取代奴隶制的大变革时期,商鞅变法正好适应了社会变革的需要。所以秦孝公才看重商鞅,同时秦孝公也是一位奋发有为的君主,商鞅提出的一整套富国强兵的办法,也正是他所想的。

商鞅变法的主要内容是:废除井田制,从法律上确认封建土地所有制,"为田开阡陌封疆,而赋税平"。商鞅特别重视农业生产,鼓励垦荒以扩大耕地面积;建立按农、按战功授予官爵的新体制,以确立封建等级制度;废除奴隶制的分封制,普遍实行法治,主张刑无等级。

商鞅变法的内容基本都是促使社会发展的进步措施,当然会受到许多守旧"宗室"的反对。变法之初,专程赶到国都来"言初令之不便者以千数"。甚至太子还带头犯法。为了使变法顺利实施,商鞅毫不留情,"刑其傅公子虔,黥其师公孙贾",真正做到了"王子犯法与庶民同罪"。结果,新法实行十年,秦国便国富兵强,乡邑大治。最后,秦孝公成为战国霸主。

然而,正当商鞅在秦国功勋卓著的时候,他的心情却反而感到孤寂和迷惘,他自己也弄不懂为什么会这样。于是,商鞅便去请教一个名叫赵良的隐士。他对赵良说,

《东周列国志》版画之说秦君卫鞅变法图

秦国原本和戎狄相似，我通过移风易俗加以改除，让人们父子有序，男女有别。这咸阳都城，也由我一手建造，如今冀阙高耸，宫室成区。难道我的功劳赶不上从前的百里奚吗？百里奚是秦穆公时的名臣，现在商鞅和百里奚比，当然颇有一点委屈的情绪。但是赵良却直率地说：

百里奚刚受到信任时，就劝秦穆公请蹇叔出来做国相，自己甘当副手；你却大权独揽，从来没有推荐过贤人。百里奚在位六七年，三次平定了晋国的内乱，又帮他们立了新君，天下人无不折服，老百姓安居乐业；而你呢，国人犯了轻罪，反而要用重罚，简直把人民当成了奴隶。百里奚出门从不乘车，热天连个伞盖也不打，很随便地和大家交谈，根本不要大队警卫保护；而你每次出外都是车马几十辆，卫兵一大群，前呼后拥，老百姓吓得唯恐躲闪不及。你的身边还得跟着无数的贴身保镖，没有这些，你就不敢挪动半步。百里奚死后，全国百姓无不落泪，就好像死了亲生父亲一样，小孩子不再歌唱，舂米的也不再喊着号子干活，这是人们自觉自愿地敬重他；你却一味杀罚，就连太子的老师都被你割了鼻子。一旦主公去世，我担心有不少人要起来收拾你，你还指望做秦国的第二个百里奚，这是非常可笑的。为你着想，不如及早交出商、於之地，退隐山野，说不定还能终老林泉。否则，你很快就要败亡。

后来的事实不幸被赵良所言中，商鞅变法之所以能够成功，主要是他能够抑制上层保守派的反抗，例如刑及太子的老师。试想，太子犯法尚且不容宽恕，老百姓当然只有遵照执行了。但这同时，也就给商鞅埋下了致命的败因。“商君相秦十年，宗室贵戚多怨恨者。公子虔杜门不出已八年矣”。一旦有机可乘，上层保守派肯定会合而攻之。

秦孝公死后，太子即位，就是秦惠王，公子虔等人立即诬告“商君欲反”，并派人去逮捕商鞅。商鞅迫于无奈，最后只好回到自己的封地商邑，秦发兵攻打，商鞅被杀于渑池。秦惠王连死后的商鞅也不放过，把商鞅五马分尸外，还诛灭其整个家族。

以德御才，德才兼备

德与才是相辅相成不能分开的，德靠才来发挥，才靠德来统率。从德和才两个方面出发，可以把人分为四种：德才兼备为圣人，德才兼亡为愚人，德胜才为君子，才胜德为小人。在用人时，如果没有圣人和君子，那么与其得小人，不如得愚人。因为“君子挟才以为善，小人挟才以为恶，而愚者虽欲为不善，但智不能周，力不能胜。”意思就是，有才而缺德的人是最危险的人物，比无才无德还要坏。人们往往只看到人的才，而忽视了德。从古到今，国之乱臣，家之败子，都是才有余而德不足。

元世祖忽必烈对赵孟頫说：“叶李、留梦炎两人优劣，怎样？”孟頫答道：“梦炎，臣之父执，其人忠厚，笃于自信，好谋而能断，有大臣器；叶李所读之书，臣皆读之，其所知所能，臣皆知之能之。”忽必烈说：“汝以梦炎贤于叶李耶？梦炎在宋为状元，位至丞相，贾似道误国罔上，梦炎依阿取容；叶李布衣，乃伏阙上书，是贤于梦炎也。汝以梦炎父友，不敢斥言其非，可赋诗讥之。”赵孟頫所赋诗，有“往事已非那可说，且将忠直报皇元”之语，受到忽必烈极大赞赏。

元代书法家赵孟頫像，图出自清·顾沅《古圣贤像传略》。

元朝的创建者，忽必烈是个有作为的皇帝。他任总领漠南汉地军国庶事，开府于金莲川（在今河南结源）时，已任用汉儒为其谋士。及灭宋后，广泛搜求宋朝名士任官，为之理政治民。宋魏国公赵孟頫是宋太祖子秦王德芳之后，宋亡，被召入朝任官。

忽必烈对叶李、留梦炎与赵孟頫的评价不同：赵孟頫赞许留梦炎有大臣之器，对叶李则认为与自己的才能差不多；忽必烈却认为叶李贤于留梦炎。这是以两人对贾似道误国罔民的不同态度而定优劣。公元1258年，忽必烈奉蒙哥大汗命进军围攻鄂州，宋派贾似道率军前往救援，而忽必烈因其兄蒙哥死急于回去争帝位，适贾似道派使来求和，忽必烈便顺势答应并率大军北返。贾似道却谎报“鄂州大捷”，说蒙古兵已肃清，这事虽说欺骗宋理宗，贾似道得以为相，但朝野上下是清楚的，留梦炎却依附之以取悦于贾似道。当时叶李只是个太学生，愤贾似道害国害民，便带头与同学83人，伏阙上书揭露贾似道的罪恶，责其“变乱纪纲、毒害生灵，神人共怒，以干天谴”。贾似道大怒，知书是叶李所写，使其党人逮捕叶李，叶李便逃匿。适宋亡，叶李归隐富春山。忽必烈多次派人征召不出，后来实在没办法才入见。忽必烈问：“你有什么苦衷？”又说：“卿往时讼似道，朕赏识之。”言下之意，是对他表示敬意。忽必烈向他请教治国之道，叶李陈述古帝王的得失成败，忽必烈赞许，命他五日一入议事，后任资善大大、尚书左丞。叶李在宋不过是一布衣，忽必烈却如此破格重用，是因赏识其人忠直敢弹劾误国欺上的贾似道。而对留梦炎这个宋朝丞相和有名的状元，虽赏识其文才，却认为其人有私心而缺德行，便降级使用。

这样看来，忽必烈用人德行比才学更重要。

贪得不富，知足不贫

比喻贪得无厌的人，可以用“得寸进尺，得陇望蜀”来形容，只有少数超凡绝俗的豁达之士，才能领悟知足常乐之理。其实适度的物质财富是必须的，追求功名以求实现抱负也是对的，关键看出发点何在。有一定社会地位是现实生活迫使个人接受的一种要求；追求物质丰富是刺激市场繁荣的动力，对个人而言，绝非因为安贫乐道就可以否定对物质欲望的追求。但是一个人为铜臭气包围，把自己变成积累财富的奴隶，或为了财富不择手段，为了权势投机钻营，把权势当成满足私欲的工具，那么，这种人就会永远贪得无厌，为正人君子所不齿。

有一位修道者，禁欲苦行，准备离开他所住的村庄，到无人居住的山中去隐居修行，他只带了一块布当做衣服，就到山中居住了。

后来他想到当他要洗衣服的时候，他需要另外一块布来替换，于是他就下山到村庄里，向村民们乞讨一块布当做衣服，村民们都知道他是虔诚的修道者，于是毫不考虑地就给了他一块布。

当这位修道者回到山中之后，他发觉在他居住的茅屋里面有一只老鼠，常常会在他专心打坐的时候来咬他那件准备换洗的衣服，他早就发誓一生遵守不杀生的戒律，因此他不愿意去伤害那只老鼠，但是他又没有办法赶走那只老鼠，所以他回到村庄中，向村民要一只猫来饲养。

有了猫之后，他又想到了——“猫要吃什么呢？我并不想让猫去吃老鼠，但总不能跟我一样只吃一些水果与野菜吧！”于是他又向村民要了一只乳牛，这样子那只猫就可以靠牛奶维生。

但是，在山中居住了一段时间以后，他发觉每天都要花很多的时间来照顾那只母牛，于是他又回到村庄中，他找到了一个可怜流浪汉，于是就带着这无家可归的流浪汉到山中居住，帮他照顾乳牛。

那个流浪汉在山中居住了一段时间之后，他跟修道者抱怨说：“我跟你不一样，我需要一个太太，我要正常的家庭生活。”

修道者觉得有道理，他不能强迫别人跟他一样，过着禁欲苦行的生活……

这个故事就这样慢慢发展下去，你可能也猜到了，到了后来，也许是半年以后，整个村庄都搬到山上去了。

欲望就像是一条锁链，一个牵着一个，永远都得不到满足。

在印度的热带丛林里，人们用一种奇特的狩猎方法捕捉猴子：在一个固定的小木盒里面，装上猴子爱吃的坚果，盒子上开一个小口，刚好够猴子的前爪伸进去，猴子一旦抓住坚果，爪子就抽不出来了。人们常常用这种方法捉到猴子，因为猴子有一种习性，不肯放下已经到手的东西，人们总会嘲笑猴子的愚蠢：为什么不松开爪子放下坚果逃命？但想想我们自己，也许就会发现，并不是只有猴子人类也会犯这样的错误。

信人尽诚,疑人己诈

疑神疑鬼,不信任别人的人是成就不了什么大事业的。尤其是一个有创造大业雄心的人,在待人接物上必须要真诚,注意疑人莫用,用人莫疑,使大家精诚合作。诚信是传统的原则之一,真诚待人终究会感动别人。但是真诚待人不是见什么人都把自己和盘托出,就是见了作奸犯科的歹徒也去真诚相待,期望以此感化他。如果人人这样,那将没人会承担社会责任法律义务。所以真诚也是相对而不是绝对的。

公元前209年,陈胜揭竿起义,一个群雄争霸的时代来临了。这个时候,阳武县户牖乡一个叫陈平的年轻人,前去投奔魏王咎,被任命为太仆,替魏王执掌乘舆和马政。

陈平自幼聪颖,抱有远大的志向,而且勤奋好学。他来投奔魏王,本来想有一番作为,但他多次献策不仅未被采纳,反而遭人诋毁。陈平认识到魏咎是一个平庸之辈,于是毅然出走,投奔到项羽麾下,参加了著名的巨鹿之战,跟随项羽进入关中,击败秦军。项羽赐给卿一级的爵位,但这种职位徒具虚名,并没有真正的权力。

公元前206年4月,楚汉战争爆发。这时,殷王司马卬背楚降汉。项羽大怒,于是封陈平为信武君,率领魏王咎留在楚国的部下进击殷王,收降司马卬。陈平取胜后因功被拜为都尉,赐金20镒。过了不久,汉王刘邦又率部攻占了殷地,司马卬被迫投降。项羽对司马卬的反复无常极为恼怒,因此而迁怒陈平,要尽斩以前参加平定殷地的全体将士。陈平害怕被杀,又看到项羽无道乏能,难成大气候,便封好其所得黄金和官印,派人送还项羽,而自己则单身提剑抄小路逃走。在渡黄河的时候,艄公见陈平仪表非凡,又单身独行,怀疑他是逃亡的将领,身上一定藏有金银财宝,顿起谋财害命之念。陈平察言观色,知道他心怀歹意,灵机一动,便脱掉衣服,袒露全身,帮助艄公去撑船。这样,船夫便知道他什么都没有,才没有动手。

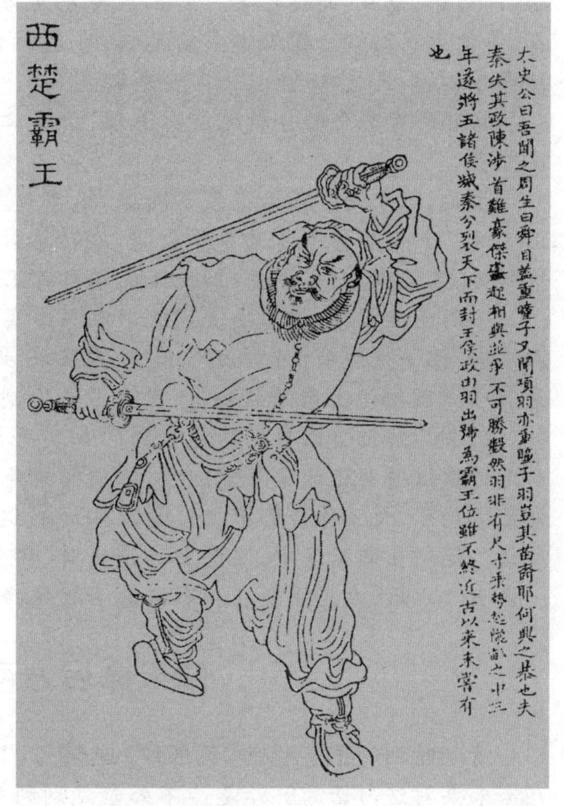

西楚霸王项羽像,图出自清·上官周绘《晚笑堂画传》。

陈平上岸后,一路直奔修武,因为当时刘邦正率领部队驻扎在那里。他通过汉军将领魏无知见到了刘邦。刘邦问陈平:"你在楚军里担任什么官职?"

陈平回答说:"担任都尉。"当日

刘邦就任命陈平担任都尉，让他当自己的参谋，管理监督联络各部将。

刘邦手下将领不禁哗然，纷纷议论向刘邦进谏：“大王得到楚军一个逃兵，还不知道他本领有多大，就同他坐一辆车子，反倒来监督我们这些老将。”刘邦听到这些议论后，反而更加亲近陈平，同他一道东伐项王。这样一来，将领们越发不服气了。过了一段时间，他们推举周勃、灌婴晋见刘邦说：“陈平虽然看起来是一表人才，恐怕是虚有其表，我们听说他在家时就德行不佳，与嫂子通奸，而且反复无常，侍奉魏王不能容身，逃出来归顺楚王，归顺楚王不行又来投奔汉王，如今大王器重他，给予他高官，他就利用职权接受将领的贿赂。这样的人，汉王不可以加以重任。”

俗话说众口铄金，刘邦也开始怀疑起陈平来，他把推荐人魏无知叫来训斥了一番。魏无知根据刘邦豁达大度、不拘小节的特点，以及求贤若渴、争夺人才的特殊形势，回答得非常精彩。他说：“我所说的是才能，陛下所问的是品行。这两者在夺天下的过程中，哪一点最重要呢？我推荐奇谋之士，是为了有利于国家，就没管是偷情还是接收贿赂了。”

刘邦听后也没有什么好说的。

刘邦赐给陈平酒食，并说：“吃完，就休息去吧。”陈平说：“我为要事而来，我对您要说的事不能挨过今天。”刘邦听他这么一说，就跟他谈起来，两人纵论天下大事，谈得非常融洽。到这时，陈平才说出他的计谋来：“项王身边就那么几个刚直之臣，如范增、钟离昧、龙且、周殷之辈。大王只要花几万金，可以行使反间计，离间他们君臣关系，使之上下离心。项王本来爱猜忌，容易听信谗言，这样，必定会引起内讧和残杀，到那时，我军再乘机进攻，一定会获胜。”

刘邦听完陈平的分析觉得有道理，于是拿出两千万两黄金给陈平，让陈平去安排这件事。

于是，陈平向楚军派遣大量间谍，很多楚军中的将士被黄金所收买，让他们散布谣言说：“钟离昧等人身为楚军大将，战功卓著然而却不能裂土封王，因此想同汉军结成联盟，消灭项王，瓜分楚国的土地，各自称王。”

项羽生性多疑，就派使者到汉军以探虚实。陈平让侍者准备最高规格的菜肴，叫人端去，但一见楚使，故作吃惊地说：“我还以为是亚父的使者呢，原来是项王的使者。”于是就把端上来的菜端走，送上另一份制作粗劣的食物。使者见此情景，极为生气。回去后就把自己看到的和听到的如实告诉了项王。项王于是怀疑起范增来，当时范增建议项羽迅速攻下荥阳城，但项羽就是不采纳，气得范增发怒说：“天下大事大体上定局了，大王你自己干吧！请求赐还我这把老骨头，退归乡里。”不料，项王准其所请。范增在回家途中，因背上毒疮发作，猝然而死。陈平略施小计，使项羽失去第一谋士。以后，大将周殷在英布引诱下叛楚，钟离昧也因遭猜忌而不被重用。

知天命后方可为正人

清朝时期的张英解悟《菜根谭》时认为：“不知命就不能成为正人君子。”宋代思想家朱熹对这句话的解释是：“不知命见到利益必然会追逐，见到祸害必然迅速避开，从而不能做一个正人君子。”我少年时受教于姚端恪公，忠心信服这句话，每当遇到疑难犹豫的事，总是依据这句话来把握事情。古人说安于平易以等待天命的安排，又说执行法度、法则以等待天命的安排，又说做与不做也凭借天命。人生祸福荣辱得失，自然有一定命运，这是不可改变的。知道了这个道理之后就会做到见利可求，而又不必追求；祸害应当避开，并不是所有的祸害都能避开。有关利害的见识已经明白了，那么为正人君子的方法就开始产生。这个“为”字很有力量，既然知道利害得失自有定数，那么也就可以落得做一个好人了。有权有势的人，难道一定要与他相抗衡以致招来祸害吗？到了难于相随的时候，也要做到与他相随以致招来祸害吗？这个时候，要做到合乎内心不丢失自己，果真能做到谦和以相迎谢，婉转迂回以避开，别人也未必一定要加害于自己。这也是命运决定的缘故，又怎么知道甘愿屈从别人的祸害，不比与他相抗衡所招致的祸害更严重呢！假使我作为州县官吏，一定不会用官府的钱财去献媚取悦上级。用官府的钱财献媚带来的祸害，比献媚而使上级对自己的不满所招致的祸害更严重。过去陕西米脂县知县萧某曾经派人掘开李自成的祖坟，李自成率领的农民起义军攻占京城之后，捕获了萧某关押在军中，萧某甘心等死。李自成把他押解到山西，派20人加以看守，但萧某趁夜色逃跑，后来又当了州官，写了《虎吻余生》一书记述他所亲身经历的事。李自成杀人几十万，终究没能杀掉萧某，可见生死由命，我在京城当官的时间很长，往往见到别人数说某某人应当当这个官，而当时本来就没有这个空缺的官位，于是有人竭尽全力奔走筹划，事情办妥之后，这个人却根本不适合这个官职，或者根本没有感动这个人，而且还招来这个人的辱骂，诸如此类的事情是很多的。大家都很清楚明白，而当事人却往往执迷不悟。这其中的求速反迟，求得反失，那个人为这个人谋划，这件事因那件事而被破坏，颠倒错乱，不可追问究竟。如果人人能够将听到见到的事，都能够静心体察一番，可能会消除许多非分之想。

顺势而为，但别随心所欲

元朝时期的许名奎认为：顺风行船，行驶千里也不停止；但扬帆不收，人与船就会被一起淹没。人在得势时，可以步步登天；一时失去权势，就会一落千丈。早上的鲜花，傍晚就凋零了，这种变化不胜枚举。熊熊大火会熄灭，隆隆雷声会消失，雷和火，有满耳之声，有耀眼之火，可是天会在瞬间收去雷声，地会在刹那间藏去火热。即使你高位在家，也会有鬼窥视你的内屋。

在可以做的时候做能够做的事，就会顺利；相反，就会招致危险。因此，个人的言行是高洁还是谦卑，要看世道是否清明，老子经过西戎之地，就讲少数民族的语言；大禹到了裸国，也不穿衣服；墨子认为乐器没有什么用处就不喜欢，但到了荆楚之地也是穿锦衣，吹竹箫。过分认死理而不知变通，就是不识时务，就会被人称为最愚蠢的人。

自古因随心所欲而最终招致损害的事，知道的人都应引以为戒。秦始皇随心所欲于刑法，公子扶苏遂受害于矫诏；汉武帝恣意而为于征伐，而晚年则罢轮台屯田以示悔悟。人生在世，凡事都想图个痛快。随意许诺别人者，最终会后悔；应对如流者，疏于思考；喜怒无常者，缺少度量；轻易苟和他人者，必欺骗别人。与其随心所欲而失误，不如细致入微地谨慎思考。

诸葛亮像

审时度势，见机之道

三国时期的诸葛亮认为：愚笨的将领要战胜足智多谋的将领，只能听天由命；足智多谋的将领要战胜愚笨的将领，是极其自然的事；智慧相当的将领相互争夺，一方要取得胜利，就得依靠战机。战机的精要有三方面：一是“事”，二是“势”，三是“情”。如果已发事件于我有利，却不能当机立断加以利用，便是不明智的表现；如果情势的变化于我有利，却不能抓住时机战胜敌人，这是不贤能的表现；如果士气、情况的转变于我有利，却不能趁机制伏敌人，这就表现出了不勇敢果断。一个善于指挥的将领，必定会凭借有利的战机夺取最终胜利。

有一句话说识时务者为俊杰。识时务，善变通，无论是英雄干惊天动地的伟业，还是凡人过平平常常的生活都应该如此。识时务，方可因时而动，相机而行；善变通，方可趋利避害，取舍得宜。识时务者经常能逢凶化吉，转危为安，转败为胜，变被动为主动；不识时务者则常常遭灾受压，处处碰壁，事事失意，严重的话还会倾家荡产，甚至赔上自家性命。

凡事必须抓住最有利的时机。打铁要趁铁烧得通红时奋力捶打；种田要赶着最好的季节把秧插在田里；经商要抓住物稀价贵之时抛出商品。世上见机行事、当机立断者胜；优柔寡断、错失良机的人都会失败。

见机之道，最重要的是出其不意，抓住战机，出奇攻敌，如此则攻必克，战必胜。

杯弓蛇影，猜疑不和

对于国家而言，君臣相互猜疑不和，就要大难来临了。作为臣子，应该怎么去处理这个问题？是借机挑拨，以便使自己飞黄腾达，还是以自己的努力去尽量弥补君臣之间的嫌隙？桓伊从大局出发，作出了正确的选择。

桓伊是东晋孝武帝时期最出色的音乐家，他尤其擅长演奏竹笛，因此被称为“江南第一竹笛演奏家”。

当时，宰相谢安由于功劳和名声都特别大，引起了朝廷中一些小人的妒忌。他们恶意造谣中伤，在皇帝面前说谢安的坏话。所以，孝武帝与谢安之间便发生了矛盾。

一次,桓伊受孝武帝邀请去参加一个宴会,谢安也去陪同。桓伊想利用这个机会调解他们的矛盾。因为皇帝和宰相之间不和,对国家和人民是大为不利的,何况,孝武帝是受了坏人的挑拨和蒙蔽,更不应该冤枉了德才兼备、忠心耿耿的谢安。

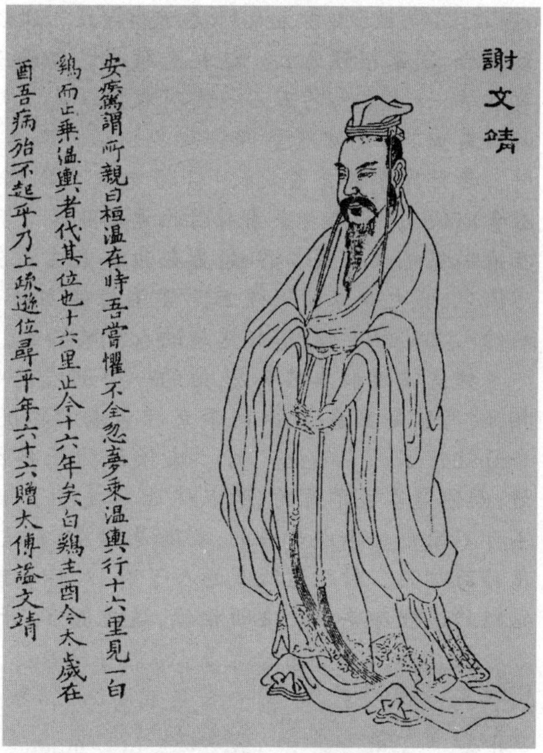

孝武帝命令桓伊吹笛子,他吹奏一曲之后,便放下竹笛说:“我对筝的演奏虽然比不上吹笛子,但还勉强可以边弹边唱,我想为大家演唱一曲助助兴,还想请一个会吹笛子的人来帮我伴奏。”

孝武帝便命令宫廷中的一名乐妓为桓伊伴奏。桓伊又说:“宫廷中的乐师与我可能配合不好,我有一个奴仆,很会与我配合。”孝武帝便同意了桓伊的要求。

东晋谢安像,图出自清·上官周绘《晚笑堂画传》。

他们边弹筝边唱道:“当皇帝真不容易,当臣子也很难,忠诚老实的没好处,反而有被怀疑的祸患,周公旦一心辅助周文王和周武王,管叔和蔡叔反而对他散布流言飞语,”桓伊唱得声情并茂,真挚诚恳,谢安听着听着,禁不住泪如雨下,沾湿了衣袖。一曲唱完,谢安离开座位来到桓伊身边,抚摸着他的胡须说:“您太出色了!”孝武帝听了之后,感到非常惭愧。后来,君臣之间便消除了误会,两人和好如初。

桓伊的高明之举就是在适当的场合,运用自己的音乐特长来劝谏皇帝,收到了用语言所难以达到的效果。他深知对于一个国家来讲,君臣不睦,尤其是君臣相互猜疑,那国家的灾难也就要来临了。要治理好一个国家,君臣各方面都要不疑神疑鬼,为人君者,更应不受蒙蔽,要心中有数,善于用人才行。

金无足赤,人无完人

战国时期的吕不韦认为:事物的实情是很难用十全十美的标准来举荐人。有人用不慈爱自己儿子的名声诋毁尧,以不孝顺父亲的恶名诋毁舜,用内心贪图帝位来诋毁禹,用谋划放逐、弑君来诋毁汤、武王,用侵略掠夺别国来诋毁五霸。由此可见,什么事情都没有十全十美的。所以,君子要求别人时用一般的标准,要求自己时用义的标准。用一般标准要求别人就容易得到满足,容昂得到满足就能得到民心;用义的标准要求自己就难以做错事,难以做错事行为就严正。所以他们担任天地间的重任就游刃有余。不肖的人就不是这样,要求别人用义的标准,要求自己用一般人的标准。用义的标准要求别人就难以满足,难以满足就连亲人也会失去;用一般人的标准要求自己就容易做到，容易做到就行为苟且。所以天下如此之大他们却难以容身，自身招致危险、国家招致灭亡。这就是桀、纣、周幽王、周厉王的行事了。一尺长的树木一定有节结，一寸之大的玉石一定有瑕疵。先王知道事物不可能十全十美，所以选择事物时只看重其一善之长。

季孙氏掌握公室政权。孔子想晓之以理，但这样就会被疏远，于是就去接受他的衣食以便向他进言，鲁国人因此责备孔子。孔子说："龙在清水里吃又在清水里游，螭在清水里吃却在浊水里游，鱼在浊水里吃又在浊水里游。现在我往上赶不上龙，往下不像鱼，我大概像螭一样吧！"那些想建立功名的人，不可能都处处合乎规则，援救溺水的人要沾湿衣服，追赶逃跑的人就要奔跑。

魏文侯的弟弟叫季成，他的一个朋友名叫翟璜。文侯想让他们当中的一个人当相，没有拿定主意，就来问李克。李克回答说："您想立相，就看乐腾与王孙苟端哪一个好就行了。"文侯说："好。"文侯认为王孙苟端不好，而他是翟璜举荐的；认为乐腾好，而他是季成举荐的，所以就让季成当了相。凡是言论被君主听取的人，谈论别人不可不慎重。季成是弟弟，翟璜是朋友，而文侯尚且不能了解，又怎么能了解乐腾与王孙苟端呢？对疏远低贱的人了解，对亲近熟悉的人却不了解，没这样的道理。没有这样的道理却要以此决断相位，这就错了；李克回答文侯的话也错了。虽然都是错，但就如同金和木一样，金虽然软可还是比木硬。

孟尝君问白圭说："文侯名声超过了齐桓公，可为什么功业比不上五霸。"白圭回答说："文侯从师子夏，以田子方为朋友，敬重段干木，这就是名声超过了齐桓公的原因。选择相的时候说'季成与翟璜哪一个可以？'这是他的功业赶不上五霸的原因。相是百官之长，选择时范围要大一些。现在选择相却离不开那两个人，这与齐桓公用自己的仇人为相相差也太远了。况且以师友为相，是公义；以亲属偏爱的人为相，是私利。把私利放在公义之上，这是衰微国家的政治。因为有三位贤士的辅佐，所以他的名声才显赫荣耀。

《东周列国志》版画之"桓公举火爵宁戚"图，讲述齐桓公不重出身，不论资历，不计较小节，注重大节，力排众议，擢用贤臣宁戚之事。

宁戚想向齐桓公谋取官职，但处境贫困，自己得不到推荐，于是就给商人赶着装载货物的车子到齐国去，傍晚住在城门外。桓公到郊外迎客，夜里打开城门，让装载货物的车避开，火把很亮，随从的人很多。宁戚正在车下喂牛，望见桓公就哀伤起来，就敲着牛角大声唱起商歌。桓公听到这歌声，抚摸着他的车夫的手说："奇怪啊！这个唱歌的不是一般的人！"就命令副车载着他。桓公回到家后，赐给他衣服和帽子，准备召见他。宁戚见到桓公，用如何治理天下的话劝说桓公。第二天又谒见桓公，用如何治理国内政事的话劝说桓公，桓公非常高兴，准备任用他。臣子们劝谏说："客人是卫国的。卫国离齐国不远，您不如派人去询问一下。如果确实是贤德的人，任用他也不晚。"桓公说："不对。去询问，是担心他有小毛病。因为人家有小毛病，却不记住别人的大优点，这是君主失掉天下人才的原因啊！"

听取别人的主张是有一定根据的，现在听从了他的主张不再追问他的为人，是因为主张符合听者心目中的标准。况且人本来就难以十全十美，举荐人才最好的办法就是权衡以用其所长。

美名成功于长时间的积累

清朝时期的曾国藩解悟《菜根谭》时认为："要想获得美名就要长时间的积累。"骤然为人信服的人，那么这种信任不是牢固可靠的；突然之间就名噪一时的人，那么他的名声一定大于实际情况。品德高尚、修养很深的人虽然没有赫赫的名声，也无突然而得的美名；这就像一年四季的更替，是逐渐地有序地完成一年的运转，让人们不知不觉。因此，一个人诚实而具美质，就像桃李，虽不说话，但由于它的花果香甜，自然会吸引人们慕名前来。如果抛弃了修善德行和勤专业务，就什么也没有可以依靠的了。这就是所说的把守拦截在十字路口，如果不是天天向上进取，那么人非议你，鬼指责你，身败名裂的后果转眼间就会到来，实在令人感到害怕！

我就不相信自强者遇事每每胜出一筹这样的说法。大凡国家强盛，一定要广为招徕贤能的臣子；家庭的强盛，一定要多有贤能的子弟。这也是与天命有关，不完全在于人事。孟子集仁义于一身而犹不满足，也就是曾子的反躬自问，正义在我则一往无前的意思。只有曾子、孟子以及孔子的强，可以算做长久的强。此外，斗智斗力的强，有的是因强而致大兴的，也有的是因强而致大败的。

像李斯、曹操、董卓、杨素，他们的智慧、力量都是难以相比的，而最终的失败也是不同寻常的。近代像陆、何、萧、陈也都认为自己的智谋是很杰出的，而都不能保有善终。所以我辈在自我修养上求强是可以的，在胜过别人的地方求强是不行的。如果专门在胜过别人的地方求得自己强盛，则自己也不知道能不能强盛到底，即使终生因强横而安稳，也是君子所不屑一提的。

年纪大时，如果体弱多病，那都是由于在年轻时不注意爱护自己的身体所招来的痛苦；一个人事业失意以后还会有罪孽缠身，那都是由于在得志时贪赃枉法所造成的祸根。因此，一个有高深修养的人，即使生活在幸福美满的环境中，也要凡事都兢兢业业，戒骄慎言以免伤害身体得罪他人，为今后打下好基础。往往名人并不是积劳履艰的人，成名的人，也并不是享福的人。

金须百炼，轻发无功

人生经历，求知问道，身心修养等，都是身经百战才能成功，勤苦方能见效。害怕艰苦、浅尝辄止的人，终不能为以后的人生之路打下厚实的基础。不论做人还是做事，都应有这种厚实的历练做基础，这样，遇事待人，言语行动才不会轻浮。

吕蒙，东吴名将。吕蒙打起仗来非常勇敢，但是他不喜欢读书，文化水平低，影响了才干的增长。

有一次，孙权和吕蒙一同讨论打仗的方案。吕蒙说不出多少自己的见解。孙权因此而受到启发，他认为：这些打仗勇敢的将领应该提高文化，增长才能才是。

于是，孙权对吕蒙说："你现在掌握了军权，身上的担子很重，应该多读点书，努力提高自己的水平。"

吕蒙不以为然地回答道："军队里的事务工作已经够忙的了，更别说有时间读书了。"

孙权说："如果说忙，你们没有我忙，我小时候读过《诗经》、《礼记》、《左传》、《国语》，管理国家大事以后，又读了许多历史书和兵法之类的书籍，都觉得受益匪浅。我希望你多学点历史知识，可以读读《孙子》、《六韬》、《左传》、《国语》等书。像你们这样天资聪颖的人，再加上有多年的战争经验，只要抓紧时间学，就会有收获的。"

吕蒙说："我怕自己年龄大了，学习起来会有困难。"

孙权说："学习不只是年轻人的事，从前光武帝在打仗的时候都手不释卷。还有曹操，年纪愈大愈好学。你还有什么可顾虑的呢？"吕蒙听了孙权的教导，就开始读书学习。开始读书时常打瞌睡，没有兴趣。但他仍坚持住不懈怠。学了一段时间觉得有些收获，决心就更大了。就这样，天长日久学习了各种书籍，使吕蒙成为一个知识渊博、有智有谋的人了。

吴太祖孙权像，图出自明·天然撰《历代古人像赞》。

有一次，鲁肃执行任务，经过吕蒙的驻地，就顺便去看望吕蒙。两人谈起关羽，说这个人很厉害，不可轻视。当时鲁肃把守的战区正好与关羽是互相邻接的。

吕蒙问鲁肃："你现在离关羽的驻地这么近，责任重大啊！怎么来防止事变。"鲁肃原本认为吕蒙是个武将，心里并不怎样看得起他，因此，就随口回答："到时候再说吧！"

吕蒙听了鲁肃这样漫不经心的回答，就批评他说："你一定要小心谨慎啊！关羽是个智勇双全的大将。我还听别人说，他特别好学，尤其对《左传》研究得更为深透。现在东吴和西蜀表面上好像很友好，但我们还是要提高警惕，防止不测。跟关羽这种人打交道，没有准备是要吃亏的啊！"

鲁肃问道："那你有什么好办法吗？"

吕蒙见鲁肃征求自己的意见，就献上了三条计策有理有据。

鲁肃听后为此感到惊讶，没有想到吕蒙会有这样高的学识水平。他连连点头，极为赞赏地拍着吕蒙的肩膀说："老弟啊！我原来只知道你是个武将。谁知道如今你的学识已有这样高的水平，再也不是从前的吕蒙了！"

吕蒙也高兴地说："士别三日，就当刮目相看嘛！"

后来鲁肃把这件事告诉了孙权，孙权很高兴，感叹地说："像吕蒙这样的武将，读书学习之后，有这样大的进步，实在是没有想到的啊！"

鲁肃说："吕蒙能听从您的教导，刻苦学习，虚心求教，确实是一件令人高兴的事情！"

后来，孙权鼓励其他将士以吕蒙为榜样也要多读点书，抽时间坚持学习，以提高自身的水平。

吕蒙像，图出自《图像三国志》。

吕蒙受了孙权的教育，坚持读书学习，最终取得显著的进步。

勿媚小人，宁责君子

讲甜言蜜语的人是对你有所求，来搅是非的人别有用心。关于"宁为小人所毁"一语，见于《论语·子路》。篇中说，子贡问曰："乡人皆好之，何如？"子曰："未可也。""乡人皆恶之，何如？"子曰"未可也。不如乡人之善者好之，其不善者恶之。"人的是非标准，善恶观念是需要锤炼的，自己心中无标准，做人就不会有原则，没有原则，就喜欢关心别人对自己的评论，有时还为此忧心忡忡，这是何必呢？

徐均，明朝人，担任过阳春（今属广东）主簿。阳春地处偏僻，山高皇帝远，当地的土豪劣绅盘踞那里，为所欲为地干尽坏事。以往阳春的长官一到任，土豪就送给他很多财物行贿巴结，从而互相勾结，上行下效把持邑里。徐均到任后，邑吏告诉他按惯例应当去拜访莫大老。因为莫大老在当地很有势力。徐均说："这人不也是朝廷的属民吗？不服管就用王法来制裁他。"于是拿出朝廷赐的两把剑给人看。莫大很害怕，赶紧到官府拜见请罪。徐均查清他的各种违法行为，把他逮捕入狱。第二天一早，莫大老家的人想送给他两个瓜和几个石榴，实际上里面全是黄金珠宝。徐均连看都不看，就命人把送东西的人抓起来关到府里。府官因受了贿赂而私自把那个人放了回去，那个人又给徐均送来先前馈赠的礼物。徐均大为生气，要把他逮捕治罪，可是还没来得及执行，府里就又下公文调徐均去治理阳江（今属广东）。阳江在他的治理下，社会治安同样非常安定。徐均执法公正廉明，对小人忌恨他根本不放在眼中，也不在乎受权势打击。只要为人正直无私，那小人的伎俩拿我也没办法。

执拗偾事，归于失败

如果李自成能克服自己傲慢、浮躁的心态，虚怀若谷，礼贤下士，让吴三桂能踏踏实实地归顺，历史也许就大不一样了。即使吴三桂不投降，也应抱着冷静的心态从他的角度去分析一下他的感受和行为，以便采取相应的措施。遗憾的是，李自成陶醉于暂时的胜利中，只顾尽情地享受胜利的果实，完全沉迷在自己的美梦之中。正因为如此，当清军入关时，他才毫无措施，最后仓促逃离北京。

北京被李自成攻陷后，胜利冲昏了头脑的他开始变得狂妄而骄傲，刚愎自用。吴三桂引清军入关与李自成处置失当有很大关系，李自成似乎根本就没把吴三桂放在眼里，也根本就没站在吴三桂的角度去思考过他的处境。

吴三桂奉命率军据守山海关。山海关被称为"明之咽喉"，一面是波涛汹涌的大海，一面是险峻的燕山，山海关镶在其中，无疑是战略要塞。当时，北边的清军尚未进入关中，李自成率领的农民起义军却攻陷了北京，崇祯皇帝在景山自缢，明朝走到了尽头。此时镇守山海关的吴三桂会怎样想呢？北边是虎视眈眈的清军，南边京城已经陷落，皇帝已经驾崩，他究竟是在替谁镇守山海关呢？吴三桂不是史可法，更不是屈原，他要设身处地地替自己考虑，于是，他决定投降李自成。

投降以后的命运，是一个准备投降的人最关心的，吴三桂自然也十分关心这一点。他对李自成并不了解，还需要通过一些事实来判断自己投降之后的处境。所以，他一方面带领自己的部队去北京向李自成投降，一方面又不断地派人四处打探消息。这时，消息传来了，父亲吴襄被抓，家产被抄，最宠爱的歌姬陈圆圆也被刘宗敏霸占。从这些消息里，吴三桂已清楚地判断出了自己投降李自成以后的命运，于是他立刻放弃了投降的打算，回守山海关。

李自成攻陷北京后，他和部下们都处在狂妄而骄傲的心态之中。这一心态使他们变得目空一切，妄自尊大，对客观局势丧失了判断力，他一方面抄了吴三桂的家产、抓了他的父亲、抢了他的爱妾，一方面还要让吴三桂投降，这根本不可能。倘若李自成能够静下心来，从吴三桂的角度去思考一下，他就会发现，自己的行为根本不可能让吴三桂归顺。

吴三桂不投降，李自成就率领大军进攻山海关，逼迫其投降，否则就要彻底消灭他。他似乎忘记了山海关长城外面的敌人，他也似乎把吴三桂当成了崇祯皇帝，无路可走之时会自缢而死。

总之，李自成心高气傲、唯我独尊的心态，导致他对吴三桂的感受和行为一无所知，只按照自己的意愿猛攻山海关。

吴三桂本来就不是一个胸怀民族大义的人，在被逼走投无路之时，他自然会投降清军，更何况多尔衮比李自成做得高明，他与吴三桂杀白马盟誓，相约永不相负，并许以封王封地。就这样，当八旗劲旅突然出现在李自成的农民起义军面前时，他们竟毫无准备，大惊失色，因为他们从来就没想到吴三桂会把清军引入关。

清兵进关，李自成想稳住阵脚，指挥抵抗，可已经来不及了，只好传令后撤。多尔衮和吴三桂的队伍里外夹击，起义军遭到惨重袭击。血腥的改朝换代从此开始了。

知足则仙，善用则生

知足常乐才能真正享受人生乐趣。所以，老子说："知人者智，自知者明；胜人者有力，自胜者强；知足者富，强行者有志；不失其所者久，死而不亡者寿。"人的有限生命应该用到对人类有益的事业中去，在这样的事业中去发挥才智，展现能力，比起那些在功名富贵中拼杀的人来说，要强过许多倍。

樊重东汉时南阳人，字君云，家中世代善于耕种，收益很多。他喜欢经商，人很温和、厚道，做事也很守规矩。三代人居住在一起，共享家产，家庭和睦，儿子、孙儿都能尊老敬贤，很懂礼仪。他们经营产业，不奢靡，不浪费，家里雇用的童子、奴婢、仆人都各司其职，也都各有所得，所以全家上下能够团结一心，共同生产，收获也年年增长，后来土地达到300多顷。他们家造的房子，都是有几进的厅堂，高高的屋檐，很气派。这之后又养鱼放牧，完全能够自给自足。有一次他家打算做漆器等物品，就先种了许多樟树和漆树，当时乡里的一些人都嘲笑他们，他们也不争执，过了几年，这些树木成材了，都派上了用场。过去那些讥讽他们的人，由于自己没有就都跑来求借，樊重便一一借给他们，备受邻人的称赞。等到家财万贯，富甲乡里了，他就开始救济乡里宗族以及乡亲们供养那些贫困的人。

有一次樊重的外孙兄弟俩，发生了争执，闹上公堂。樊重认为因为财产就不念手足之情，不顾兄弟情义，实在是可耻的，于是从自己的田产中拿出良田二顷，分给他们兄弟，解除了他们兄弟之间的争讼。县里乡亲都赞扬樊重，推举他担任掌教化的乡官。樊重一直活了八十多岁，去世的时候留下遗命给他的儿子们，让他们把多年以来乡亲邻人所借贷的数百万的文契全部焚烧掉，不用再让他们偿还。他的儿子们遵命烧了文契。那些曾向樊家借过债的人听说此事以后，都觉得非常惭愧，都到樊家来还钱，但樊重的儿子们遵从父命，全都没有收。

逃避名声，自身平安

作臣子的不可以名高盖主，除非你是有野心、有实力的想取代君王。自污声誉、气节，是躲避灾祸的有效手段。作为皇帝，他不仅怕大臣的权力超过他，也怕大臣的名声超过他。作为臣子，你贪一点儿、"色"一点儿都不要紧，千万不要贤名超过皇帝，不要有实力超过君主。

战国末年秦王政准备继续他统一中国的大业，便召集大臣和将领们商议攻打楚国之事。

作战英勇的青年将领李信，在攻打燕国的时候，曾率数千秦军击溃了数万燕军，逼得燕王姬喜走投无路，只好杀了专与秦王政作对的太子姬丹，向秦王谢罪求和。秦王政想让李信做灭楚的秦军统帅，就问李信，攻灭楚国需要多少军队，气宇轩昂的李信不假思索地说："有大王的英明决策，挟秦军胜利之师的雄威，灭楚只要二十万军队就足够了。”

秦王听后，暗暗称赞李信果然是个少年英雄，有万丈豪气。因此事关系重大，想再听听他人的意见。他目光掠过群臣，最后停在鬓眉皆白、身形已有些佝偻的老将王翦脸上，徐徐问道：“王将军，你认为呢？”

王翦身经百战，久经沙场，追随秦王多年，十分了解他的心性和为人，见秦王政听了李信的话后面露喜色，就知道他有轻敌之心。但这等大事是不能阿谀讨好的，于是王翦神色凝重地对秦王政说：“大王，楚国原是个幅员数千里、军队数百万的大国，这些年来，楚国虽屡遭挫折，但一来其实力仍十分可观，二来楚人十分仇视秦国，楚军与秦军作战时，士卒凶悍不畏死。所以，仅20万人去攻打楚国是远远不够的。依臣之见，恐怕要……”王翦原想说20万人出兵必败无疑，但想到这不吉利的预言会触怒日渐骄狂的秦王政，所以改口说：“灭楚非60万大军不可。”

秦王政听了，毫不掩饰自己对王翦见解的失望，冷冷地说：“看来，王将军果真老矣，胆子这么小，还是李将军有魄力，20万军队一定能够踏平楚境！”于是，秦王政派李信率20万军队去攻打楚国。

王翦料定李信必败，秦王政虽现在听不进他的意见，将来一定会采用。不过秦王政现在既已认为自己老朽无能了，如果继续赖着不走，恐怕会被秦王政随意找个罪名，加以罢斥，弄不好还会丢失性命。他马上告病辞官，回老家休养去了。面对自己的正确意见不能被采纳，老将王翦不是气愤不已，而是忍对他人的误解嘲笑，韬光养晦，不去计较。

结果正如王翦所料，李信带领20万秦军攻打楚国，被楚军连破二阵，李信率残部狼狈逃回秦国。

秦王政盛怒之下，把李信革职查办。秦王政毕竟是一代枭雄，他后悔当初自己轻率，随即下令备车驾，亲自去王翦的家乡，请王翦复出，带兵攻楚。

秦王政见到王翦，恭恭敬敬地向王翦赔罪，说：“上次是寡人错了，没听王将军的话，轻信李信，误了国家大事，为了一统天下的大业，务必请王将军抱病出马，出任灭楚大军的统帅。”

秦王的赔罪并没有让王翦忘乎所以，他冷静地说：“我身受大王的大恩，理应誓死相报，大王若要我带兵灭楚，那我仍然需要60万军队，楚国地广人众，他们可以很容易地组织起100万军队，秦军必须要有60万才能勉强应付。少于六十万，我们的胜算

《东周列国志》版画之论兵法王翦代李信图

就很小了。”

秦王政连忙赔笑说：“一切都按将军说的办。”随后征集60万军队交给王翦指挥，出兵之日，秦王政亲率文武百官到灞上为王翦摆酒送行。

饮了饯行酒后，王翦向秦王政辞行。秦王政见王翦唇齿翕动，似有话要说，赶忙问道：“王将军心中有何事？不妨对寡人讲一讲。”王翦装出一副惶恐的样子说：“请大王恩赐些良田、美宅与园林给臣下。”

秦王政听了，有些好笑，说：“王将军是寡人的肱股之臣，日下国家对将军依赖甚重，寡人富有四海，将军不必担心贫穷。”

王翦申辩说：“大王废除三代的裂土分封制度，臣等身为大王的将领，功劳再大，也不能封侯，所指望的只有大王的赏赐了。臣下已年老，不得不为子孙着想，所以希望大王能恩赐一些，作为子孙日后衣食的保障。”秦王政哈哈大笑，满口答应：“好说，好说，这是件很容易的事，王将军就为此出征吧。”

自大军出发，王翦先后派回五批使者，向秦王政要求：多多赏赐些良田给他的儿孙后辈。

王翦的部将们都不理解认为他老昏头了，胸无大志，整天只想着替儿孙置办产业。面对众人不理解，王翦说：“你说得不对，我这样做是为了解除我们的后顾之忧。大王生性多疑，为了灭楚，他不得不把秦国全部的精锐部队都交给我，但他并没有对我深信不疑。一旦他产生了疑念，轻者，剥夺我的兵权，这将破坏了我们灭楚的大计；重者，不仅灭楚大计成为泡影，恐怕我和诸位的性命也将难保。所以，我不断向他要求赏赐，让他觉得，我绝无政治野心。因为一个贪求财物，一心想为子孙积聚良田美宅的人，是不会想到要去谋反叛乱的。”秦王政果然因此而相信王翦没有异心，放心让他指挥60万大军，发动灭楚战争。仅用了一年多时间，王翦就攻下了楚国的最后一个都城寿春（今安徽寿县），兼并了楚国。

王翦为消除秦王政的疑心，不惜自损其名，伸手向秦王要求赏赐，使部将以为他年老昏了头，却使秦王更加深信他，从而全力支持他对楚作战，从而使王翦无后顾之忧，把楚国一举歼灭。

良知诚就能光明

明朝时期的王阳明认为：“人情诡诈多端，如果用诚信来抵御它，往往受到欺骗。想发觉人情的诡诈，自己就会预先揣度别人欺诈自己，会猜想别人不相信自己。逆诈应当是欺诈，臆不信就是不诚信。被人欺骗了，又不能察觉到。能够不事先怀疑别人欺诈，不无故意猜想别人不相信，而又常常能预先知觉一切的，唯有光明纯洁的良知才做得到。但是，这里却有很微妙的差别，常常是背离知觉和暗合欺诈的事情多有发生。”

不逆诈，不臆不信，但是做到先知先觉，这是孔子就当时社会情况而言的。其时，许多人一门心思想去逆诈、去臆不信，反而使自己陷于欺诈不诚信。同时也有人虽不逆诈、不臆不信，但不懂得致良知的功夫，往往只受人欺骗，因此孔子有感而发，说了这番话。孔子的话并不是教人以此存心而一味去发现别人的欺诈和不诚信。存心去发现别人的欺诈和不诚信，正是后世猜忌、险恶、刻薄的人所干的事。只要一有这个念头，就不能入尧、舜之道。不逆诈，不臆不信却被人欺骗的人，也还不失为善，但不如那些能致其良知、自然能预先觉知的人更贤明。你认为只有良知光明纯洁的人才能够这样，可见你已经领悟孔子的宗旨了。然而，这也只是你能领悟到，恐怕还不能在实际中落实吧！良知在人的心中，恒通万古，充塞宇宙，没有不相同的。这就是古人所说的“不虑而知”、“恒易以知险”、“不学而能”、“恒简以知阻”、“先天而天不违，天且不违，更何况是人与鬼了？”你所说的背离觉知而暗合欺诈的人，他虽然能不逆诈，但他也许不能真的自信。他也许常常有先觉的念头，但他却不能常有自觉。常常有求先觉的心，这就已经陷入了逆诈与臆不信，这样就可以蒙蔽他的良知了。这也就是他为什么背离良知而暗合欺诈的原因。

王阳明像，图出自清·上官周《晚笑堂画传》。

君子学习是为了自己，没有担心自己会受到欺骗，只是永远不欺骗自己的良知而已。所以，君子不欺骗，良知就没有虚假而能诚，良知诚就能光明。君子自信；良知没有疑惑而能光明，良知光明就能诚。明和诚互相促进，所以良知能常觉、常照。常觉、常照就如同明镜高悬，任何事物在明镜前不能隐藏其美丑。这是因为良知没有欺骗而诚信，也就不能容纳别人的欺骗，如果有了欺骗就能发现，良知自信而光明，也就不能容纳不诚信，如果有不诚信存在就能发现。这就叫做“易以知险”、“简以知阻”，也就是子思所说的“至诚如神，可以前知”。然而，子思说“如神”，说“可以前知”，还是说成了两件事，因为这是从思诚的功效上推论的，还是给不能预先觉知的人说。如果就至诚而信，那么，至诚就能无知又无所不知，就不必说“可以前知”了。

天就是良知，良知只是个判断是非的心，是非只是个好恶。知道好恶就穷尽了是非，穷尽了是非就穷尽了万物的变化。是非这两个字是个大规矩，能否灵活应用，只能因人而异了。

圣人的良知如同晴空中的太阳，贤人的良知如同有浮云的气象，愚人的良知如同阴云密布的天气。虽然昏暗的程度不同，但他们同样能辨别黑白。即使在昏暗的夜晚，也能隐约看出黑白，这是因为太阳的余光还未完全消失。在困厄中学习的工夫，也只是从这一丁点明亮处去精细省察。

人，是天地的心。天地万物本是一体。百姓的困苦荼毒，哪一件不是自己的切肤之痛呢？不知道自己的疾痛，是没有是非之心的人。人的是非之心，不用考虑就能知道，不用学习就能具备，这就是所说的良知。良知存在于人的心里，没有圣贤与蠢笨的区别,从古到今都是一样的。世上的君子只要专心致其良知,自然都能辨明是非,具备共同的爱憎之心,对待别人像对待自己,把国家看成自己的家,从而与天地万物合为一体。如果这样,就能很好的治理国家。古人看到善就像自己做了好事,看到恶就像自己做了坏事,把百姓的饥饿困苦看成是自己的饥饿困苦;只要有一个人没有安顿好,就觉得是自己把他推进了阴沟。这样做,并不是想以此来获得天下人的信任,而是一心致其良知以求自己心安罢了。尧、舜、禹、汤等圣人,他们说的话百姓们没有不信任的,这是因为他们所说的也只是推致了自己的良知;他们做的事百姓们没有不喜欢的,这是因为他们所做的也只是推致了自己的良知。因此,他们的百姓熙熙而乐,即使被杀头也不怨恨,百姓们获得利,圣人以此为功,把这些推广到蛮荒地区,凡是有血气的人都尊敬父母,因为他们的良知是相同的。圣人治理天下,是件不难的事。

到后来,良知的学问不再光明,天下人各用自己倾扎彼此的私心巧智。所以,人们各具自己的想法,于是,那些偏激鄙陋的观点、狡诈阴险的手段,数不胜数。一些人假借仁义的名义,干着自私自利的事,他们用诡辩来迎合世俗,用虚伪来沽名钓誉。他们掠人之美作为自己的长处,攻击别人的隐私来显示自己的正直。他们因怨恨压倒别人还说是什么追求正义,阴险倾轧还说是疾恶如仇,妒贤嫉能还自以为主持公道,恣情纵欲还自以为爱憎分明。人们互相欺凌,互相残害,即使是一家亲骨肉,也不能没有争强斗胜的心,而令彼此之间形成隔阂,更何况对广大的天下,众多的百姓和事物,是不能把他们看成与自己是一体。那么,天下动荡不安,无止境的战乱,因而也就见惯不怪了。

不着边际地去思虑这不叫远虑,只是要存这个天理。天理存留于人心中,且亘古亘今,无始无终。天理就是良知,万虑千思也只是要致良知。良知是越思索越精明。如果不深思熟虑,只是漫不经心地跟着事情转,良知就粗疏了。如果把只是在事上不着边际地思考当作远虑,就难免有毁誉、得失、人欲掺杂其间,也就是迎来送往了。周公整夜地思考,只是一个“戒慎不睹,恐惧不闻”的功夫。看到这一点,周公的气象与迎来送往自然不同。

因为世上的人把生命看得太重,无论怎样,一定要委屈地保全性命,因而把天理也丢弃了。忍心去害天理,还有什么事干不出来呢?如果违背了天理,就会与禽兽没有区别,即使是在世上苟且偷生成百上千年,也不过是做了千百年的禽兽。学者要在这些地方看明白。比干、龙逢,只因为他们看得明白,所以,他们能成就他们的仁。

毁谤是从外界来的,什么人都避免不了,即使是圣人。人只应注重自身修养。如果自己实实在在是个圣贤,纵然人们都毁谤他,也说不倒他。好比浮云蔽日,怎么能损害太阳的光明呢?如果自己是个外貌端庄恭敬、内心空虚无德的人,纵然没有一个人说他坏话,他潜藏的恶总有一天会暴露。所以孟子说:“有求全之毁,有不虞之誉。”毁誉来自外面,不能够逃避,只要能够修养自身,外来的毁誉又能怎样呢?

塞翁失马焉知非福

宇宙间的万物是可以相互转化的。在一定条件下,福可以转为祸,忧可能转为喜。一个意志坚强的人在喜忧祸福中之所以不动心,是因为他明确地认识了这个道理。所以他在失败中总能寻找成功的因素,在成功时总能思虑危险的成分,在喜悦中总能注意探求不利因素。

古时候,在边境小城住着一位人称塞翁的老者。塞翁养有一匹好马。

有一天,塞翁的马跑到境外去了。邻居为他惋惜,他自己却并不以为然,反而对邻居说:“丢失一匹马有什么关系呢? 说不定还是一件好事呢。”果然,那马不久自己跑回来,还带回了一匹境外的骏马。邻人知道了,又来向塞翁道贺,塞翁也不以为然,他对邻人说:“我这算不得什么好事,说不准这马会给我带来祸事呢?”不出所料,不久塞翁的儿子骑着这匹马出去游玩,从马上摔下跌折了一条腿。这自然是一件祸事,但塞翁也不以为然。

然而不久,境外少数民族大举进犯,边塞的青壮年都应征去打仗了,大部分都战死沙场,塞翁的儿子因为跌折了腿而不能去打仗,和父亲一起保全了性命。

这就是成语“塞翁失马,焉知非福”的来由。

修正辩、信、勇、法至合理

战国时期的吕不韦认为:善于辩论却不合条理,言语真实却不合道理,勇敢却不合仁义,执法却不合事理,这就如同迷了路还乘良马快奔,癫狂了还持干将宝剑乱砍。大乱天下的就是这四种情况。崇尚辩,为的是所辩符合道理;崇尚信,为的是遵从道理;崇尚勇,为的是施行仁义;为做事合理而崇尚法。

曾经跖的徒弟问跖:“盗也有学说吗?”跖说:“当然有学说,猜度室内财富,揣度而中的,是圣人;入室在前的是勇者,最后离开的是义者;把握行窃的时机的是智者;均分财物的是仁者。天下大盗都通达这五种手段。”

微子启像,图出自清·顾沅辑《古圣贤像传赞》。

备说非议六王、五霸,认为“尧传位于舜而不传给儿子,有不慈爱的名声;舜放逐自己的父亲,有不孝的行为;禹遇涂山的女儿,有淫湎的意向;汤放桀于南巢,武杀纣王在宣室,有放杀的事;五霸吞并周室天下,有暴乱之谋。世人还都替他们隐讳,并称誉他们,这是糊涂。”所以备说死时持金椎下葬,说“下到黄泉见到六王、五霸,要敲他们的头”。像这样辩论还不如不辩论。

当初楚国有个叫直躬的人,他告发他父亲偷羊,君王捉住他父亲要杀,直躬请求代父去死。将要杀直躬时,直躬对行刑官说:“父亲偷羊而揭发他,不是说真话吗? 父亲将被杀而替他伏法，不是孝吗？既信又孝的人，都要被杀了，那国家还有哪些人不能被杀?”楚王听他这样说，于是将他赦免。孔子听到后说：“躬的所谓信奇特了，一个父亲却两次为他获取了名声。”直躬的这种所谓信，还不如没有信。

齐国有两个特别勇敢的人，一个住在东城外，一个住在西城外，突然在路上相遇，说：“姑且一起饮酒吧！”饮了好几巡，说：“姑且找点肉吃吧！”一个说：“您有肉，我也有肉，为什么要找别的肉呢？只要准备豆豉酱就行了。”于是他们抽刀相互割肉而吃，吃到死为止。这样的勇敢还不如不勇敢。

纣有两个同母兄弟，老大叫微子启，老二叫中衍，老三叫受德。受德就是纣，最小。纣的母亲生微子启和中衍时还是妾，后来成了正妻才生了纣。纣的父亲和母亲想立微子启做太子。太史却据法去争辩说：“有妻的儿子就不能立妾的儿子。”于是最后立纣为太子，像这样用法典，还不如没有法典。

极大的欢乐在于“无乐”

战国时期的庄子认为：人世间有没有极大的欢乐呢？有没有可以存活身形的方法呢？如果有的话，现在要做些什么又依据什么？回避什么又留意什么？靠近什么又舍弃什么？喜欢什么又厌恶什么？

其实生活中所尊崇贵重的，是富有、显贵、长寿、善名；所享乐的，是身体的安适、丰盛的食品、华丽的服饰、绚丽的色彩、悦耳的声音；所认为低下的，是贫穷、卑贱、夭折、恶名；所苦恼的，是身体得不到安逸、口里得不到美味、外形得不到华丽的服饰、眼目看不到绚丽的色彩、耳朵听不到悦耳的声音；假若得不到这些，就大为忧愁、害怕。以上这些，作为形体太愚昧了。

富人劳苦身体，勤勉劳动，积累了许多钱财而不能完全享用，这样对待身体就违反了常性，贵人，夜以继日地忧虑着保全厚禄和权位，这样对待自己的身体岂不是太疏忽了吗？人生在世，自然有忧愁，长寿的人糊里糊涂，久忧不死，怎么这样痛苦呀！这样对待身体也就太疏远了。烈士被天下人所称道，可是却不足以存活自身，我不知道这是否为完善？如果认为是完善，却不足以存活自身；认为是不完善，却又足以使别人存活着。所以说：“忠诚劝谏不被接纳，就应却退一旁不要再去争谏。”伍子胥因为忠心劝谏而遭残戮，如果他不争谏，就不会成名。诚然，果真有没有完善呢？

现在世俗所从事和所欢乐的，我又不知道那欢乐果真是欢乐呢，还是不欢乐？我观看民俗所欢乐的，人世间一窝蜂地追逐，专心致志地拼死竞逐，好像不取得不停止似的。大家都说这就是最大的欢乐，我不知道这算是欢乐，还是不欢乐。果真有欢乐没有呢？清静无为就是真正的欢乐。所以说：“极大的欢乐在于‘无乐’，极大的荣誉在于‘没有荣誉’。”

天下的是非确实是无常。虽然如此，是无为的观点和态度却可以定论是非。极大的欢乐可以存活自身，唯独“无为”才可能接近自身的存活。上天无为而自然清盛，大地无为而自然宁寂，天地无为相结合，万物才能变化生长。恍恍惚惚，却不知道从什么地方生出来！溜溜恍恍，却找不出一点儿痕迹来！万物繁多，其实都是从无为中生长出来的。所以说，天和地无心作为却没有一样东西不是从那里生长出来的；人啊，谁能做到无为呢！

人死了活着的人自然都很悲伤,然而观察人起初本来是没有生命的,不仅没有生命而且还没有形体,不仅没有形体而且还没有气息。夹杂在恍恍惚惚的境遇之中,变化而成气,气又变化而成形,形经过变化又成生命,现在变化又回到死亡,这样生来死往的变化就如同四秀运行。死去的人安安静静地安息天地之间,而我却在啼哭,自己认为是不明白生命的自然往复、运行的道理,所以停止了哭泣。

颜渊向东到齐国去,孔子面露忧愁。子贡离席前去问说:“学生请问,颜渊去东边的齐国,先生面色忧愁,何为?”

子曰:“你的提问很好!从前管仲有句话,我认为很好。‘布袋小的,不可以包藏大的东西,绳索短的不可以汲深井里的水。’

如果这样,认为性命有它形成的道理,形体也有适宜的地方,这是不可以变更的。我恐怕颜回向齐侯谈论唐尧虞舜黄帝的道理,推重燧人神农的言论。齐侯必将要求自己百思不得其解,不得理解就会产生疑惑,产生疑惑颜渊自然殃及自身。

从前有只海鸟飞到鲁国都城郊外停落,鲁侯把它迎接到太庙里送酒给它饮,奏《九韶》的音乐使它高兴,宰牛羊猪喂它。海鸟竟目眩心悲,不敢吃一块肉,不敢饮一杯酒,三天就死了。这是按人的生活习性养鸟,不是用养鸟的方法去养鸟。用养鸟的方法去养鸟,就应该让鸟栖息在深山树林,游乐于河中沙洲,漂浮于江湖,啄食泥鳅、小白鱼,随鸟群队列而止息,自由自在地生活。鸟不喜欢听到人的声音,为什么还要弄得那么喧闹嘈杂呢?如果在广漠的原野演奏著名的《咸池》、《九韶》之类的乐曲,鸟听到它会飞去,兽听到它会逃走,鱼听到它会沉下水底,然而众人听到它却会围过来欣赏。鱼置身于水才生存,但是如果人置身于水就会淹死,人和鱼的天性不同,他们的好恶也一定不同。所以前代圣人不求他们具有才能的划一,也不求得事物的相同。名与实相符合,事理的设施在于适性,这就称之为条理通达而福德长在。”

福不强求,去怨避祸

人们都希望多交朋友少树敌。常言道:“冤家宜解不宜结。”多个朋友就多一条路,少了一个仇人便少了一堵墙。得罪一个人,就为自己堵住了条去路,而得罪了一个小人,可能就为自己埋下了颗不定时的炸弹。尤其是在权力场中,最忌四面树敌,无端惹是生非。纵是仇家,为避祸计,也该主动认错示好,免其陷害。要知时势有变化,宦海有沉浮,少一个对头,自然,便多一分平安。

范雎,是战国时期一位十分著名的政治家、外交家。

他是魏国人,早年有意效力于魏王,由于出身贫贱,无缘直达魏王,便投靠在中大夫须贾的门下。

有一年,他随须贾出使齐国,齐襄王知范雎之贤,馈以重金及牛酒等物,范雎没有接受。须贾得知此事后,以为范雎一定向齐国泄露了魏国的秘密,非常生气,回国以后,便将此事报告了魏的相国魏齐。魏齐不问青红皂白,就令人将范雎一阵毒打,直打得范雎肋断骨折,范雎装死,被用破席卷裹,丢弃在茅厕中。须贾目睹了这一幕,却不置一词,还随同那些醉酒的宾客一起至茅厕中,往范雎的身上撒尿。

范雎待众人走后,从破席中伸出头对看守茅厕的人说:“公公若能将我救出,我以后定当重谢公公。”守厕人便去请求魏齐允许将厕中的尸体运出。喝得醉醺醺的魏齐答应了。范雎算是拣了条活命。

《东周列国志》版画之范雎巧计逃秦国。范雎在魏国因受小人诬陷而受刑，于是诈死，改名张禄出逃秦国，受到秦昭王重用。

范雎历经千辛万苦，来到了秦国都城咸阳，更名为张禄。此时的秦国正是秦昭王当政，而实际上控制大权的，却是秦昭王之母宣太后以及宣太后之弟穰侯、华阳君和她的另外两个儿子泾阳君、高陵君。这些人以权谋私，内政外交政策多有失误，秦昭王一无所知完全被蒙在鼓里，形同傀儡。

但范雎看出，在当时列国纷争的大舞台上，秦国是最具实力的。秦昭王也不是一个无所作为的国君，他更相信，在这里，他的抱负一定能够得以施展，于是，他几经周折，终于见到了秦昭王。他以其出色的辩才、超人的谋略向昭王指出秦国内政外交政策的失误及秦昭王的处境，并提出了自己的独到见解。

秦昭王听后悚然而惊，立即采取果断措施，废太后，驱逐穰侯、高陵、华阳、泾阳四人于关外，夺国大权，并拜范雎为相。

范雎所提出的外交政策，便是闻名于后世的“远交近攻”，而他所要进攻的第一个目标，便是他的故国魏国。

秦军兵临城下，魏国大恐，派出了使臣来向秦求和，这个使臣，便是范雎原来的主人须贾。不过，须贾只知道秦的相国叫张禄，全然不知范雎还活着就是现在的张禄。

范雎得知须贾之来，便换了一身破旧衣服，也不带随从，独自一人来到须贾的住处。须贾一见大惊，问道：“范叔近来还好吗？”范雎道：“勉强活着吧！”须贾又问：“范叔想游说于秦国吗？”范雎道：“没有。我自得罪魏的相国以后，逃亡至此，不敢说游说。”须贾问：“你现在干什么呢？”范雎道：“给别人帮工。”须贾不由起了一丝怜悯之情，便留下范雎吃饭，说道：“没想到范叔贫寒至此！”同时送给他一件丝袍。

席间，须贾问：“秦的相国张君，你认识吗？我听说如今天下之事，皆取决于这位张相国，我此行的成败也取决于他，你有什么朋友与这位相国认识吗？”范雎道：“我的主人同他很熟，我倒也见过他，我可以设法让你见到相国。”须贾说：“我的马病了，车轴也断了，没有大车驷马，我可是不能出门。”范雎说：“我可以向我家主人借一辆车。”

第二天，范雎赶来一辆驷马大车，并亲自当驭手，将须贾送往相国府。进入相府时，所有的人都避开，须贾莫名其妙。到了相府大堂前，范雎说：“你等一下，我先进去替你通报一声。”

须贾在门外等了好久,也不见有人出来,便问守门人道:“这位范先生怎么还不出来?”守门人说:“没有什么范先生。”须贾说:“就是刚才拉我进来的那个人呀!”守门人答道:“那是张相国。”

须贾大惊失色,明白自己上当了,于是脱衣袒背,一副罪人的打扮,请守门人带他进去请罪。范雎雄踞堂上,身旁侍从如云。须贾膝行至范雎座前,叩头道:“小人没能料到大人能致身于如此的高位,小人从此再也不敢称自己是读书的有识之士,再也不敢与闻天下之事。小人有必死之罪,请将我放逐到荒远之地,一切由大人处置!”范雎问:“你有几罪?”须贾说:“小人之罪多于小人之发。”范雎道:“你有三大罪:我生于魏,长于魏,至今祖先坟茔还在魏,我心向魏国,而你却诬我心向齐国,并诬告于魏齐,这是你的第一大罪。当魏齐在厕中羞辱我时,你不加阻止,这是你的第二大罪。不只如此,你还乘醉向我身上撒尿,这是你的第三大罪。我今天之所以不处死你,是因为你昨天送了我一件丝袍,看来你还没忘旧情。我可以放你回去,不过你替我转告魏王,赶快将魏齐的脑袋送来!否则,我就要发兵血洗魏都大梁城!”

此时的秦国,威行天下,无人敢与争锋;此时的范雎,位高权重,言出令随。魏齐吓得仓皇出逃至他国,可赵、楚等国,畏于秦国的兵威,谁也不敢收留他,魏齐终于被迫自杀。

魏齐死后,范雎也不再追究须贾的责任,反而和须贾坦然处之。

居官就要爱子民

在洪应明看来,入仕为官者如果不爱自己统治的臣民,凡事不从他们的利益来考虑,那么,他们就是道貌岸然、徒有人的外表的衣冠强盗。

古代居官者爱民,就是要为民做主,想民之所想,忧民之所忧,乐民之所乐,权为民所用,谋为民所计,情为民所发……所以,爱民的意识,一直是支配古代清官们的言行取舍的出发点之一。

范仲淹说:先天下之忧而忧,后天下之乐而乐,他确实是事事处处都能从民众利益而不是一己之私出发,后人对此是有口皆碑的。

兹举范仲淹的两个故事:

其一:以前,苏州有个街名叫“卧龙街”。其得名的缘起,就跟范仲淹有关。原来,范仲淹在苏州为官时,一位风水先生认为此街的南头为龙头,北头为龙尾,所以就建议他建房于街南,如此,则可保范家的子孙世代进科中举,世代有功名富贵。

不料范仲淹却予以断然地拒绝。

范仲淹说道:我一家的世代富贵,哪里比得上本地士大夫知识分子们的世代富贵呢?

所以,范仲淹就命人在该街的南头建孔庙,设府学,并大力聘请当时的名儒来此讲学,先后培养出了不少益国益民的才子。

此地也就被众人视为藏龙卧虎之地,并称之为“卧龙街”。

第二个故事:范仲淹在庆历年间施行新政,措施之一是派一批“按察使”巡回各地作视察,视察内容包括了对各地官吏的政绩的考察,然后再根据这种考察的结果,罢免那些不能胜任的官员,把他们的名字从官员登记簿上抹去。

有个朝中重臣，就劝范仲淹少勾一些，说："你一笔勾掉一个名字容易，但是，被勾掉名字的官员及其一家人生活怎么办。"范仲淹马上予以反驳："一家人哭，怎么比得一路（'路'在宋朝相当于现在的省的编制）人哭呀！"他依然不改初衷。

正因为贯彻了爱民的原则，类似范仲淹之类的清官，能将民众的利益放于首位。爱民如子。

何谓英雄

唐朝时期的赵蕤认为：嘴里唠唠叨叨，不干不净，整天如此，让众人讨厌，这种人可以让他管理街区，盘查坏人，发现灾祸；爱管杂事，晚睡早起，任劳任怨，这种人只能当妻子儿女的头儿；见面就问长问短，什么事都要指指画画，实际上平时言语很少，有饭大家吃，有钱大家花，像这样的人只能做管理十个人的小头目；整天忧心忡忡，一副严肃认真的样子，不听劝说，好用刑罚和杀戮，刑必见血，六亲不认，这种人可以统率百人；争辩起来总想压倒别人，遇到坏人坏事就用刑罚来惩治，总想使一群人统一起来，这种人可以统率千人；外表很谦卑，偶尔说一句话，理解人的饥饱、劳累还是轻松，这种人可以统率万人；谨小慎微，日胜一日，亲近贤能的人，又能献计献策，能让人懂得何为气节，说话不傲慢，忠心耿耿，这种人是十万人的头号将领。

《玉钤经》这样说："大将虽以周详稳重为贵，但是不可以犹豫不决；虽以多方了解情况为能，但不能顾忌太多，患得患失。"这可说是评论将领最精妙的言论。温良敦厚有长者之风，用心专一，举荐贤能，依法办事，这种人是百万人的将领；功勋卓著，威名远扬，出入豪门大户，但百姓也愿亲近他，诚信宽怀，对治理天下很有见识，能效法前人的伟大事业，也能补救败亡，上知天文，下知地理，普天下的老百姓，都好像他的妻子儿女一般，这种人才真正是英雄的首领，是天下的主人。

那么，真正可以称得上是"英雄"的应该具有哪些素质呢？

如果一个人的品德足以让远方的人慕名而来，如果他的信誉足以凝聚各形各色的人，如果他的见识足以照鉴古人的正误，如果他的才能足以冠绝当代，这样的人就可以称作人中之英；如果一个人的理论足以成为教育世人的体系，如果他的行为足以作为道德规范，如果他的仁爱足以获得众人的拥戴，如果他的英明足以烛照下属，这样的人就是人中之俊；如果一个人的形象足可做别人的表率，他的智慧足以决断疑难，他的操行足以警策卑鄙贪婪，他的信誉足以团结生活习俗不同的人们，这样的人就是人

张良像，图出自明·天然撰《历代古人像赞》。

中豪杰,如果一个人能恪守节操而百折不挠,如果他多有义举但受到别人的诽谤而不发怒,见到让人唾弃的人和事而不随声附和去斥责,见到利益而不随便去获取,这样的人就是人中之杰。

聪明出众,叫做"英";胆力过人,叫做"雄"。这是对英、雄所做的大体上的区分。

聪明,是英才本来就应有的,但是英才没有雄才的胆力,其主张就不能推行;胆力,是雄才本来就应有的,但是雄才没有英才的智慧,事情也办不成。假如其睿智足以在事前就有所谋划,但洞察力却看不出行动的契机,这样的人只能坐而论道,不可以让他们去具体施行;假如能谋划在先,洞察力也能跟上去,但没有勇气实行,这就只能处理日常工作,却不能应付突然变故;如果是力气过人,但没有勇气实行,这只可以作为出力的人,不能作为开路的先锋,更不能作为统帅。一定要能谋划在先,洞察在后,行动果断,只有这样的人才可以称之为英才。

张良就是这样:气力过人,又有勇气去做,智慧足以料事在前,这样的人才可以称之为雄才。韩信就是这样:如果能一人身兼英、雄两种素质,那就能够掌管天下 。汉高祖刘邦、楚霸王项羽就是这样。

只有符合这些标准的人,才可以称作是"英雄豪杰"。

人贵藏辉

唐朝时期的李白认为:杰出人物的可贵之处在于不自我夸耀,不锋芒毕露。

凡事糊涂一点,才能够避开意想不到的冷箭;不露锋芒、与世无争,方能解开天地所布下的罗网。

觉察到别人的欺骗而不在言语和态度上显露出来,你的诈谋就比他高;受到别人的侮辱而不动声色,那么对方所受到的侮辱就超过了你所受的侮辱。这就是高人一筹之法。

喜欢揭发别人隐私的人必然会面临危险,甘愿装糊涂恰恰是保护自己的智慧;喜欢自我吹嘘的人常被别人取笑,卖弄聪明恰恰显出自欺欺人的愚蠢。

觉察到别人在弄虚作假而不动声色,装糊涂也是很有意思的。老子曰:"善行无辙迹。"是说善于行走的人不留下车痕足迹。那些有真才实学的人不愿意引起别人的注意和议论,不愿博取名声,他们只是悄然进行自己的事业。

总之,聪明睿智的人,要用愚蠢自守;多闻善辩的人,要用浅陋自守;勇武刚强的人,要用畏惧自守;大富大贵的人,要用节俭自守;仁德广施天下的人,要用谦让自守。只有这样才能不致招损害,自然也会生活得很好。

圣贤也会有错

明朝时期的吕坤认为:从总体上讲,贤人所讲的话对于圣人来说不免会有缺点。奇怪的是那些庸俗的读书人,一听说是圣人所讲的话,就会竭力回避掩盖他的错误,还妄加推测让它通达正确;而一旦听说是贤人说的话,就想尽办法来吹毛求疵,并且旁征博引来证明它的错误。假如有的人喜欢附会蒙骗别人,以为阳虎貌似孔子,优孟貌似孙叔敖就以貌取人,这就难免会认错人而最终受到别人的耻笑。所以作为读书人必须应该认清事理。事物的道理所在之处，就算是狂人胡言乱语，也不会比圣人所讲得逊色。圣人难道就没有因一时的感慨而说出的话，而当做千古不变的训诫的言论吗？

尧舜二帝功绩伟大，道德修养全面，以至连孔子这样的圣人都对他们赞不绝口。但是，就尧舜本身而言，他们的心中究竟对自己又有多少缺憾和不满足的地方呢？原本道是体悟不尽的，心也是难以满足的。有的时候是形势不允许，有时候却是个人的力量无法达到，圣人的内心世界是不能完全满足的，所以圣人身处在时势、名分、能力之中，而他的内心世界却超出了时势、名分、能力的范围，如果他知足了，那么就不是尧舜了。

爱好提问，爱好观察，不带有个人的成见，叫做志。碰上模棱两可的事情，不要在乎人家的议论，叫做定。把自己的主张付诸行动，又省去了为人为己的嫌疑，叫做化。

《二十一史通俗演义》版画之尧舜揖让图

在没有过错的人群以外去寻找圣人，要找寻圣人不可能从没有缺陷、差错的人群之外去寻找完人，那也是找不到完人的。贤能而又具有智慧的人要在没有过错的人之外去寻找奇特之人，这是在危害道义。

有人说："那些不断进取的所谓狂人，动不动就大讲古人如何如何，而他本身所讲的话却不一定都能实现，这不就是行为举止无法顾及言语了吗？而孔子为什么却还要对这种人有所肯定呢？"因为，这种人和行为不顾及言论的人，人品截然不同。譬如射箭，将靶子竖在百步之外，连射九箭都能射中，这是神箭养由基能做到的事情。假若用一个身体虚弱而又不善于射箭的人来射箭，起初拉弓弦的时候，他看着靶子也希望把箭射中，但是箭却射不到十步之外，连一丈见方那么大的目标也射不中，怎么又能说他没有想射中的意向呢？又怎么能知道他天天拉弓，月月射箭，练到头发都白了的时候，又怎么不会变成养由基那样出色的射手呢？

学者贵在有志向，圣人也都赞许有志向的人。胸襟狭窄的人说一尺就做一尺，见一寸就守一寸，孔子认为这种人差一等，他们的言行还不如努力进取的狂人。他们可取的地方在于认识到的就能够坚决地做到，却为他们的志向不够远大而抱憾。如今的人心安理得地处于简陋平凡的地方，甚至还厌恶那些有进取心求上进的人，把人家的所作所为说成是行为与言论不相符，以至于诽谤他们说他们讲得对做的却不行，需不知道修养成圣人没有一蹴而就的道理，希望成为圣人，怎么能在一个早上就会成功呢？哪里会有捷径和快速的方法呢？可能会有有志的人却在半途而废，没有志向的人却连半步也迈不出去的情况。又有人问，不说话光是亲自去做又怎么样呢？答案是：这是相当聪明的人才能做到的事。如果智力在中等以下的人必须要讲求博学、审问、明辨，和志趣相投的人互相鼓励发奋努力，这也是讲的另一种方法，又怎么能不言说呢？假若是行不顾言，说的是一套，做的又是一套，表里不一，这种人又怎么可能和那奋发向上的所谓狂者同日而语呢！

对于自己长期以来所深爱的人，虽然是到了令人痛恶的地步也不会大发雷霆，这是因为习惯了爱的缘故；对于自己长期所憎恶的人，即使是被他的真情感动到令人欢喜的程度，也无法改变对他的厌恶，这是因为习惯于痛恨厌恶的缘故。只有圣人在用情时不会受到习惯的约束。

圣人有功于天地，只体现在"人事"这两个字上面。圣人只管尽力要求做到人为的努力而不说天命，这并非是不知道回天无力，而是因为人事必须要求这样做，而根本无法顾得去计较。

君子为人处世，有自己的尺度和准则，这是很有道理的话呀。但是，法律尺度自尧、舜、禹、汤、文、武、周、孔以来就只有一个，就好比法令条文，是天下及古今大众所共同遵守的。倘若各家都自订法律，那么，每个人都有各自的法令，那就是伯夷、伊尹、柳下惠他们那些人的法度了。因此说以道为法度的人，是任何时候都能按道理来行事的"时中之圣"人。那些以气质作为法度的人，就是一个有些偏颇的圣者。

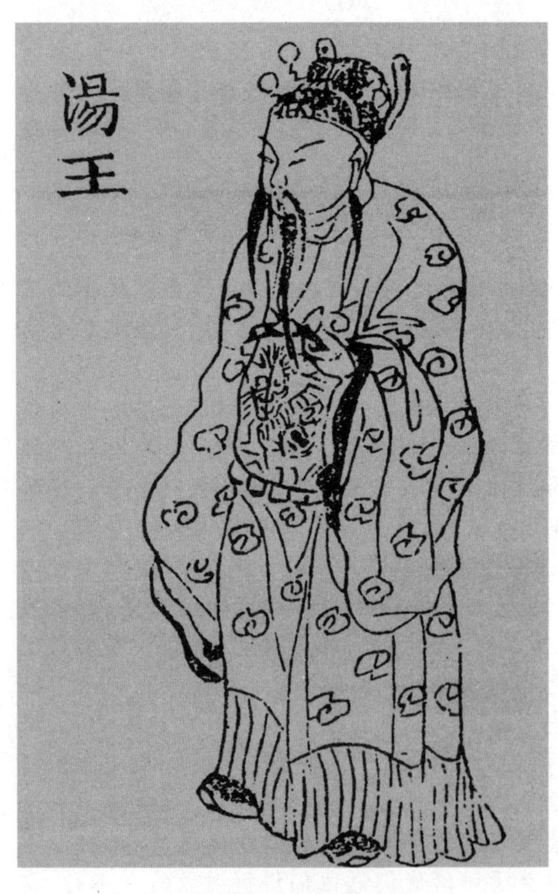

汤王像，图出自《有商志传》。

圣人是指事物来临了就顺应着行事，普通人也是事物来临了就顺应着行事。但是，圣人的顺应行事，是从廓然大公而来的，因此回答应承别人的问话时，应答的如同炮响，而且又当然合情合理；行为举止的适应事物，好比从宫中取来各种物品，且又符合当行之理。而普通人的顺应，却是从任情随意中来的，因此应答别人的话时就好话丑话胡说乱道，很少与道理相吻合而为举止的适应事物，是否合适也是随心所欲的，且很少与理相适应。君子不然，不能顺应的时候，就不敢去顺应它，讨论了之后才敢说，说了之后却仍怕有错；计划好了之后才行动，就是行动开始了仍担心会后悔。这一切来自于修养和省察。如今事情来临而顺应的人，人人都能做到，他们果然都能成为圣人吗？那真是可悲！

圣人和众人一样，圣人掌握了大家所掌握的道理；所不同的地方是，众人自己将圣人另眼相待罢了。

天道把变化无常当做常规，以清静无为当做有所作为。圣人把没有用心当做有所用心，把无所事事当成有事。

万事万物都是希望各自的愿望得以实现，唯有圣人的心愿希望万物遂愿，而忘却了自己的遂愿。

做一个没有缺点的完人非常难。如果说生死存亡从头到尾都不犯一点过错那就更难。恐怕从古到今找不出几个这样的人。除开这以外的圣人，都是半截的圣人。前半生所犯的错误，留待后半生来修正补过，等到到了晚年，才能清清白白地成为一个较为完善的人，还原上苍赐予的本来面目，因此说，商汤王、周武王也是返璞归真成为圣人的。所谓返归，就是说在没有返归之前有许多过失和错误。如今的人有了一点过错便自暴自弃，认为再也不能修复到圣人的境界，需不知盗贼都允许其改过自新，有一点过失又有什么可怕的呢？只需看看最后的结果是变成一个什么样的人，以前的过错其实都是可以原谅的。

圣人的心中混杂了许多道理，寂静的时候如高悬的天平和镜子一样，感动的时候又如同决口的江河汹涌翻滚，不会无缘无故地产生一个好的念头。假若生发了善良的念头，那是因为心中还没有真正达到仁善境地。所以只有在白天克服了不属于直善的想法，然后才能保持夜间之气的清明。圣人的心一直像夜气一样清明，所以心中没有了无缘无故产生的欲念，才能够看清楚各种事物的真正面目。

为官的施政与教化

做人需要做人的原则和技巧，为官也是一样，为官也须有为官的原则与技巧，以求全事保身。

为官须做到公正廉洁，须爱护民众，这是前面已经阐述了的洪应明所论及的为官原则。此外，“畏大人”与“畏小民”，也是洪应明所论及的另一条为官原则。

国人有传统的敬畏之心。如《论语》中就记载有孔子之言：“君子有三畏：畏天命，畏大人，畏圣人之言。小人不知天命而不畏也，狎大人，侮圣人之言。”不同人或因有敬畏之心，或因无知故无畏，从而在境界中造成本质上的差异。

而在洪应明看来，为官者对于“大人”——也即是今天所说的“上级”，应该怀着一种敬畏之情；有了这种敬畏，就不会产生放任恣欲的意识；为官者对于“小民”——即一般的百姓民众，也应该怀着一种敬畏，有了这种敬畏，就不会招来豪强蛮横的骂名。

这是一种十分清醒的意识，对此，可举例来说明。

唐太宗与魏征是一对千古名君名臣，不少人知道魏征敢于触犯龙颜，敢于不顾一切地极言直谏。但是，魏征并不鲁莽，他有他的准则。

魏征向唐太宗说自己可以做个良臣，却不能做个忠臣。

唐太宗不解，魏征就说出了以下一番道理：所谓的“良臣”，自己的名字或许不易流传千古，但却能辅助君王得到美誉，同时，他的家族也能兴旺，子子孙孙可以繁衍。

所谓的"忠臣",碰上一个无道的君王,则有随时被诛杀的可能,在国破家亡之后,就只能留下一句"曾有一位忠臣"之类的美誉。可见"忠臣"和"良臣"差别之大。

这番既在理,又包含着称誉唐太宗之意的一席话,说得唐太宗连连点头,也表白了魏征的敬畏。

因此,魏征的直谏,并非胡意乱来,他讲究委婉在理的技巧,以求取得最佳效应。这一点,唐太宗看在眼里,记在心上,他曾对别人说:"人们都说魏征举动疏慢,我却见到他的妩媚。"(即《龙文鞭影》所说的"魏征妩媚")由此,可见居官者"畏大人"的必要。

还是再以魏征向唐太宗的劝谏之言,说明"畏小民"的必要。

魏征多次劝唐太宗要切实地以隋朝亡国作为治国之鉴。为此,他将君王比喻为舟,将民众比喻为水,"水能载舟,也能覆舟。"强调君王要爱护民众,要轻徭薄赋,使民众真正得到休养生息,唯有如此,才可能有国家的长治久安。身为一国之君,要做到"居安思危,戒奢以俭",否则,用强取豪夺的手段把民众推到死亡的边缘,最终只会促令民众揭竿而起,加快整个王朝的倾覆,也会招致千古骂名,遭历史唾弃。

唐太宗很是虚心接受关于君王要敬畏民众的谏言,并落实在励精图治的施政措施中,从而开出了"贞观之治"的一代盛世。

历史上,必须敬畏民众的原因,根植于民本思想。正如西汉初期的思想家贾谊所言:"夫民者,万世之本也……故夫民者,大族也,民不可不畏也。故夫民者,多力而不可适(即'敌')也。"——民众是最大的族类,具有不可抗拒的力量,所以,民众是千秋万代延续的根本,民为重,君为轻,民众也就是一切为君为臣者所不能也不敢不敬畏的对象。

贾谊像,图出自清·顾沅辑《古圣贤像传略》。

这些思想在思考与表述的全面性与科学性方面,虽然不足以跟今天现代民主社会所信奉的民本理论相比拟,但其中的合理认识,确实包含着真理。

为官的根本在于坚持原则,廉与公、爱民及畏大人畏小民,就是这些原则的一部分。原则必须不折不扣地坚持,否则,就会玷污了自己的一生人品,毁坏了民众的事业,传统文化用了一个字:"方",以形象地比喻这种必须坚持的方方正正的原则性。洪应明尤其强调:为人为官者在"治世",也就是安定而又有序的时代,应坚持原则性(所谓"处治世宜方"),否

《全汉志传》版画之项羽乌江自刎图。

则，谁缺乏了这种原则性，缺乏真切诚恳的心思，谁也就无异于乞丐，所作所为皆是虚浮。

在坚持原则性的前提下，洪应明还强调“圆”，也就是随机应变的灵活性。正如他所指出的那样，谁为人处世倘如像个木头人，缺少应有的委婉、灵活、变通、机智和情趣，那他就易处处碰壁。从古今纵横来看，那些能建奇功、成伟业的成功者，多是虚心婉转、善于灵活变通之人；而那些因把握不住机会而成事不足、败事有余者，定是愚顽固执之人。

对此可以举无数的例子，但篇幅却不允许，于是，此处仅仅提楚汉相争的双方统帅——项羽与刘邦。

刘邦可谓虚心而又善于变通之士，他的麾下，能拥有诸如韩信、张良、萧何等一批当时的良将贤相，并直接依靠他们及他们所统率的千军万马，以人和再加把握天时地利，虽屡经挫折，历经磨难，终踏上坦途，然后一统天下。

再观项羽，却一味只会逞匹夫之勇，表妇人之仁，不听良言，一意孤行，冥顽不灵，麾下的忠臣不被重用，就是仅有的一个忠心耿耿而又谋略出众的范增，最终也免不了被气走气死，终使曾经实力雄厚、横扫天下的楚军，变成了一群草木皆兵的乌合之众，项羽本人最后也只能落个霸王别姬、自刎乌江边的结局。

就在项羽临终前，他还固执地拒绝了最后一个机会：不肯渡江到江东，不再图东山再起。显然，在大败后再求翻身的方面，项羽远远不及卧薪尝胆的勾践。项羽所争的，仅是一时之胜负、一气之长短而已。

正因为在应世处事上缺少“圆”，项羽虽是一个“力拔山兮气盖世”的英雄，他也不能成为扭转乾坤的一代枭雄。

历史上，刘邦与项羽同生活在秦朝末期的乱世中，只是两人的性格有不同，处世应事的方法有圆与方、灵活与固执的差异，经过反复的较量，高下立见，成败即现，命运也就大异其趣。

另外，洪应明还论及一点：若一个人生活在叔季之世——末世（在古代以“伯仲叔季”做兄弟长少顺序的称谓中，以“伯”为大、为始，以“季”为小、为末），也就是生活在朝代的末期，即由治世转向乱世的时期，那他就应方圆并用、原则与灵活并举，做到该坚持原则则坚持原则，该机智灵活则机智灵活。

关于处世的方与圆，柳宗元还这样讲：人应"方其中，圆其外。"——为人须在内心保持方正刚直，待人接物时则须灵活圆通。

可见方与圆、原则性与灵活性两者之间，有着一种辩证统一的关系。显然，有圆无方的圆滑乖巧，或有方无圆的固执死板，都不是成功者所取之道。

那么，为官者的灵活性，可体现在哪些方面呢？

在洪应明看来为官者在补救时弊、应对变故时，不妨随事势的发展趋向，注意采取适宜的方法，注意运用变通的措施，因其势而利导之。比如，在调解矛盾争斗时，不一定就是劝解争斗的双方降气，而是为争斗的双方助威，把矛盾推演到极致，让包括争斗双方在内的众人，都看到其中的荒谬处，那么，就可以真正地平息双方争斗者的怒气。再如，在惩治贪婪者时，不是单纯就讲一通廉洁的道理，而是有意激化他们的贪欲，欲擒故纵，使他们为此而付出得不偿失的代价，这样，就会使已利欲熏心的他们，学会看淡利欲。

下面这个故事，能很好地说明相关的道理。

清朝同治年间，浙江鄞县县令段广清在一次出巡的路途中，看到了一群人在围观一个农民与一米店老板吵架，他即停步询问原因。

原来，这个农民在进城时，不慎踩死了米店老板所养的一只小鸡。

于是，米店老板揪住了这位农民，以这个小鸡是特别的品种，只需再养数月，就可长至九斤重，按一斤鸡肉值一百文钱的市价来计算，坚持要农民赔偿九百文钱才行。

但农民身上仅带了约三百文钱。于是，双方一语不合，当街争吵了起来。

了解了事情的原委后，身为父母官的段广清平静地对农民说："你走路不小心，踩死了别人的小鸡，理应赔偿。他要求九百文钱的赔偿费，并不过分。你现在所带的钱不够，你可以将你穿的衣服马上拿去典当，如果还不够的话，我替你补足。"

农民无奈，只得将衣服典当了，得了三百文钱，再加上段广清补足的部分，米店老板心安理得地收下了这九百文钱的赔偿费。此情此景，农民及旁观者多心中不平，心中都很怨怒。

正当米店老板拿钱欲离去之时，他被段广清叫住了："你的小鸡虽再养数月，就可重达九斤，但它死时，实不足九斤。人人皆知，养肥一斤鸡需一斗米。现在，你的鸡死了，可省下九斗米，既然你获得了别人的赔偿，看来，你也应将这省下的九斗米还给别人才合理嘛。"

闻此，米店老板不敢抗命，只能乖乖地向农民交出九斗米。

此时，这位农民与旁观者，才恍然大悟，意识到段广清巧惩贪婪狡猾的米店老板的良苦用心。因为当时买一斗米的钱，就可买五至六斤鸡。

这样，双方的争执就平息了。贪婪的米店老板，这回是赔了鸡又赔了米，似得实失，还招来了邻人的冷嘲热讽，日后再利欲熏心时，也就不能不有所顾忌了。

段广清不愧为一个善于为民解忧的清官。他能做到不以忧国为民之言作为哗众取宠的招牌、自卖自夸的广告，而是平平实实地做来，这不仅反映了他淳朴厚重的一面，也反映出了他老练稳重的一面：不自语自夸我有爱国忧民之心，从而不给别有用心者滋生出种种毁谤的口实。这，也正是洪应明所欣赏的那类做法。

从前有位老翁，有一女一婿。在他的发妻死后，他又续弦，后妻生了一个幼子。

老翁预立下遗嘱，说明了遗产的分配方法。遗嘱上的几句话，没有一个标点符号。

老翁死后，大家把遗嘱启封，女婿看了，就想把遗产全部取去。因为按照他的点读法，遗嘱是这样写的："七十老翁产一子，人曰：'非是也。'家业尽付与女婿，外人不得干预。"

老翁的后妻不服，认为遗嘱写的，应该是说把遗产交给她的儿子，所以，就告到官府去。

经过县官判决：遗产应该交给老翁与后妻所生的幼子。

原来，照老翁的后妻和县官的读法，那个遗嘱是这样断句的："七十老翁产一子，人曰'非'，是也，家业尽付与。女婿外人不得干预。"

至于洪应明所说的"有其语则毁来"，可结合屈原的生平遭际来思考，此处就不展开了。

此外，居官者在施政与教化时，还要讲究相应的技巧。在这方面，洪应明所论及的三点内容，即使是到了今天，也还有值得领导者思索借鉴之处，它们是：

(1)对他人(包括下级)施以恩惠，予以奖赏，应该由浅入浓，先低潮后高潮。否则，先浓后浅，由高峰跌入低谷，他人也就不会记住并感念这种恩惠奖励的。对他人显示诸如法制纪律的威严，就应该开始于从严，然后趋向于从宽，否则，先从宽后从严，他人就会埋怨执政行法者过分残酷，不近人情世理。

(2)待人处事均应留有余地，也就是人情不应堵死，话不说尽，事不做绝。正因为待人而留有余地，主事者也就可以有延绵无尽的恩惠与礼遇施与别人，就可以据此来维系人的那些永无满足——也可以说是充满了好奇与期待的心理。如果处事而留有余地，那么，主事者也就可以拥有不枯竭的才干与智慧，足以提防或应付日后的突发事变。在洪应明看来，一个人事事都留有余地，那么，即使是天地鬼神(未知与神奇事物的代称)，也不敢忌恨和损害他。如果做事必求做满、求功必求全功者，即使是自己所在的团队内部不生变故，也会招致外在的忧患。想想，这也正是秉承历史智慧，到今天的我们还依然强调"谦受益，满招损"的缘故之一吧。

(3)在教化百姓方面，善于启迪百姓心智的人，总是依据百姓所易于明白的事理，来逐渐开通百姓的心智，并非一味强硬地灌输为百姓所不可理解的内容；善于在社会中移风易俗者，总是以社会所易于接受的方式，逐渐通过教化，以接近乃至达到返璞归真的目标，而不是轻易地矫正社会上的那些积习难返的问题。具体到对个别人的批评与教育，在批评时，语气不必太过严厉，要想到被批评者所可以接受的限度；在教育时，目标不要订得太高，要想到被教育者能否依从实行。

洪应明尤其强调，对于别人的不足，要婉转地予以弥补缝合，否则，对此予以过分地渲染张扬，那是以短攻短；对于别人的固执，要善于感化教诲，否则，对此轻动愤怒而又生嫉恨之心，那只不过是在固执之上再加固执的表现罢了。

这些，举重若轻，均可视为不激化矛盾，进而最终解决矛盾的有效手段。

关于以上三点，主要是想给读者留下更多结合历史与现实的例子而作举一反三之思的机会。读者诸君，可别以为以上那么多在道在情之理，仅是针对为官从政者而言的，因为为官的原则与技巧，首先是为人的原则与技巧。否则，为人不讲原则，为官也不会有原则。

花铺好色，人为好事

“春至时和”与“君子幸列头角”，可以说是生活中最值得欢乐的事，但同时学成之后，为官为吏更该做一些善事、布些德政。既然得意风光，不妨去造化于民、布福于民，乐善好施，经常救济别人，如融融春日鸟转好音、花铺好色一样，赢得万众称颂，终是快乐的事。

杨逸从小读书勤学好问，29 岁时就被魏庄帝授任为吏部郎中、平西将军、南秦州刺史、散骑常侍。以他这样的年龄而被委以如此重任，是前所未有的。此后，又被调任平东将军、光州刺史。

杨逸在任光州刺史时，为治理光州，他费尽心思，不辞劳苦。当时战争频繁，兵荒马乱，民不聊生，杨逸一心只想处理事关百姓生计的大事，以求定安民心，稳定秩序。最难得的是他能放下刺史的官架子，时常到百姓中视察抚慰。为办理公务，夜不安寝，食不甘味。他懂得，要想天下太平，必须争取民心，而要想获得民心，必须问民疾苦，从点滴做起。因此，每当州中有人被征召从军，他一定要亲自送行，有时风吹日晒，有时雪飘雨狂，许多人都坚持不住，多而他却毫无倦意。治政、治军要讲究宽猛相济、恩威并施，杨逸也熟谙此道。他仁爱百姓，又法令严明，恶徒狂贼都不敢在州中惹是生非，全州境内，上下肃然。他最恨那些豪强奸诈之徒，在州中四处布下耳目，随时监督，稍有动静就立即翦除。他以严格的纪律约束部属，手下的官吏士兵到下面办事，都自带口粮。如有人摆下饭菜招待，即使在密室，也不敢答应，问其缘由，他们都说杨逸有千里眼，明察秋毫。

《北史演义》版画之魏孝庄帝像

杨逸非常关心百姓疾苦。当时因连年灾荒，饿死很多人，杨逸为此心急如焚，决定开仓放粮赈灾，救百姓于水火之中，可管粮的官吏惧怕私自动用国库存粮会招致大祸，执意不肯。杨逸也明白，不经上奏批准，擅自发粮，如果朝廷怪罪，将有生命之虞。可是要按常规具文请奏，等待批答，文书往来，颇费时日，不知又要饿死多少百姓，宁可获罪，也要放粮，他坚决地对手下人说：“国以民为本，民以食为天，百姓不足，君王岂能有足。开仓放粮由我而定，责任亦由我一人担当，即使获罪，我也心甘情愿。”随即果断下令开仓，将粟米发给了饱受饥饿煎熬的百姓。然后，杨逸马上写好奏章，向朝廷申说详情。

奏章送到朝中，庄帝与群臣议事，以右仆射元罗为首的大臣认为国库储粮不可轻易动用，杨逸之请，应予驳回。尚书令、临淮王元彧则认为形势紧急，应贷粮二万。最后庄帝恩准二万。

杨逸放粮后，还有为数不少的老幼病残者仍难活命，于是他便派人在州府门口摆上了大锅煮粥，施舍给这些人，使之不致饿死。杨逸之举，如同雪中送炭，解民于倒悬，那些即将饿死而因杨逸及时赈济终于活了下来的百姓竟然数以万计，庄帝闻听事情本末，也以为处置得宜，连连称赞。

后来，杨逸惨遭家祸，朱仲远派人到光州将其杀害，当时年仅32岁。全州上下，士吏百姓，听到凶讯后，如同失去了自己的亲人一般悲哀，城镇村落都摆斋设祭，追悼这位年轻仁爱的刺史，一个月始终没有断过。

超越天地，不入名利

不为身外物所累，才能活得洒脱。不受富贵名利的诱惑，具有高风亮节的君子，其胜过争名夺利的小人的一个重要因素，在于君子保持自我的人格和远大的理想，超然物外，不为任何权势所左右，甚至连造物主也无法约束他。遵从大义，相信自我，一个有为的人理应锻炼自己的意志，开阔自己的心胸，铸造自己的人格，不为眼前的名利所累。具有人定胜天的气概，广阔天地任我驰骋。

三国时期，管宁拒绝公孙瓒授予给他的高位，管宁还谢绝了公孙瓒的挽留，不住公孙瓒为他准备好的华丽住宅，而决定到人迹罕至的深山定居。当时，来到辽东避难的士民百姓多居住在辽东郡的南部，以随时关注中原局势，准备在中原安定之后，返回故乡。独管宁定居于辽东北部深山，以表明终老于此地，不复还家之志。他在入山之初，居住在临时依山搭建的草庐之中。然后，马上着手凿岩为洞，作为自己的永久居室。

管宁道德高尚，闻名遐迩。他在深山定居不久，许多仰慕他的人都追随他而到山中垦辟田地谋生。不久，在管宁定居的地方，都能听到鸡鸣狗叫，人烟稠密，自成邑聚。

管宁是笃信好学守死善道的儒生。他以为无论何时何地，都应该按照儒学礼制规范人们的言行。因而，在他的周围聚集了众多的避难者之后，他就向人们宣讲《诗经》、《尚书》等儒家经典，并陈设俎豆，饰威仪，讲礼让。他自己则身体力行，以高尚的道德感化民众。在他们居住的深山中，地下水位很低，凿井不易。仅有的一口水井又很深，汲水困难。因此，每当打水总是男女错杂，有违儒家礼制。有时，还发生因争先恐后而吵闹以至械斗之事。管宁看在眼里，忧在心中。后来，他自己出钱买了许多水桶，命人悄悄地打满水，分置井旁，以待来打水的人。那些年轻气盛的粗莽壮汉，见到井边常有盛得满满的水桶排列整整齐齐，个个惊奇万分。他们终于打听到是管宁为避免邻里争斗而为之，不由得反躬自省而羞惭万分，遂各自责，相约不复争斗。之后，邻里和睦，安居乐业。有一次，邻居家的一头牛，践踏管宁的田地，啃吃田中的禾苗。管宁没有把牛打跑，怕这头无人管束的牛被山中野兽咬死。他命手下人把牛牵到阴凉之处，饮水喂食，照料很细心。牛主失牛之后，到处寻找牛的下落。当他看到自己的牛非但没有被殴打，而且受到无微不至地照料，十分愧疚，千恩万谢地离去了。管宁以自己宽容礼让的节操感化了周围的民众。他的名声也传遍了辽东郡。原本因管宁不愿与自己合作而心怀不满，进而又对其来意疑虑重重的公孙瓒，也理解了管宁隐居求志的初衷，于是也对他放心了。

看人只看后半截

明朝文学家冯梦龙，在他所编辑的话本集《警世通言》中，辑录有一则名为“杜十娘怒沉百宝箱”的故事。

故事的主人公杜十娘，是明朝万历年间的名妓。她在风尘中堕入烟花生涯，却久有摆脱烟花生涯、从良之志，有寻到爱情与人生归宿的强烈希冀。

七年后，杜十娘与貌似忠厚的李甲相识后，相恋相爱，她于是认定李甲就是值得自己信赖的人，并一步步地将终身希望寄托在李甲的身上。她先是设计考验李甲，然后再设计出资将自己赎出妓院。

在杜十娘即将能获得一个女人的平凡而又正常的生活时，李甲却因承受不住家庭的压力和财富的诱惑，于是将她转卖给出资千金的盐商孙富。

苏轼之妾朝云像，图出自《百美新咏》。

面对这意想不到的变故，刚烈的杜十娘宁死不从，她愤然指斥了贪利忘义的李甲后，抱着价值逾万金的百宝箱同沉江底，以一死来表明她义无反顾的从良抉择，表明她对爱情与人格尊严的至死不渝的追求。这也是数百年来，作为文学形象的杜十娘，之所以赢得千万读者的欷歔同情与怜惜的关键所在。

如果说杜十娘仅是文学上的典型悲剧形象，难免有些虚假，那么，因从良而走向另一种为主流文化所认可结局的烟花女，是否真的存在过呢？

答案是肯定的。历史上那些局限在才子佳人模式中的例子，自不待言。

苏东坡曾经在一次宴会上，看到了时为歌妓的王朝云，被朝云的轻盈曼舞尤其是清新、高雅的气质所打动，于是娶她为妾，倍加宠爱。

当时，苏东坡写了历史上著名的《饮湖上初晴后雨》：“水光潋滟晴方好，山色空濛雨亦奇；欲把西湖比西子，浓妆淡抹总相宜。”这首诗，明的是写西湖旖旎风光，实际上还寄寓了他初遇朝云时为之心动的感受。

苏东坡在历史上，以性情豪爽、了无城府而著称。他常常在诗词中畅论政见，数次因得罪当朝权贵而遭贬。而在苏东坡的妻妾中，当数朝云最了解东坡心意。

有一天，苏东坡曾指着自己的腹，向身边人发问：“你们有谁知道，我这里面有些什么？”

有人说：“文章。”

有人答：“见识。”

苏东坡频频摇头。此时朝云笑答：“您满肚子都是不合时宜。”

苏东坡闻言赞道：“知我者，非朝云莫属。”

后来，苏东坡因“乌台诗案”被贬为黄州副使，之后再贬到广东惠州。朝云随苏轼到惠州时，才三十岁出头，而苏东坡已年近花甲。眼看主人再无东山再起的希望，苏东坡身边的侍妾都陆续离去，但是只有朝云始终如一，追随着苏东坡长途跋涉，翻山越岭到了惠州。在这期间，朝云始终紧紧相随，陪伴在苏东坡身旁，和他一起过着颠沛流离的生活。朝云的坚贞，是他艰难困苦中最大的精神安慰。苏东坡在惠州的生活，和朝云的爱情密切相连。

不料造化弄人，在惠州，朝云这样一位善解人意通情达理的女子，并没有陪伴老迈的苏轼走完他的人生之路，她因突染瘟疫，反先离开了尘世。

当时，朝云已是虔诚的佛教徒，她在临终前，握着苏东坡的手，念着《金刚经》上的偈语：“一切有为法，如梦、幻、泡、影，如露，亦如电，应做如是观。”表明了她对禅道的彻悟，以及对生死智慧的洞彻。

按照朝云的遗愿，苏东坡把她安葬在惠州西湖孤山南麓栖禅寺大圣塔下的松林之中。在这个僻静的地方，经常有阵阵松涛和禅寺的暮鼓晨钟相伴。后人在朝云的墓前修了一座亭子，取《金刚经》的偈语意，名为“六如亭”，亭柱上镌有苏东坡亲自撰写的一副楹联：“不合时宜，惟有朝云能识我；独弹古调，每逢暮雨倍思卿。”透射出苏东坡对一生坎坷际遇的感叹，更饱含着对红颜知己的无限深情。

后来，虽经历史变迁，朝云墓和“六如亭”经后人多次重修，至今仍是惠州西湖的重要古迹，使不同时代的瞻仰者，得以来此凭吊，发幽古之思情，感慨系之……

再以现代旅法艺术家张玉良(1899—1977年)的身世而言，也是著名的一例。

张玉良幼年时，父母双亡，十四岁时，被愚昧无知的舅舅卖到了烟花馆。一个偶然的契机，使她告别了妓女生涯，当上了当时海关监督潘赞化的妾侍，并因绘画的爱好而得以迈入艺术的殿堂。日后，她凭着对艺术的执著追求，师从于刘海粟等大师，两度出国深造，终于成为高等学府的美术教授、驰名世界艺坛的著名画家与雕塑家，她的作品多次获国际奖，她还是第一个有作品被著名的法国现代美术馆珍藏的中国艺术家。显然，瑕不掩瑜，她的一生可说是与命运抗争的一生，自爱、自尊、自信和自强，促使她攀上了艺坛的巅峰。

结合这些事例，还有李香君、柳如是等人的风骨与遭际，不难看到，洪应明在他所生活的封建时代，能对真诚从良的妓女，抱着同情、宽容、理解乃至是褒赞的态度，的确有超越世俗之见的合理成分。放眼望去，对那些曾失足而现在已知悔改的浪子，对那些犯过错误而现在已在用实际行动来弥补过失的同志……类似的态度也是可以引申过渡的。

当然，洪应明据此来论证“看人只看后半截”的评人观，的确有不够全面、不够辩证的方面。因为评价一个人，应按照全面的评世议人观来评判，而不应是仅论及这个人的前半生或后半世，不应厚此薄彼，不应作任意的歪曲与主观的避讳，这是十分明确的。

同时，当我们抱着不苛求古人的态度，辩证地看待“看人只看后半截”的评人观时，可以看到其中蕴涵有真理的颗粒的。

首先，因为一个人的人生后半截是前半截的延续，后半生的处世融会了前半生的体悟，所以，每个人的后半生应该变得更成熟，活得更理智，而不是相反。如果说，上帝也会饶恕犯了过错的年轻人，是因为他的幼稚所致，那么，一个暮年者倘若失去了晚节，类似的辩解理由就显得苍白无力了。而且那些身处“59岁现象”的角色，也失去了从善改过的时间与空间。因此，失去晚节者往往为人所不齿。从这个意义上言，后半截确是至关重要的。

其二，人们在给一个人盖棺定论时，在内涵上，被评价者的人生后期，最可能产生升华与超越。在时间上，被评价者的后半生是离现时最近的，这也会使一般人产生错觉，认为可由他的后半生推知他的前半生。

其三，一个人能否保持晚节、珍惜晚节，在人生的旅途上，也就是至为重要的浓厚一笔。中外一些深受《菜根谭》思想影响的企业家，据洪应明此则论点，得出的结论就是——“人生最重要的是晚年”，因为这关系到人生的福祸与荣辱。

第九编 劝事喻理篇

穷蹙时原初心，功成处观末路

人至事穷势蹙[①]，宜原其初心；士当行满功成[②]，要观其末路。

【注释】 ①蹙：窘迫。

②行满功成：指事业有所成就，诸事圆满如意。

【译文】 人在事业受到阻碍的时候，应当想一下当初的雄心，这样可以增强信念；到了有所成就，什么事都圆满如意时，要先做准备，以防晚景不佳。

【解评】 在我们遭遇挫折的时候，经常灰心丧气，毕竟自己付出了很多心血，没有获得预期的效果，无论是谁都难免会感到痛苦。但是，有些人很快就能鼓起勇气从头再来，而有的人却从此一蹶不振，区别就在于他们痛苦之后不同的态度。"痛定思痛"，有些人在伤痛之后能冷静下来，理智地反省自己的所作所为，重新审视当初的构想，总结经验教训，以此为戒，预期未来的计划。有些人则一味地沉溺于失落的心境中不能自拔，原因之一就是缺少反省的能力和自觉。所以说做人做事要有长远的目光，不仅能反思从前，更要能预期以后。古话说"急流勇退"，就是警醒人们在成功的时候不要得意忘形，要知道物极必反的道理，如果得意忘形，一定避免不了败落的命运。

富贵宜宽厚，聪明应敛藏

富贵家宜宽厚而反忌刻[①]，是富贵而贫贱其行矣，如何能享？聪明人宜敛藏[②]而反炫耀，是聪明而愚懵[③]其病矣，如何不败。

【注释】 ①忌刻：心存妒忌而想凌驾于他人之上，泛指为人尖酸刻薄。

②敛藏：指深藏不露。

③愚懵：指不明事理。

【译文】 富有的人本应该宽厚待人，反而为人尖酸刻薄。这样是虽然富有而其品行却很下贱，是不能安享富贵的。聪明的人本应含而不露，却反而到处炫耀，这样看似聪明而实际却愚昧肤浅，怎能不身败名裂。

【解评】 《儒林外史》描述这样一个吝啬鬼，临死的时候不肯闭眼，只伸着两根手指，后来他的妻子明白了他的意思，因为油灯里燃着两根灯心，挑掉一根后，他才咽气，这个吝啬鬼是古代文学中讽刺守财奴的典型形象之一。赚钱的目的就是使自己的生活更为舒适，家财万贯却一毛不拔，那家中积累的财富就没什么意义了，只能变成一副枷锁，束缚着你的行为也束缚着你的心。像葛朗台，每天做的唯一的事情就是在密室里数金币，这样的生活本质上和在囚笼里没有区别，钱财本是身外物，该用的时候则用，但不可奢。好像一个真正聪明的人不会到处炫耀自己的智慧，所谓“大智若愚”，真正聪明的人能明白自己的不足，并不以为自己是智慧的，只有愚昧的人才会四处炫耀。

守浑留正气，淡泊遗清名

宁可浑噩[1]而黜聪明，留些正气还天地；宁谢纷华[2]而甘淡泊，遗个清名在乾坤[3]。

【注释】 ①浑噩：指人天真淳朴的本性。

②纷华：繁华。

③乾坤：指天地，这里是人世间的意思。

【译文】 宁可保持天真淳朴的本性而不要后天才智，这样就可以带着一身纯真回归大自然，宁愿舍弃舒适而情愿过着清贫的生活，这样就能把清正廉洁的名声留于世间。

【解评】 如果“聪明”是指八面玲珑长袖善舞，你会选择做个“聪明”人吗？在浮华的年代里总会有很多“聪明人”，他们善于钻营，为人处世左右逢源，人前人后无限风光。但到了晚上躺在床上，他们感觉到的是充实还是空虚？答案不言自明。做这样的“聪明人”，大概不如做个“愚笨”的人来得舒心快乐。“愚笨”，是因为这种人的价值标准与为人的原则与社会上流行的相左，旁人说圆滑他非要耿直，旁人说逢迎他非要批评，旁人说腐败他非要清廉，于是就成了别人口中的“迂腐”、“笨拙”。但这些人在面对自己的心灵与这个世界时才是问心无愧的，经过时间的验证，只有这些人才能流传后世为人所称道。

木石之念，云水之趣

讲德修道[1]，要有木石[2]的念头。若一有欣羡[3]，便趋欲境；济世经邦，要段云水的趣味。若一有贪著，便坠危机。

【注释】 ①修道：即修炼本性。

②木石：树木和石头，在此指意志坚贞。

③欣羡：欣，喜悦，喜爱；羡，羡慕。

【译文】 要有坚贞的意志，增进品德，修炼本性。如果对外界事物萌生羡慕的念头，贪心便会由此而生；拯救世界，治理天下要像行云流水般一往无前。假如心存贪婪的欲望，便会面临危机发生，给自己带来诸多的麻烦。

【解评】 《世说新语·德行》中有这样一段话：管宁、华歆共园中锄菜。见地有片金，管挥锄与瓦砾不异，华捉而掷去之。又尝同席读书，有乘轩冕过门者，宁读书如故，歃废书出观。宁割席分坐，曰："子非吾友也。"修养道德、钻研学问不仅需要专心致志，还需要心无杂念。因为两者皆是清苦的工作，非有志向有毅力者不可，若为外界的声色犬马所诱惑，自然再无苦读的心思。好像治理国家经营天下，非有志向有毅力者不可，要有为天下苍生谋的大志，还要有拒绝权势财富诱惑的毅力，如果有了贪婪的欲望，自然会跌入腐败堕落的深渊。

富贵出于道德，自是舒徐繁衍

富贵名誉，自道德来者，如山林中花，自是舒徐[1]繁衍；自功业来者，如盆槛[2]中花，便有迁徙[3]废兴；若以权力得者，如瓶钵中花[4]，其根不植，其萎[5]可立而待矣。

【注释】 ①舒徐：从容自然。

②盆槛：盆子和栅栏，比喻庭园中的花木。

③迁徙：迁移。这里是移栽的意思。

④瓶钵中花：指插在花瓶中的切花。

⑤萎：指草木枯死。

【译文】 富贵和名誉，如果是因为拥有品德而赢得的，那就如同山野中的花朵而充满生机；假如是通过建功立业而获得的，那就像庭园中的花木，会由于移栽受到影响而衰落或茂盛；如果是靠强权获取的，那就如同瓶钵中的插花，缺乏应有的根系，很快就会枯萎凋谢。

【解评】 有很多途径可以追求财富声名，有的中了彩票一夜暴富，有的以权谋私深藏不露，有的艰苦奋斗白手起家……人们常说：打江山易，守江山难。相同的道理，发财也许很容易，困难的是守住财富不败落。中了彩票的觉得是一笔意外之财，没有头脑的也许就挥霍一空；以权谋私的更不必说，靠着搜刮民脂民膏得来的钱财，根本没有自己的劳动和心血，自然不懂珍惜，只能坐吃山空；白手起家的知道财富的来之不易，却也因此而拘束了手脚。以追求财富声名为目的，总会患得患失举棋不定，只有超越了这个目的，追求更高远的人生境界，才能超越眼前利益得失的局限。人生总是在不断进步的，其为人行事自然也在不断改进，他的人生亦是不断完善，则财富声名自在其中。

脚踏实地，心存长远

图[1]未就[2]之功，不如保已成之业；悔既往[3]之失，不如防将来之非[4]。

【注释】 ①图：考虑，计议。

②未就：没有成功。

③既往：过去，从前的意思。

④非：错，过错。

【解释】 竭尽全力地去从事没有成功的事业，还不如花些工夫来保全已成的基业；追悔过去的错误，还不如预防将会出现的过错。

【解评】 古代有个人得到一篮鸡蛋，回到家和妻子商量，一篮鸡蛋能孵出很多小鸡，鸡再生蛋，蛋再孵鸡，很快他们就会成为有钱人。有了钱就能盖大房子，还可以娶个小老婆。妻子一怒，就把一篮鸡蛋都打翻在地。这个故事就是讽刺那种脱离实际只会空想的人。与其幻想一篮鸡蛋会变成养鸡场，不如实际点，先孵鸡蛋实在。做事要脚踏实地，从已有的条件出发，不切实际地空想，结果十有八九是黄粱一梦。做事要贴合实际，亦要有长远的目光。聪明的人不会为昨天的错误怨艾，但会努力补充自己的不足，将来不再犯同样的错误。世上没有后悔药，昨天已经过去的就别为此埋怨自艾，更重要的是抓住现在，把握未来。

悬崖勒马，转祸为福

念头起处[①]，才觉向欲路[②]上去，便挽从理路[③]上来。一起便觉，一觉便转，此是转祸为福、起死回生的关头，切莫轻易放过。

【注释】 ①起处：刚开始时，刚萌发时。

②欲路：即贪欲之路。

③理路：道理，这里是正路的意思。

【译文】 当刚开始在脑子中萌发念头时，就意识到这是走向贪欲之路，就要马上打消这种念头。能够做到一有这种念头便有所警觉，一经醒悟便马上回头，才是变坏事为好事，重新做人的关键所在，这是一定要把握住的。

【解评】 一个小小的烟头都能引起山林火灾，同样，一个转瞬即逝的念头也可能让邪恶侵入心灵，关键就在能否警觉，马上回头及时打消恶念。曾子曰：吾日三省吾身。”没有绝对理智的人，再理性的头脑也会为一时的情欲所蒙蔽。圣人之所以不犯错误，难道是他们高人一等，从来没有错误的念头吗？只是他们善于反省自身，稍一察觉错误的念头就立即加以纠正，自然比常人少犯错误。人的理性是在理智与情欲的斗争中获得发展的，只要能在错误的念头还没有侵占你全部的心智时悬崖勒马，就是圣贤之人。

快意丧德，取舍有度

爽口[①]之味，皆烂肠腐骨之药，只五分便无殃[②]；快心[③]之事，悉败身丧德之媒，只五分便无悔[④]。

【注释】 ①爽口：清爽可口，泛指味美可口的佳肴。

②殃：使受损害。

③快心：称心，令人愉快。

④悔：后悔，遗憾。

【译文】 美味可口的佳肴，大多都是伤肠胃、害筋骨的毒药，但只吃五成便无危害；令人愉悦的事情，其实都是身败名裂、道德沦丧的媒介，所以对任何事情都不能要求过分，只要限定在五成通常就不会带来什么遗憾。

【解评】 有这样一个试验：将一只青蛙扔进沸水中，它会拼尽全力跳出来逃生。再将青蛙放进装满冷水的锅中，它很惬意地待在里面，在锅底加热，冷水渐渐变温，青蛙仍然待得很舒服。当不能再忍受水温的时候，它就完全丧失了跳出来的力气。沉浸于温柔富贵乡的人就如同温水中的青蛙，逐渐滑向堕落的深渊还浑然不觉。春秋时期鲁国大夫御孙的话说："俭，德之共也，侈，恶之大也。"由俭入奢易，由奢入俭难。所以节制尤为重要。生活不能枯寂如木损害身体；但也不能奢侈无度，腐蚀了精神。把握好分寸拿捏得恰到好处，这样才是大智慧之人。

猛然转念，立地成佛

当怒火欲水正腾沸处，明明知得，又明明犯[①]着。知的是谁，犯的又是谁？此处能猛然转念，邪魔[②]便为真君[③]矣。

【注释】 ①犯：冒犯，触犯。
②邪魔：妖魔，这里指邪恶的意思。
③真君：即高尚的人。

【译文】 当怒火中烧时，明知不对，但还是做了蠢事。既然已经知道是怎么回事，为什么还要任由自己放纵下去呢？如果这时能够幡然醒悟，那么就能从一个邪恶的人转变为一个高尚的人。

【解评】 人的欲望层出不穷永无止境，需要理性的指引才能克制。每个人都会有冲动的时候，人的情感如同潮水，没有堤坝的拦截就会泛滥；可是总有很多时候，我们明明知道自己在脾气和欲望的驱使下已经快要脱离理性，却还是明知故犯呢？某种程度上是因为自恋，某种程度上是因为自负……其实换个角度想，即使自己暴跳如雷，对问题的解决也于事无补，甚至导致局势恶化。那还不如努力让自己冷静下来，克制住脾气和欲望，把问题弄个水落石出。又或者在自己怒气冲冲之时，换个角度从他人出发，也许立刻就明白问题的症结所在，这就叫顿悟，佛教里有个词称之为"醍醐灌顶"。如果能做到这样，可谓大彻大悟超凡脱俗变成一个高尚的人了。

大行亦拘小节，君子禁于细微

有一念[①]而犯鬼神之禁，一言而伤天地之和，一事而酿[②]子孙之祸者，最宜切戒[③]。

【注释】 ①念：想法，念头。
②酿：酿造，这里指导致的意思。
③切戒：一定要引以为戒。

【译文】 有些人一念之差，便触犯了鬼神的禁忌；一句话说得不对便使得天怒人怨；一件事处理失当，便导致子孙遭受连累。所以千万要特别注意不要去做这些事情。

【解评】 很多人都认为"大行不拘小节"，在小问题上不注意总是大大咧咧马马虎虎，而往往很多事情的成败都在细节问题上。其实真正成就大事的人在小处绝对不会随便，"千里之堤，溃于蚁穴"，脱口而出的话看来似乎没有什么大碍，但是"一滴水可以折射太阳的光芒"，很多人判断一个人的品质就是从他的一言一行上来考察的，在任何小问题上都不能掉以轻心。《淮南子·缪称训》篇中说："积羽沉舟，群轻折轴，故君子禁于微。"意思就是说堆积的羽毛可使船舟沉没，很多轻的货物可压断车轴，所以君子应该拒绝犯细微的错误。

居官公廉，居家恕俭

居官[①]有二语，曰：惟公则生明[②]，惟廉则生威。居家[③]有二语，曰：惟恕则情平[④]，惟俭则用足[⑤]。

【注释】 ①居官：在位，即担任官职。

②明：精明，贤明。

③居家：住在家里，指在家的日常生活。

④情平：即心情舒畅。平，舒畅。

⑤足：充足，足够。

【译文】 对做官来说有两句名言，就是：公正才能明察秋毫，廉洁才能让别人尊敬你。对于日常生活来说也有两句名言，就是：与人为善就能心情舒畅，勤俭节约就能丰衣足食。

【解评】 公正廉洁，明断是非、惩恶扬善，为百姓伸张正义，亦不辜负百姓的期望、自身的责任这才是为官之道，廉洁才能保证行事公正，如果接受贿赂，自然是不会依照事实办事，拿人钱财则手软，是非颠倒黑白混淆，怎么可能得到大家的支持？持家则要宽恕俭朴。宽恕才能维护家庭的和睦气氛，才有利于家庭成员同心同德，为振兴家业共同奋斗；简朴持家才能丰衣足食，亦有充足的储备，遇到非常时期也能应对自如，这样才能维护家庭的完整与稳定。

立得风雨，看破危径

风斜雨急[①]处，要立得脚定；花浓柳艳[②]处，要着得眼高；路危径险[③]处，要回得头早。

【注释】 ①风斜雨急：即暴风骤雨，形容形势严峻紧急。

②花浓柳艳：即花红柳绿的美景，也指志得意满的情境。

③路危径险：即充满危险，形容人生道路处在危险地段。

【译文】 当置身于形势严峻之时，一定要站稳脚跟；当身处志得意满的时候不要为其所陶醉而沉湎其中；当行至充满危险的地方时，要及早回头以免进入险境。

【解评】 玛丽十七岁就去做家庭教师，为赚钱供姐姐去巴黎医学院读书。等姐姐毕业后，再赚钱帮助她去巴黎深造。她在给姐姐的信中说："我们的生活都不容易，这没有关系，我们必须有恒心，尤其要有信心！我们必须相信我们的天赋是要用来做某种事情的，无论代价多么大，这种事情必须做到。"故事中的玛丽就是两度获得诺贝尔奖的居里夫人。有志者，事竟成。志向、信心固然不可或缺，但如果没有毅力的支撑，一切都是黄粱美梦而已。所以遇到挫折也要坚持，获得暂时的成就也不要蒙蔽住跟眼，就此停留在温柔富贵乡沉湎于其中，这是通往成功路上最危险的陷阱，要及早回头以免落入其中。

伏久者飞必高，开先者谢必早

伏久者[①]飞必高，开先者谢[②]必早。知此，可以免蹭蹬[③]之忧，可以消躁急之念。

【注释】 ①伏久者：指歇息很久的鸟。伏，趴着，这里是歇息的意思。

②谢：凋谢。

③蹭蹬：险阻难行，比喻失意潦倒的样子。

【译文】 歇息已久的大鸟，在振翅飞翔时必定直冲云霄，提前绽蕊的花朵，在开放后必然会提早凋谢。知道其中的道理，就不用因命运坎坷而失意潦倒，就能够消除急于求成的浮躁念头。

【解评】 齐威王荒淫无度，经常通宵喝酒，不理朝政，当时诸侯纷纷入侵，国家危在旦夕，但大臣们害怕惹祸上身，都不敢劝谏。齐威王喜欢打隐语，有一个弄臣名叫淳于髡，就用隐语对威王说："都城有只大鸟，停在大王的院子里，三年不飞也不叫，这是什么鸟？"威王答道："这鸟不飞则已，一飞冲天；不鸣则已，一鸣惊人。"于是愤发图强，把齐国治理得井井有条，强盛一时。人不必对自己眼下的处境过于操心，顺也好逆也好，都只是暂时的，并不能说明以后是什么样。我们所要做的，是默默地积累，积累知识，锻炼能力，培养人格；有了充足的积累，自然会有一飞冲天的时候。

【解悟】

量宽福厚，器下禄薄

念头少，伪装少，争得就少，心情自然就会舒畅，平常也不会有太多的忧虑烦恼。有些人聪明过了头，用尽心机，烦恼却接踵而至。而那些污秽贪婪的小人，心地狡诈行为奸伪，凡事只讲利害不顾道义，只图成功不思后果，这种人的行为更不足取。仁人待人之所以宽厚，在于诚善，在于忘我，所以私欲少而烦恼少。我们生活中的待人之道确应有些肚量，少为私心杂念打主意，不强求硬取不属于自己的东西，烦恼从何而来？做人要充分修省自己才是。

孙膑像,图出自《鬼谷四友志》。

庞涓与孙膑同在鬼谷先生门下学兵法。庞涓自以为是,认为学得差不多了,又听到魏国正在重金招贤,访求将相。于是匆忙地离开了鬼谷,投奔魏相国王错,王错将他推荐给魏惠王。魏王见他兵法精熟,便拜他为元帅兼军师。

孙膑性格憨厚,为人忠实,鬼谷先生便将自己注解的《孙武兵法》传授给了他。孙膑三日内尽行记下,鬼谷便索还原书。

魏惠王得知鬼谷门下还有一孙膑,好生了得,于是便派使臣迎至魏国。魏惠王问庞涓,孙膑才能如何,庞涓说比自己的好,要魏惠王任他为客卿。客卿地位虽高,但不掌握军权。孙膑在惠王面前演习兵阵,庞涓因为预先请教孙膑,然后在惠王面前一一指出阵名,惠王便以为庞涓的才能在孙膑之上。

庞涓既害怕孙膑在惠王那得宠,又想得到《孙武兵法》真传。他便设计陷害孙膑。孙膑是齐国人,庞涓叫人假造了一封家信,由手下人扮作齐使者,将信交给孙膑,说是齐国他哥哥来的信,请他回去祭扫祖坟。孙膑回信谢绝,庞涓得信后,派人模仿笔迹加进了孙膑想效忠齐王的内容。连夜送给魏王看。又假装探望孙膑,唆使孙膑第二天上书请假,惠王便真的以为孙膑不忠,想出卖自己,于是把他交给庞涓处理。庞涓当着孙膑的面,说是要去见惠王救孙膑。实则在惠王跟前请求对孙膑用刖刑(即锯去膝盖骨)。在孙膑面前就说没法救他,再假装对不起的样子,便叫手下人将孙膑弄残了。

孙膑得知庞涓拿到兵法就要处死自己,急中生智,便装疯卖傻。墨翟得知此事后,便到齐国把详情告知大将田忌,田忌言之于齐威王。于是齐国借口其他事派使臣至魏,趁庞涓不注意,将孙膑偷偷接回了齐国。

回到了齐国后,孙膑做了田忌的军师。后庞涓率兵攻打赵国都城邯郸,赵国向齐国求救。田忌用孙膑"围魏救赵"计,就近进攻魏国的襄陵。庞涓果然回兵,结果在桂陵中了孙膑预设的埋伏,魏军大败。

庞涓知齐威王得孙膑后,一直寝食不安,用了反间计,使田忌、孙膑免官。庞涓得意忘形,以为天下无敌了,便率大兵攻韩。韩国向齐求救。当时齐威王已死,宣王即位,并重新起用了田忌、孙膑。齐国待魏兵与韩兵交战了很久之后,才出兵。这次又采用"围点打援"计,直逼魏都大梁。庞涓急忙退兵,孙膑又用减灶之法迷惑敌人,使庞涓误以为齐兵大多逃亡,不堪一战,于是庞涓率兵全力追赶。追至马陵道时,又中了孙膑的埋伏，全军覆灭。不仁不义的庞涓被万箭穿心死于乱箭之下。

庞涓和孙膑本是同窗，但庞涓命缘福浅，无幸获得鬼谷先生的《孙武兵法》，这让他更记恨孙膑，他利用孙膑的善良和正直，设计陷害他，弄残了孙膑的双腿。但孙膑最终还是逃脱了庞涓的魔掌，在战场上惩处了不仁不义的庞涓。庞涓咎由自取，罪有应得。从庞涓的下场，人们理应吸取教训，就如洪应明的观点：量宽福厚，器小福薄。这是千古不变的道理啊。

孙膑马陵伏弩图，出自清·马骀《百将传图》，描绘了孙膑于马陵道设伏，射死魏将庞涓之事。

木石之心，远离欲境

正是因为人们有了贪图名利和浮躁的念头，才使得人们的思想与行为发生了偏离。所以洪应明的观点要求我们“具木石心”，始终专一坚定，矢志不渝，把人做得更为高妙。云水逍遥之处，才是自由快乐的家乡。统治集团内部的斗争十分激烈复杂，一不小心，就会被卷入残酷的政治斗争中，轻则身败名裂，重则身首异处。而姚广孝具有木石般的坚定信念，在处理各种复杂问题上，表现出过人的智慧，而且在功成名就时不贪功、不争利，以忍让保全身名。所以，他的一生活得潇洒自在，达到了圆融完满的境界。

靖康之变后，朱棣得天下，继承帝位，改号永乐，史称成祖。论功行赏，姚广孝功推第一。《明史》有记载：“帝在藩邸，所接皆武人。独道衍定策起兵。及帝转战山东河北，在军三年，或旋或否，战守机事皆决于道衍。道衍未曾临战阵，然帝用兵有天下，道衍力为多。”故成祖即位后，姚广孝位势显赫，极受宠信。先授道衍僧录左善世。永乐二年（1404 年）四月拜善大夫太子少师。复其姓，赐名广孝。成祖和他说话，称少师而不直呼他的名字以表示尊敬和对他的宠信。然而当成祖命姚广孝蓄发还俗时，广孝却不答应，赐予府第及两位宫人时，仍拒不接受。他只居住在僧寺之中，每每冠带上朝，退朝后就穿上袈裟。大家都问他其中的原因，他笑而不答。他终生不娶妻室，不蓄私产。他曾因公干至家乡长洲，悉将朝廷所赐金帛财物散给宗族人。唯一致力其中的，是从事文化事业。曾监修《太祖实录》，还与解缙等纂修《永乐大典》。学术思想上颇有胆识，史称他“晚著道余录，颇毁先儒”，这其中也遭到一些人的反对。

永乐十六年（1418 年）三月，姚广孝病重，成祖多次看视，问他有什么心愿没实现，他请求赦免久系于狱的建文帝主录僧溥洽。成祖入应天时，有人说建文帝为僧遁去，溥洽知情，甚至有人说他藏匿了建文帝。虽没证据，溥洽仍被枉关十几年。成祖朱棣听了姚广孝这唯一的请求后立即下令释放溥洽。姚广孝闻言顿首致谢，旋即死去。成祖停止视朝二日以示哀悼。赐葬房山县东北，命以僧礼隆重安葬。追赠推诚辅国协谋宣力文臣，特进荣禄大夫、上柱国、荣国公，谥恭靖，并亲制神道碑以表彰他一生的功劳。

富多炎凉，亲多妒忌

大富人家常常都是为了争权夺利而父子交兵或兄弟阋墙。人往往是有了钱还想要更多的钱，有了权还要更大些；以至生活中终日钻营处处投机的小人，像苍蝇一样四处飞舞，个人的私欲总处于成比例的膨胀状态。如此现实，这就要求我们要提高修养水平，用理智来战胜私欲物欲。不然的话，亲情不会长存，富贵也保不住。

三国时，曹操在汉中大败，退入邺郡，还没有安定下来，关羽就发动了襄樊之战。曹操拖着老病（头风病）之身，先到洛阳，又南下摩陂，得胜之后回到洛阳，已经是劳病交瘁，无心回邺城了。刚刚过了半个月，病情加重，病死在洛阳，享年 66 岁。曹操一向提倡节俭，自然也反对厚葬。他在遗嘱中写道：

天下还没有安定，不要遵照古代的丧葬制度行事。安葬以后，文武百官人等都要去掉丧服。驻屯各地的将士不得离开驻地。官员们各守职位。我入殓时，要穿一般的衣服，不得用金玉珍宝陪葬。

曹丕像，图出自《图像三国志》。

但是让谁来当魏王，要不要让儿子赶快像周武王那样当皇帝等等，曹操到死也不说个明白。因为一来已经正式立曹丕为王太子，即位的事有了法律依据；二来他自己知道，死了以后的事也管不了许多，还是让自己最信任的大臣去办吧。

曹操的元配丁夫人没有生儿子。刘夫人生了个儿子曹昂，在征讨张绣时为救曹操而死。后来的卞夫人一共生有四个儿子：老大曹丕，老二曹彰，老三曹植，老四曹熊。其中老二曹彰勇武善战，曹操常常让他统兵打仗，立了不少战功。老四曹熊很软弱，早早地就死了。老三曹植富有文才，是几个儿子中间曹操最喜欢的一个，曹操曾想让他即位，这自然引起老大曹丕的无限恐惧。后来近臣们以袁绍、刘表等废长立幼，引出变故的教训暗示曹操，才不情愿地立曹丕为王太子,但是曹丕对曹植却一直记恨在心。

曹操病死的时候,曹丕正在邺城坐镇,临淄侯曹植在自己的封地临淄,只有曹彰带着兵马从长安赶到洛阳。来者不善,曹彰开口就问主持丧事的贾逵:“我先王的玺绶在哪里?”这很明显要夺取王位? 贾逵马上板起脸来回答:“家中有长子,国中有太子,您可不该问先王玺绶的事!”曹彰不过是个武夫,吓得不敢再多嘴,拥护曹丕的大官们赶紧把曹操的灵柩运往邺城,并抢着以卞王后的名义,立曹丕为魏王。第二天,华歆也从许都拿着汉献帝命令曹丕继承魏王和汉丞相兼领冀州牧的诏书赶来了。曹丕顺顺利利地继承了父位,执掌了大权。

曹丕掌权后的第一件事就想起了三弟曹植。过去是兄弟,而现在是君臣,地位完全不同了。恰巧曹彰和另外二十几位兄弟(不是王后亲生)都来奔丧,只有曹植没来,曹丕立即以魏王的名义,命令十分忠于曹操和自己的猛将许褚带兵,连夜赶往临淄,把曹植、丁仪、丁廙捉到邺城。三个人都知道性命难保。果然,曹丕先下令杀死丁仪、丁廙和两家的全部男子,然后,曹丕要亲审曹植了。

然而这时候的曹植像换了一个人,他像斗败了的公鸡,一进门就趴在地上,战战兢兢地等候大哥的发落。他心里非常明白,只要大哥牙缝里挤出半个“死”字来,他就得和丁氏二兄弟一样了。曹丕趾高气扬地开始训斥起曹植来。他说:“我和你在亲情上虽然是兄弟,可是在义理上却属于君臣! 你怎么敢蔑视礼法,不来为先王奔丧?”曹植一个劲儿地叩头:“我罪该万死,罪该万死!”曹丕继续威严地说:“先王在世的时候,你经常炫耀自己的文章,卖弄自己的才华,我很怀疑是不是别人代你写的。我现在限你在七步之内吟诵出一首诗来。你如果真能七步成诗,我就免你一死。如果不能,就要重重治罪,决不宽恕!”曹植是有真才的人,这当然难不倒他。他抬起头来,闪着惊恐的泪眼,用祈求的声音说:“请大王出题。”曹丕说:“我和你是兄弟,就以我们兄弟为题赋诗,但诗中不准出现‘兄弟’的字样。你试试吧!”曹植站起身来,慢慢走不到七步,诗已顺口而出:

煮豆燃豆萁,
豆在釜中泣。
本是同根生,
相煎何太急!

曹丕这一听,泪水不觉涌出了眼眶。曹植明明是把哥哥比作豆萁,把自己比作豆子。要燃豆萁来煮豆子,正像曹丕要杀害曹植一样。这时一直躲在里面的卞太后也痛不欲生地出来,哭着说:“当哥哥的 d 何必要这样狠心逼弟弟呀!”

悬崖撒手,适可而止

洪应明的观点告诉我们:做事勿待极致,用力勿至极限,悬崖撒手,适可而止,才能确保平安。做事是这样,生活上也该如此。“花要半开,酒要半醉”,才能享受到其中的真正乐趣。反之假如酒喝到烂醉如泥,不但不是享乐反而是受罪。所以,我们要学会控制自己的欲望,以免乐极生悲。

年羹尧字亮工,是汉军镶黄旗人,进士出身,颇有将才,多年担任川陕总督,替西征大军办理后勤。年羹尧早年已为皇四子胤禛(雍正)集团成员,还将妹妹送给胤禛当侧福晋，以表对主子的亲近和忠心。隆科多是孝懿仁皇后的兄弟，既任步军统领，又是国舅之亲，十分受康熙的器重，后来果然成为康熙病中唯一的顾命大臣。

雍正与二人交结，当然有自己的良苦用心。康熙末年，由于太子被废，诸皇子见机，都加紧忙于争夺嗣位的斗争。胤禛暗地里自然也着力较劲。他很清楚，除了用精明务实的办事能力博取父皇的信任外，必须集结党羽，拉拢拥有兵权的朝中重臣，所以极力拉拢隆科多和年羹尧。隆科多统辖八旗步军五营二万多名官兵，掌管京城九门进出，足以控制整个京城局势。而年羹尧辖地正是胤禵驻兵之所，可以牵制和监视胤禵。西安又是西北前线与内地交通的咽喉所在，可谓全国战略要地，所以后来史家也认为："世宗之立，内得力于隆科多，外得力于年羹尧。"

雍正即位之初，隆科多和年羹尧执掌政治大权，恩宠有加。当胤禵被召回，年羹尧即被授命与掌抚远大将军印的延信共掌军务。未及半年，雍正帝又命将西北军事"俱降旨交年羹尧办理"。

雍正元年十月，青海厄鲁特罗卜藏丹发生暴乱，雍正帝又任命年羹尧为抚远大将军。年羹尧也不负圣恩，率师赴西宁征讨，平定成功，威震西南。雍正帝加封年羹尧一等公爵。

雍正不但对年羹尧加官晋爵，赠与权力，还关心其家人，把他的家人也笼络到极致。甚至把年羹尧视作"恩人"，非但他自己嘉奖，且要求"朕世世子孙及天下臣民"，当对年羹尧"共倾心感悦，若稍有负心，便非朕之子孙，稍有异心，便非我朝臣民也"。又口口声声对年羹尧说："从来君臣之遇合、私意相得者有之，但未得如我二人之耳！总之，我二人做个千古君臣知遇榜样，令天下后世钦慕流涎就是矣。"这类甜言蜜语，出自皇帝之口，很少听得到。

雍正就这样以其过分的姿态、肉麻的言语哄蒙、迷惑着年羹尧。年羹尧却蒙在鼓中，真以为有皇帝把他当知己，他也就以皇帝老子为后台，居功自傲、骄肆蛮横起来。年羹尧凯旋还京，军威甚盛，盛气凌人。雍正亲自到郊外迎接，百官伏地参拜，年羹尧却没有因此而丝毫感动，与雍正并辔而行。这时雍正心中甚是不快，做臣子的怎么能如此放肆，便开始对他感到厌恶。

雍正三年四月，皇上仅以年羹尧奏表中字迹潦草和成语倒装，就下诏免其大将军之职，调补杭州将军，以解除兵权。而臣僚们见年羹尧失宠，便纷纷上奏，检举揭发年羹尧的种种违法罪行。此时雍正又听说年羹尧在西北之时，曾与胤禵等人有所交往，密谋废立等谣传，生性猜忌的雍正便决意处置年羹尧。

最后议政大臣等罗列了年羹尧几条罪状，拟判死刑，家属连坐。雍正以年羹尧有平青海诸功，令其赐死自裁。其父年老以免死，子年富立斩，其余 15 岁以上男子俱发往广西、云南极边烟瘴之地充军。族人全部革职，有亲近年家子孙之人，也以党附叛逆罪论处。

隆科多的命运与年羹尧都是一样的。在雍正即位之初，备极宠信，授吏部尚书，加太保、赏世爵。隆科多亦恃恩骄肆，多为不法。年羹尧狱起，隆科多起而庇护，却激起龙颜大怒，被削去太保衔、诏夺世爵。雍正四年初，被罚往新疆阿尔泰充军，其妻子家属也被流放成奴。家人牛伦被折。雍正五年十月，又以家中抄出私藏玉腰带，诏调回革职查问。接着被拟罪名达 110 项，雍正下旨，将隆科多下狱，永远禁锢。当年的冬天就病死在了狱中。

忠恕待人，养德远害

做人应当宽宏大量，要有广阔的胸襟，不要紧紧抓住别人的错误或缺点不放，如果是这样，只能证明自己人品的卑劣，而且也表现了自己狭隘的胸襟。能宽容待人，能容许人家犯错误，同样能造福于自己和别人，从而避免给自己带来麻烦。

西汉初年，天下已定，有功之臣都在等待，总希望能有个好结果，有的已等待不及，早就在那儿争论功劳大小了。刘邦觉得，也该到了封赏之时了。

封赏结果，文臣优于武将。功臣多为武将，对于这样的结果颇为不服，其中尤其对萧何封侯地位最高、食邑最多，最为不满。于是，他们不约而同，找到刘邦对此提出质疑："臣等披坚执锐，亲临战场，多则百余战，少则数十战，九死一生，才得受赏赐。而萧何并无汗马功劳，徒弄文墨，安坐议论，为什么封赏他最多？"

刘邦说："诸位总知道打猎吧！追杀猎物，要靠猎狗，给狗下指示的是猎人。诸位攻城克敌，却与猎狗相似，萧何却能给猎狗发指示，正与猎人相当。更何况萧何是整个家族都跟我起兵，诸位跟从我的能有几个族人？所以我要重赏萧何，大家不要有什么不满的了。"

大多功臣还是在纷纷议论，但毕竟与萧何无仇，对此事再不满也就算了。

一天，刘邦在洛阳南宫边走边观望，只见一群人在宫内不远的水池边，有的坐着，有的站着，一个个看去都是武将打扮，在交头接耳，像是在议论着什么。刘邦好生奇怪，便把张良找来问道："他们在做什么呢？"

张良不假思索地说："这是要聚众谋反呢！"

刘邦一惊："为何要谋反？"

张良却很平静："陛下从一个布衣百姓起兵，与众将共取天下，现在所封的都是以前的老朋友和自家的亲族，所诛杀的是平生自己最恨的人，这是非常令人望而生畏的？今日不得受封，以后难免被杀，朝不保夕，患得患失，当然要头脑发热，聚众谋反了。"

刘邦紧张起来："那将如何是好？"

张良想了半晌，才提出一个问题："陛下平日在众将中有没有造成

西汉开国功臣萧何像，图出自清·顾沅辑《古圣贤像传略》。

过对谁最恨的印象呢?”

刘邦说:“我最恨的就是雍齿。我起兵时,他无故降魏,以后又自魏降赵,再自赵降张耳。张耳投我时,才收容了他。现在灭楚不久,我又不便无故杀他,想来实在可恨。”

张良一听,立即说:“好!立即把他封为侯,才可解除眼下的人心浮动。”

刘邦对张良是极端信任的,他对张良的话没有提出任何疑义,他相信张良的话是有道理的。

几天后,刘邦在南宫设酒宴招待群臣。在宴席快散时,传出诏令:“封雍齿为甚邡侯。”

雍齿真不敢相信自己的耳朵。当他确信无疑真有其事后,才上前拜谢。雍齿封为侯,非同小可。那些未被封侯的将吏和雍齿一样高兴,一个个都喜出望外:“雍齿都能封侯,我们也不顾虑什么了。”

事情果真如张良所预计,矛盾也就这么化解了。

居安思危自坦然

古人把人是物非、沧海桑田等境遇状态发生变化的种种不可知的、神秘的因素都归纳在于天或天命。因此,在《菜根谭》中,洪应明依然沿袭同一思路,天或天命,是解释一切导致自然、社会,尤其是人事变化的不可知因素、不可测缘由的归纳性依据。

这是因为他看到了事物总是在发展变化的,因各种主客观条件在起作用,这种转化往往在向原有事物的相反方向转化。因此,历史老人在今天捉弄了昨日的英雄,使原来的豪杰头脚颠倒,落马失足……看沧桑历史,难寻永久牌的天之骄子。

所以,就有了居安思危的言行及防备意识。

总在发展变化的事物还是有许多因素是人所未曾认识的,历史进程并不是人所可以完全把握的,任何祸患、什么灾难都有随时发生的可能,故人们在安居乐业的期间,明智者对此应有所预见、有所警惕并有所防备,以免在灾难浩劫袭来之时,因自己的毫无防备而措手不及,小则摔跤跌倒,大则招致灭顶之灾。

事实上,潜在或现实的危机,能激发我们竭尽全力去应对。反之,无视潜在或现实的危机者,往往就会麻木地陶醉在一种舒适的生活方式中,对自己的生活抱有永远会风平浪静的幻想。显然,我们不能坐等危机或悲剧的到来,而必须从内心挑战自我,并使之为我们生命力量的源泉。因此,从变动不居、源远流长的历史长河来看,居安思危的意识,是一项深谋远虑的意识,是处世言行中的忧患意识的一种体现。

无论是个人还是民族都是如此。无此意识者,则患了思想上的近视症。

春秋时期,有一次,郑国曾面临着被其他十二国联合围攻的危机,后经晋国的周旋,才化险为夷。

郑国国君为此而给晋国国君晋悼公送去了大批礼物,以示感谢,这批礼物包括兵车一百辆、著名乐师三人、歌女十六人及许多钟磬之类的乐器。

对此,晋悼公十分高兴,论功行赏之时,他就欲把歌女中的八人转赠给他的功臣魏绛,以奖赏他殚精竭虑,为国事筹谋划策的丰功伟绩。

魏绛却谢绝了国君的分赠,并抓住时机向晋悼公作了一番不失分寸的劝告:“国事之所以办得顺利，首先应归功于国君您的才能。其次，则是靠朝中同僚们的齐心协力，我个人没有什么贡献，我衷心希望您在享受安乐之时，还能想到国家尚有许多事要办。《书经》上有句十分正确的话语：‘居安思危，思则有备，有备无患’，望您能牢记！”

个人如此，国家亦如此。

日本作为太平洋上的一岛国，资源贫乏。因此，日本举国上下对此常怀危机意识。另外，日本民族深受天灾人祸的影响，如因台风、地震而造成的灾难，是第一次也是迄今为止的唯一一次遭受原子弹袭击的国度，等等，因此，日本人对于随时都可能降临的各种灾难，始终保持着一种高度警惕的意识。

这件事例，也反映出了此种状况：当电影《日本列岛的沉没》在日本本土上映时，创下了日本有史以来最高的票房价值。而片中的内容，不外是说日本发生了大地震，日本列岛正被呼啸而来的大海潮所吞没，而世界上的其他民族却显然无意给这场灾难的脱险者提供避难的地方……这部影片，充其量不过是一部着意渲染日本末日的恐怖与阴暗的科幻片，却引起了许多日本人的共鸣，因为在他看来，这种事情是必然会发生的，问题是发生的时间早晚而已。

从这个例子中，不难看到日本民众确有一种关注未来、居安思危的强烈危机意识、忧患意识。今人论日本，多是仅看到日本具有世界上运转效率极高的经济体制，是有着先进技术的发达工业国家，看到日本的那些汽车如流、高楼林立的表面繁华，而看不到日本人的头脑中所具有的那种居安思危的意识。事实上，从一定意义上说，日本在二战之后的经济腾飞，多少都是得益于这种意识的，因为有了这种意识，他们才能超越短视的目标，形成了个人为了群体的利益而不惜忍辱负重的观念，并能在具体的行为中付诸这种观念。

回顾日本在二战后几十年所走过的历程，不难看到日本人民的那些看似消极、被动的逆来顺受的言行中（如电视剧《阿信》等所描写的），也包含有富于韧性的默默无闻的抗争，这也正是他们居安思危的意识、逆来顺受的行为中所深深蕴藏的积极意义。

未来学家在预测世界的前景时，日本被看好为非常有前途的国家，主要是因为日本民族具有世界上其他民族所没有或不够强烈的优秀的精神意识，即居安思危意识。

所以，事实绝不像信奉“今朝有酒今朝醉”的浅薄者所认为的那样：居安思危的意识，是一种多余乃至是神经过敏、庸人自扰的意识。可见，无论是治家还是治国，都不能缺少居安思危的意识。

原因用一句话概括就是：居安思危，人才能走出困境。

鱼与熊掌不可兼得

从《菜根谭》中我们得知：利益不能同时占有两头，忠诚不可能并有。不放弃小利就得不到大利，不放弃小的忠诚就不会成就大的忠诚。所以小利是大利的害，小忠是大忠的害，圣人放弃小的而保留大的。

楚共王和晋厉公在鄢陵作战，楚军失败，共王受伤。临战前，司马子反口渴找水喝，奴仆阳谷拿装三升的酒器给他。子反叱骂：“下去！这是酒。”阳谷对答说：“不是酒。”子反说：“赶快下去，拿走。”阳谷又说：“不是酒。”子反接过来饮了它。子反特别爱喝酒，喝起来就不能停口，因而醉了。仗打完了，共王想与子反谋划再战，派人召司马子反，子反推说心疼。共王亲驾来看他，进入军帐，闻到酒臭味就回去了。说：“今天的仗，我亲临战场，所仗恃的就是司马，而司马又成这个样子，是忘了楚国的社稷不体恤我的将士啊。我没法再战了。”于是退兵，斩了司马。本来奴仆阳谷进酒，也不是想让子反喝醉成这样，他是忠心爱他，而这忠心正好杀了他。所以说小忠是大忠的害。

晋献公派荀息向虞借道去攻打虢国。荀息说：“请求用垂棘的璧和屈地所养的马来贿赂虞公，这样再求借道，一定可以达到目的。”献公说：“垂棘的璧，是我先君的宝贝，屈地所养的马，是我的好马，如果他接受了我的钱财却不肯借道给我，那不是赔了夫人又折兵？”荀息说：“不会那样。他如果不借道给我们，就一定不会接受我们的礼物。如果收了礼物而借道给我们，这些财物就如同从内府取出收藏在外府，如同将马从里面的马厩牵出放在外面的马厩，您也不必担心什么了。”献公同意了。于是派荀息带屈地出产的马陈列在虞王的宫廷，又加上垂棘的璧，借虞国的道路出发去攻打虢国。虞公贪于宝马就想同意这个要求，宫之奇进谏说：“不能答应。虞与虢，如同牙有脸颊保护，牙依靠脸颊，脸颊也依靠牙，这是虞虢两国的形势。前人有话：‘唇亡齿寒’，虢不灭亡靠的是虞，虞不灭亡靠的是虢。如果借道给晋，那虢早上灭亡而虞到晚上也就跟着去了。还是不要借道的好。”虞公不听，把道借给了晋。荀息伐虢，战胜了虢，返回来就攻打虞，又胜了虞。荀息拿着璧牵着马回报献公，献公高兴地说：“璧倒还是原来的璧，倒就是马的年龄大了。”因此可见，小利是大利之害。

《东周列国志》版画之智荀息假途灭虢图

中山国有个地方叫𠄌繇，智伯没机会攻打它。于是为中山国铸造了一口大钟，用两车并行去送给中山国。𠄌繇之君打算把高岸铲低、低谷填高让路平整，来接取大钟。赤章蔓枝劝谏说：“《诗》中说：‘只有法可以使国家安定。’我们没有理由来接受智伯的钟，智伯的为人贪婪而不守信用。必定是想攻打我们而找不到办法，所以铸造大钟，并行两车用两道车轨来送给您。您为大钟铲低了高岸、填平谷地，他们的军队一定会跟着来。”王不听。没多久，赤章蔓枝又劝谏。君说：“大国为了交欢，而您违逆他，不吉祥。您别管了。”赤章蔓枝说：“做人臣的不忠诚是罪过，忠诚而不被信用，就可以使自身远离了。”赤章蔓枝到了卫国刚七天繇就灭亡了。想得到钟的心取了胜，那怎么能有存繇之说呢？凡听人家的话，对占上风的心思应该谨慎些，所以首要的是战胜自己的欲望。

昌国君率领五国的军队去打齐国，齐国派触子率兵在济上来迎战天下之兵。齐王想开仗，派人到触子那里，羞辱訾骂他："不开战，就灭你家族，掘你家坟冢。"触子对此感到很痛苦，希望齐军失败。于是和天下之兵作战，交战，就鸣金收兵，最后败北。天下之兵乘机而上，触子凭着一匹马跑掉，从此无声无息。达子又统率剩余的军马，驻扎在秦周，没有东西可以作为奖赏，派人请齐王给钱。齐王大怒说："你们这些该杀的贱人，怎么可以给你们钱？"齐军和燕军打仗，齐军大败，达子死，齐王逃亡到莒国。燕人追逐败兵直到齐国国都，把钱库里所有的钱都瓜分完了，这就是贪图小利而失去了大利的结果，所以我们不应贪图眼前的小利而失去了更大的利益。

名利如火坑，贪婪是苦海

清朝的曾国藩在解悟《菜根谭》时认为：个人的思想观念直接影响个人的幸福与苦恼。所以释迦牟尼说："名利的欲望太强烈就等于是跳进火坑，贪婪爱恋之心太强烈就如同沉入苦海；只要有一丝纯洁清净的观念就能使火坑变成清凉水池，只要有一点警觉精神就能使苦海变成幸福乐园。"意识观念的不同，人生境界就会全面改变，因此一个人的所思所想必须慎重。采用不正当手段骗取名誉的人，会有预测不到的祸患；窝藏隐埋暧昧之事的人，经常忖度他人；诡计多端的人，会给自己带来恶果。

猜忌是引发祸机的最厉害因素。这是从古到今惯有的通病，败国、亡家、丧身，都是由猜忌所导致的。《诗经》中曾说过：不猜忌不贪婪，有什么事做不好呢？猜忌和贪婪，就同时具备了妾妇和盗贼的特点。事到如今，只有用"小心安命，埋头任事"这两句话来作为互相勉励的信条了，除此之外再没有别的立足之处。窦兰泉说："大丹将要炼成的时候，群魔环伺都想吞掉它，必须想出把这些恶魔打败的办法。"

生活在幸福美满的环境中，就像是已经装满了水缸的水将要溢出，如果多加一滴，就会流出来；生活在危险急迫的环境中，就像快要折断的树木，千万不能再施加一点压力，以免会立刻折断。凡属高位、大名、权重，这三者都应当忧惧。须处处收敛，不求得福，但求免祸。我们不能先知祸害的到来，但不贪财、不取巧、不沽名、不骄盈，只要我们坚守这四个原则，就可以防止祸端的发生。

害人之心不可有，防人之心不可无

战国时期，为了讨好楚国，魏王将一位具有绝代姿色的魏国美人送给楚怀王，她当即受到了楚怀王的宠爱。

楚怀王的夫人郑袖看见这样的情况，也表现出十分喜欢这位魏国美人的样子，在吃喝玩乐方面上，十分照顾她、依顺她。在包括楚怀王在内的其他人看来，郑袖对这位美人的喜爱，连楚怀王也比不上。楚怀王因此而称赞郑袖没有女人常有的妒忌心。

这样，那位魏国美人也因此把郑袖视为知己，对她言听计从。

某天，郑袖很亲切地对这位美人说："君王很喜欢你，只是不喜欢见到你那不够漂亮的鼻子，为了使他更高兴，以后见到他，你最好把鼻子遮掩起来，那你就尽善尽美了。”

魏国美人听了郑袖的话，每次见到楚怀王都遮掩着鼻子。

如此反复几次后，楚怀王就犯疑了。

楚怀王想到她与郑袖是最相好相知的，就向郑袖探询魏国美人为什么每次见到他时，都要掩鼻子？

郑袖先是以不好说来作托词，将楚怀王的好奇心吊起之后，她才故作神秘地说："那是因为魏国美人讨厌闻到你的口臭啊！"

头脑简单而又脾气暴躁的楚怀王，闻言大怒，喝令手下的人马上去处死那位魏国美人。

郑袖真是一个善于绵里藏针、笑里藏刀的奸巧者，她神不知鬼不觉地挑起了楚怀王的冲动与冒失，又借楚怀王之手，将不明底细的魏国美人变成了冤死鬼，或许那个魏国美人在临死前还感激郑袖的种种假恩假德呢。

这个例子正说明了难防在施恩外表下所隐藏的干戈，难逃在欢乐场面中所隐藏的陷阱。

绵里藏针与刀头之蜜的阴狠厉害，于此可见一斑。

洪应明提醒人们：不少大奸大恶的诡计，往往是隐伏在温柔亲切的外表之后的，所以，聪颖明智者应当防备绵里之针；深仇大恨经常是由爱欲转化而成的，所以，通达事理者应当远离刀头之蜜。

从典故的内容来看，"绵里藏针"与"笑里藏刀"的意思相同，都是指那些表面装得和气，内心却阴险尖刻并伺机残害别人的奸诈者。

"刀头之蜜"，源自《佛说四十二章经》，经中将贪婪者贪恋财富美色，比喻为孩童贪吃利刃上的蜜糖，甜蜜的享受是短暂的，却带来了割舌的灾患。

人与人之间的矛盾需要伦理规范和法律秩序的调节梳理，那么，人与人之间的一切功利关系与情感好恶，就不可能完全公开透明地摆到桌面上，那些见不得人的阴谋诡计，就更是这样。它们要出现，要实施，一则须伪装埋伏，二则须一些能诱惑意志薄弱而又头脑简单者的诱饵，使人不知不觉地落入圈套。

在这个复杂多变的社会中，什么事都可能随时发生，所以，生活在这个复杂社会中的善良人们，对此就不能不提高警惕。洪应明对于人世间的那些疏忽大意，遇人遇事不认真动脑筋者，有这样一项醒世之语："害人之心不可有，防人之心不可无。"

事实上，即使没有读过《菜根谭》，我们中的不少人，对于这句名言也是十分熟悉的。就在一代代人对这句名言的口头流传中，人们学会了自我保护。

防人之心是一种防守性的防备心理，其包含了应有的敏锐警觉、冷静思考。这样，才可以正确的应对。

另外，防人之心与防卫限度也有关联，对此，洪应明的主张是：即使是对于知己挚友，也须有一定的戒备（"相知犹按剑"的"按剑"即因防备而摸剑），切莫被复杂社会中的种种浮华表面所诱惑。

这样并不是说空穴来风、神经过敏或者是不近人情。以《水浒传》描写林冲被逼上梁山的那一段故事来看，那当然是以高俅、高衙内为首的恶势力胁迫所致，而就在这个迫害的过程中，作为林冲旧日"知己挚友"的陆谦，则起着一项别的人所替代不了的特殊作用。是他哄骗了林冲的夫人，使她险遭被奸；更是他带人赶到了林冲的流放地沧州，欲置林冲于死地……说起来，原因很简单，即陆谦把高官厚禄看得重于珍贵的友情，从而也就有了那种种卑劣的行为，真可谓“画虎画皮难画骨，知人知面不知心”（《增广贤文》），知己朋友也有真假难分的一面。而一般人面对朋友时，戒备心总会降到最低的限度，直至消失，给一些假朋友、假知己带来可乘之机。

无论怎么说，我们既然不是生活在充满了爱的真空世界中，就不能毫无自我保护的措施——诸如“逢人且说三分话，未可全抛一片心”之类，还是有一定道理的。因为正像美国心理学家马斯洛的人的需要层次论所揭示的那样，安全需要仅次于生理需要，是人之所以为人的最基本的需要之一，而学会自我保护，正是实现安全需要的最基本措施的关键。

对于那些因看人看问题过于细致、本质以至于伤到自己的精明人来说，洪应明则有另一项警醒：宁可被别人蒙蔽，也不要事先毫无根据地去揣度怀疑别人，以免自欺自误。

《论语·宪问》所论及的君子处世之道之一也这样说：“不逆诈”。做到了这点，就能减少人与人之间的摩擦，减少自我的烦恼，世间的是非就会减少了许多。因此，那些因为心智过分敏锐、想象力过分丰富和嘴巴太快而深陷于是非的沼泽并且已不堪其苦者，不妨学学糊涂，学会尊重事实而不是猜测，乃至学会讲“我什么也不知道”的一语……这样，心情自然会变得很轻松，人生的脚步也会迈得更清爽些。

天是不会塌的，不要学类似于忧天的杞人那样的精明与敏感吧。

淳朴厚道者，如果能谨记“害人之心不可有，防人之心不可无”的教诲，他就具有精明的心智，此其一；精灵明察者，学会了“宁受人之欺，毋逆人之诈”的处世策略，他就具有了厚道的表现，此其二。洪应明的警醒告诉我们，一个人为人处世，能将这两方面统一起来，那他就是既精灵聪明，又淳朴厚道的十全十美者。

不妨将这个理想的人，与自己作一下比较，然后再根据自身的情况，具体接受相应的合理认识，以作自我修正，以求自我完善。

这里所说的全部，都要求我们要从自身做起，从现在做起。

学入歧途，后果更惨

明朝的王阳明认为：夏商周三代以后，王道开始衰败，霸道代之兴盛起来。孔子、孟子死后，圣学淹没而邪说横行，教的人不再教圣学，学的人不再学圣学。行霸道的人，偷取与先王近似的东西，借助于外在的知识来满足自私的欲望，天下的人争相仿效他们，几乎没有圣人通行之道。人们互相仿效，每天寻求的是富强的方法，倾轧的阴谋和攻伐的计谋。人们追求一切欺天骗人可以得到一时好处、可以获取名利的方法，时间久了，人们之间的争斗抢夺，祸害无穷，最后人们沦落为禽兽夷狄，连霸术也行不通了。

这时，世上的儒士感慨悲凉，他们搜寻以前圣王的典章法制，在焚书的灰烬中拾掇修补，他们想恢复先王之道。但是，圣学的年代已很遥远，霸术的传播，根深蒂固，即使是贤惠之士，也都难免沾染它的影响。这样，他们想讲明修饰，以求在世上重新发扬光大的努力，也只是增加了霸道的势力范围，再也看不到圣学的天地了。于是，有了训诂学，为了名去传播它；有了记诵学，为了显示博学去谈它；有了辞章学，为了华丽去夸大它。如此熙熙攘攘，天下之内群起争斗，不知有多少家。面对这种种，人们都无所适从。

世上的学者，好像进入了百戏同演的剧场，戏嬉跳跃，竞奇斗巧、献笑争妍的人，从四面竞相涌现，观者前瞻后顾，应接不暇，从而导致耳聋眼花，精神恍惚，整日整夜在那里流连忘返，如同精神病人，不知哪里是自己的家。当时的君王也被这些主张弄得神魂颠倒，他们终身从事写无用的虚文，却不知道自己说的是什么。偶尔有人觉得这些学问的空虚荒诞、凌乱呆板而卓然奋发，想有所作为，但是他所能做到的，也不过是为争取富强功利的霸业而已。圣人的学问，逐渐被功利的习气所湮没

虽然也有人曾盲从佛老，但佛老的学说最终也没能战胜人们的功利之心。虽然有人曾经综合群儒的主张，但群儒的主张最终也未能去除人们的功利之见。直到今天，功利的毒汁浸入人们的心底和骨髓里，积习成性已有几千年了。人们在知识上互相炫耀，在权势上互相倾轧，在利益上互相争夺，在技能上互相攀比，在声誉上互相竞争。那些出仕做官的，掌管钱粮的还想兼营军事刑法，掌管礼乐的又想参与官吏的选拔，做了郡县的官，还想着藩司和臬司的高位，身居台谏又企望着宰相的要职。所以做不到的就不能兼做管那事的官；不通晓那一方面的知识，就不能得到那方面的荣誉。记诵广博，正好助长了他的傲慢；知识增多，正好让他去行恶现闻广博，正好使他肆意诡辩；辞章华丽，正好掩饰他的虚伪。所以，皋、夔、稷、契不能兼做的事，如今初学的小孩都想通晓其主张，研究其技巧。他们打的名义旗号，都是共同促成天下的事业，而他们的意途就是以此为幌子实现他们的私心，满足他们的私欲。

以这样的积习，以这样的心志，而又讲这样的学术，难怪他们听到圣人的教诲，就把它看做是累赘包袱，从而格格不入。这样看来，有这样的举措也很正常了。因此，他们认为良知并不完美，认为圣人的学问是无用之术，这也是势所必然的了。士者此生，也岂能求得圣人的学问？又岂能讲明圣人的学问？士者此生，却想以学为志，不也是太劳累、太拘泥、太艰难了吗？真可悲啊！有幸的是，人心中的天理始终不会泯灭覆没，良知的光明，万古如一日。那么，如果倾听了拔本塞源的主张，一定会恻然而悲，戚然而痛，拍案而起，如决口的河水，一泻千里而势不可挡！

积威，宽一分则安；积恩，减一分则怨

明朝的吕坤认为：古人之间相互交往，光明正大，推心置腹。在他没说话之前，不必事先怀疑；说出话来之后，也无须有后顾之忧。如今的人们相互交往，小心翼翼，屏气凝神，用虚假的表情来隐藏他自己的真实意图。他还没有说话，就对别人已产生了怀疑和畏惧；他一旦说出来之后，就会招惹灾祸，真是让人感到可悲啊！到哪去找光明正大的君子，来同他倾心交谈彼此的情怀，畅谈肺腑之言呢？真是可悲啊！某些人表面上看起来光明磊落，而暗地里却设下陷阱陷害他人。

古代的君子，从不用自己的才能去困扰别人，这才是正人君子；如今的人却用自己所不能办到的事去困扰别人。古代名望和地位相近的人，能够相互友好相处，现在名望和地位相近的人，他们之间却彼此妒忌。

事情还未做就到处声张，事情还未做就去沽名钓誉，事情还未成功就领受俸禄，这些行为都是伪君子的行为，君子的耻辱。双方都痛悔自己的过错就没有解不开的

仇怨，双方都友好交往合作就会十分的成功，双方都发怒生气就没有酿不成的灾祸。自己没有才能却不肯让位给才能的贤士，甚至还设法陷害别人；自己作恶多端却痛恨别人行善积德，甚至还诬陷别人；自己贫穷卑微却痛恨别人富贵荣华，甚至还极力破坏别人的富贵，这三种爱嫉妒的人，实在是极恶之人。

用身处患难中的心情来对待安乐的日子，用贫穷卑微时的心情来对待富贵时的日子，用委屈不安的心情来对待能够自由伸展时的日子，这样，那么什么时候都能够泰然自若。把深渊峡谷看做是康庄大道，把健康的体魄看做是疾病缠身，用惊警之心来对待安宁之日，任何时候都会感到安稳。不怕在朝廷当官时没有隐退的心思，只怕在山林里隐居时还有当官的想法。

积累威严和恩惠，都会招惹灾难。积威所带来的灾难可以补救，而积恩所带来的灾祸却难以补救。威严积累起来之后，只需放宽一点就会让人安宁，增加一些恩惠人家就会感到高兴；而恩惠积累起来之后，一旦停止施恩，对方就认为你有所淡漠冷薄，减少一点恩惠人家就会对你抱怨。施与人家的恩惠到了极限就会导致自身的贫困，一旦自己贫困就难以继续施恩；溺爱到了极限就会让人放纵，而一旦放纵就难以让人继续忍受。而不继续施恩下去，他们的关系便不会进一步改善，而威严和恩惠的势态也会大大减退。因此，威严减弱就会带来福分，而恩泽减弱了就会招致灾祸。恩惠有所增加就会招来福分，而威严的增加就会招来灾祸了，圣贤之人并不是吝啬恩惠，而是害怕灾祸的缘故。潮湿的柴火容易解开，而干柴却很难捆扎好。圣人之所以吝啬恩泽给别人，难道不是因为他爱人之情已达到了极限的缘故吗？所以这种方法是用来调剂人们感情的极微小的权变之法啊！

人们都只知道为少而感到担忧，却不懂得有时多也让人担忧。只有聪明能干的人才明白多了也让人担忧的道理。

我们能很容易发现一些另人讨厌的东西，众人都喜爱的东西也必定能察觉得到，这是容易的事情；自己讨厌的事物要察觉，自己喜爱的事物要察觉，这就比较难。有的人对人情方面的事懂得比较多，有的人对物理方面的知识了解得比较深刻，有的人对事物的时势了解得比较深刻，有的人对事物的变化了解得比较多，有的人对细致的事物了解得较为深刻，有的人对博大精深的事物了解得比较透彻，这些知识不是一个人所能全都具备的，而其中认识事物变化方面的知识是较为困难的，但是，具有渊博精深的知识更加难能可贵。

君子贵在善于处幽

明朝的吕坤认为：锁和钥匙是互相吻合的，相合就打得开，不相合就打不开。也有相吻合而打不开的，那必然有其中的原因。也经常能打开，却偶尔有卡死打不开的，那必定有偶然打不开的原因。万事必然有其原因，具体事情要具体对待，从中寻找根源。

窗户上糊的一张纸，能够挡住掀起水波的大风；胸口上的一个葫芦，能够不沉于波浪翻滚的水中，这难道不是有所依托的缘故吗？

无边无际的大海，容纳着一切东西，无论是污秽的东西还是瓦砾。挖出它海底的宝藏，猎取它海中生长的东西，没有哪一样它不给予的。大海的胸怀广博之量足以容纳触犯它、违抗它的任何事物而处变不惊,它富有的积蓄足以供给不断地采取它的人。圣人的心胸,就好像大海一样能容纳万物。

镜子要保持干干净净照物才能清晰分明。如果有一丝尘迹,照到人脸上就有一丝痕迹;假如有一点瘢痕,照到人脸上就有一丝差的感觉,原因并不在人的面容上。假若人的内心世界不是干净虚无的,那他反应事物时也会出现干净虚无的。所以禅宗教导别人把有形形色色的东西都当作虚空的,而我们儒家却将喜怒哀乐寓于未发之中,所以有发而中节之和。

人们总是会自然的洗脸闭上眼睛,手脏了就会立刻去洗,这只不过是爱惜身体的一小部分而已。走在滴水的屋檐下没有不迅速走过的,踩在泥泞的道路上没有不踮起脚尖的,这只不过是爱护衣服和鞋子罢了。七尺的身躯难道还比不上一只鞋子吗?而那些沉溺于滔天的情欲之海中,抨击于焚林暴怒的场地,即使粉身碎骨也甘心情愿的人,一切都不管不顾,置于身外,那才是可悲呀!凶恶的话好像恶鸟的叫声,闲言好比燕雀的喧鸣,正义之言犹如狮子的吼声,仁义之言犹如鸾凤的和鸣。由此看来,说话一定要谨慎小心啊!

左手画圆形,右手画方块,这是每个人都可以做到的事。左边的鼻孔闻香味,右边的鼻孔闻臭气;左耳听弦乐,右耳听管乐;左眼看东方,右眼看西方,这是难以做到的事。两个器官尚且不能做不同的事情,更何况是一个意念,也是很杂乱的,把头发丢在地上,即使是乌获那样的大力士也无法使它落地时发出声音;把核桃投到石头上,就算是小孩子也不能让它落下时不发出响声。别人不能够掌握轻重,只不过是自知轻重罢了。

鼾声惊动了相邻的人,而打鼾人自己却听不到;背上沾满了污垢,背着污垢的人自己却看不到。喜爱毒蛇而去抚摸它,很少有不被毒蛇咬伤的。厌恶虎豹而去与虎豹搏斗,很少有不被它们咬伤的。和小人相处,一定要与之保持距离。

疑难杂病,要用平易的医术来治疗它;体现在外表的突发之病,要用比较深沉的手法来治疗;虚阔的病,要以充实的医法来治疗它。走出去不远又再走回来,不如在未走之前先看清楚再走。家里非常富有的人,不是一天就变得贫穷了。而是一天天损耗日积月累造成的,平日不停地损耗,而到了某个早晨就变成了穷人。假如不怪罪平日,而只怪罪这一个早晨,那就是愚蠢了。所以君子重视平日小的损耗,注重平常细小的行为,这样才会避免微小的弊病出现。

能够劝诫贼,让他不再干坏事是非常好的办法,其次是看到贼就将他捉拿归案,再次就是看到贼就躲开他。

穿上新鞋子就会走路,假如长期择路行走,那么鞋子可以长久地保持常新的样子。坐在明亮的灯光下看不到黑暗的地方,而身处黑暗中的人却能够清楚地看到明亮灯光下的事物,所以君子贵在善于处幽。

艰难困苦,玉汝于成

清朝的曾国藩在解悟《菜根谭》时认为:处在艰难困苦的环境中可使凡人磨炼成英雄、艰难困苦玉汝于成的最好时机。李申夫曾说我怄气时从不说出,一味忍耐,慢慢地改变逆境,以图强大,并引一句谚语说:“好汉打脱牙,和血吞到肚子里。”这两句话是我平生立志坚忍成功的秘诀。我在道光年间,被京师权贵所唾骂;咸丰初年,为长沙官绅所痛骂;咸丰六七年,又被江西官绅所讥嘲。说起来像岳州之败,靖巷之败投水而欲死,以及湖口之败连遗书都写下了,这都是打掉牙和着血吞到肚子里的时候啊!

耿恭简曾说过:做官以坚挺、忍耐烦恼为第一重要,带兵也是这样。和官场来往,我们兄弟都患在稍稍了解世态而又怀有一肚皮的不合时宜,既不能硬,又不能软,所以到处落落寡合。迪安妙就妙在全然不识世态,他肚子里虽也怀着些不合时宜,但却一味浑厚含容,永不发露。我们兄弟则时时发露,总不是带来福气的办法。雪琴与我们兄弟最相像,也到处少有投合的人。弟应当以我为戒,一味浑厚,永不发露。将来养得性情纯熟,身体也健康旺盛,子孙也受用,不要习惯于官场机变诈伪,这样时间越长,德行就越浅薄了。

在议论时事时,我说应当挺起骨头,尽力坚持。三更时作一联,即"养活一团春意思,撑起两根穷骨头",用以自警。我作过很多的联,可惜没有写出留下来。丁未年在家作的联说:"不怨不忧但反身争个一壁清,勿忘勿助看平地长得万丈高",曾经有个联和这差不多用本板刻写出来,就附在这里。

君子的言行要依照天理

洪应明的观点告诫人们亲眼看到的事,尚且不敢信以为真,听人说的事就更模糊不明了,绝不能轻易讲述。一句虚言,往往能断送一生的幸福,这是值得深思的。

阿谀奉承迎合别人应感到羞耻,刚愎自用则非常可恶,只有不固执、不迎合,才是合乎人间正道的。平常时候看不出来,但却能在波流风靡中立定,这才是高雅节操。淡泊二字最好。淡即恬淡也,泊即安泊也,没有其他妄念,内心就会很快活。反过来如果追求浓艳,追逐权势,蝇营狗苟,那么就会心力交瘁,一天比一天艰难了,是不能够像淡泊的人那样每天心里都保持宁静的。

人要能够酌情办事,但圆通灵活也要合时宜。在《易经》中论及变化无方和事有定理时,加了"易贡"二字,这二字最好,变化时告诉别人,这就是圆通灵活之时。棱角峭厉不一定是正直,和光同尘混杂一起也不是圆通,固执不通也不是变易之理。这些是我们要明白的。

俗话说:"自成自立,自暴自弃。""自尊自重,自轻自贱。"无论是成立还是暴弃,都在于自己,尊重与轻贱也都在自己,每个人都要审慎选择以立其身。

人与人相处,应考虑他人所最忌讳的,假如轻易出口,正好是他人所忌讳的,他一定会认为是故意讥笑嘲讽他,从而记恨在心。《书》中说:"唯独说话最容易致引争斗。"《诗》中说:"善戏谑,不也是暴虐。"尤其戏谑要更为谨慎。

因为性格耿直憨厚,因一时气愤所说的话所做的事,往往有不太合适的地方,虽然随即就感到后悔,但是话已说出口,后悔也来不及了。

我每听到一句善言,没有不进行阐发的,没有不牢记心中的。从前,我在北京碰到过一个喜好修道的老人,他偶尔见我恼怒发作,慢慢宽解我说:"恼怒能杀人。"我一听这话,明白了赞扬也能杀人,不只是恼怒。他又曾对我说:"天平的上针是天心,下针是人心,下针必须和上针相合。"这是多么好的比喻啊!又说过:"只有玻璃盏才能盛下狮子乳,就是金器银器也可能会渗漏。”这事我虽然没有试过见过,但听人善言,不以诚实之心接受,就不会像玻璃盏,这话也隐含禅机,应牢记。

顾名思义,自然能成立。不学着做好百姓,就是坏百姓,不学着做好秀才,就是坏秀才,以此相推,那些名义都不能不顾,不能不仔细考虑。说到底,关键在于依照天理遵守法纪。

读书这件事在世间占有极高的地位,但它所占的地位是在人品上,而不是在权势官位上。

我们首先要做个好百姓;如果有天赋才华,擅长学问,就可以做个好秀才;若有运气,能求进取,就可以做个好官,但即使做到卿相之位,也要想着自己是个秀才,是个百姓。及传之于后人,乡先生死后不能祭祀于社,还能成什么事?如果能安守本分,完纳税粮,不需县官督促催责的,就是好百姓;专心读书不管其他事,不需要学道督责的,是好秀才;不贪婪严酷,不要监司督责的,就是好官。

不追求其他的东西,只要能做到孝顺父母,尊敬长者,和乡里的人和睦相处,教导子孙,各自安分守己,不胡作非为这就是学好,这是太祖的圣谕。

清白人家,不是苟且行事就可以承继的,说他们自己行事只讲究衣着俭朴,教家能追求节约,交游则本于道义。凡是声色货利,不合礼法,稍稍玷辱家声的,都要戒除而不去追求。凡是孝友廉俭,应该做的事,对提高家声有益的,都应竞相追逐着去做。而在长幼尊卑聚会时,又能互相规劝教诲,各自希望无愧于贤者后人,谁还能不说这是真正的清白?

大凡势焰熏天的人家,终有一天会尽的,是比不上持守天道从事本业的人,也不会一直享受其荣盛的,一团茅草般的诗,多咏几遍是很有深味的。

谚语说:“一日之计在于晨,一年之计在于春,一生之计在于勤。”“慎是俭德,只是为了长久之计。”创业的人,没有不由于节俭而创下产业的,但后来却由于奢靡而逐渐荒废的,这难道不是可惜了吗?

凡事不可随心所欲

元朝时期许名奎认为:天赋予人们的功名利禄,皆有一定的数量。人们从上天所接受的衣服、食物和器具,都不能超过一定限度。乐极则生悲,祸来则福去。美人劝客饮酒,不成则斩;设锦障五十里,没有听说石崇一族延续百年。蒸猪用人乳以调味,成百的女婢手抚食器侍奉宴席,王济不过是让世人惊诧于一时。史书记载的这些,并不是赞誉,而是为了示警后人戒此奢侈。居家则有歌童舞女,出门则车辆结队。用酒做池,用肉做林,居室如淫窟,厨房如屠场。身着绣有日月星辰及山龙华虫彩绘的尊贵之服,没有雨水却在宅第上装饰漏雨的装置。奴仆贱人得志,就如同添翼的老虎,僭礼自比王侯,势盛倾动天地。鬼神降祸于奢侈者,奴仆见财眼开。覆巢无完卵,后悔莫及。

获取财物要取之有道切忌损害廉洁,故有可取与不可取之别。齐国馈赠薛国的黄金,收与不收全在于自我的判断。陶胡奴馈赠之米不被王修龄所接受,袁毅所送贿赂之丝被山涛束之高阁;计日发放的俸禄杨震欣然受之,夜晚时送来的贿金断然予以拒绝。李幼廉不接受徐干贿赂的金锭,他们的千古英名照耀史册。

急如弓统的猝至之事,要靠权宜之计处理解决。曹操以假话使战士望梅止渴,李穆鞭打主帅以讹骗追兵。判断死生于一瞬间,争夺胜负于顷刻之间。蝮蛇咬手,应当立刻砍断手腕。穿戴整齐才去救火,期文相让才去打捞落水者,不知随机应变,让人感到叹息。

孔子在陈当阨图。讲述孔子仕鲁,途中困于陈、蔡之事。

心不遵循德义的规范称作“顽”,口不讲忠信的话称作“嚚”。愚妄奸诈不友善,这样的人就是恶人,可以称作“浑敦”。这样的恶人,应当把他们流放到四方边远之地,去抵御妖魔鬼怪。唐虞的时代,民风淳朴,《尚书》中记下这些怪类,是要人们以此为戒。秦汉之后民风浮薄,这些都是正常的反而不觉得怪异了。恶人的性情难以用义理来制约,是狂犬咬人,好像狗发疯相互撞击,如同公牛角斗。用宽恕的态度对待就会生乱,与他讲道理不会顺从,向他示弱会招致欺侮,用恩义去感化他却不尊重你。应当把他们看做禽兽,用不着与他们斗智斗力,让他们自取灭亡,总会有消失的一天。应实行老子的恪守柔顺的学说,我们要保持不计较不忧虑的德性。

哪一个人不想生?不正直而生,只能说侥幸免于死;人固有一死,死得其所,是至善之道。被墙压死和被诛杀,皆是死于非命;从天地父母所得的身体应完整无损地归还回去,曾子换掉大夫所用的席子而得以正礼。召忽为公子纠而死节,管仲却未死。齐桓公三次洗浴三次熏香以重迎管仲之礼,管仲为相,民众受到他的恩泽。孔子困于陈蔡,颜回岂敢轻易而死!子路为主而死,却未合于义。百金之家的后代不骑在栏杆上,千金之家的后代不坐在堂边,难道是因为怕死才这样的吗?这是告诫人们勿轻举妄动。

自古随心所欲的事,听的人都要以此为戒。秦始皇随心所欲于刑法,公子扶苏遂受害于矫诏;汉武帝恣意而为于征伐,而晚年则罢轮台屯田以示悔悟。人生在世,凡事都想图个痛快。任意驰骋者,人马俱疲;醉心酒色者,病入膏肓;信口开河者,错话驷马难追;轻易苟同他人者,必欺骗别人。与其随心所欲而失误,不如细致入微的谨慎思考。

忍耐与冲动是福祸的两道门

明朝时期吕坤认为:自身的缺点是从自身修养中发现而来的。只要在行动和休息、谈话和沉默、待人接物与做事之前，细致地考虑每一件事，便会发现自己存在许多缺点、错误。所以，必须按照自然规则去行事，而后才会有正确的结果。在日常生活中不能存有一时一刻的疏忽，做学问的人应当反复思考这个问题。

人生存在天地之间，每天都在思索着，这就需要有个思索的道理；没有哪天不说话，这就需要有一个说话的道理；没有哪天不做事，这就需要有一个做事的道理；没有哪天不与人交往，这就需要有一个与人交往的道理；而怨恨、愤怒、喜笑、高歌、伤悲感叹、顾盼指示、咳唾涕泣、隐微委屈、造次颠沛、疾病危亡，每种情形的存在都有其各自的道理，因此要时时体认，件件讲求。

微小的事物都需要顺应自然的规则，更何况天地人情常道这样的大节，更是不能超越法度的。因此，从少儿时期开始，直到临死时，每个白昼与黑夜，都要有一颗自强不息的心，要忘却生死，把自己置于一个至善至美的境地。这是每个人从生到死做人的道理。每个人都有要实现自己欲望的心愿，这是一切有知觉的动物都具备的本能，如果作为人也如此的话，那就算不上万物之灵了。或许有人问：是不是有什么要领？回答说：有，那要领只在于存心。心又如何存呢？我回答说：只在于静，只要心静了，任何事情都顺应着法则，那么做事情就不会错了。

糊涂的人迷糊了，是很容易让他清醒的。聪明的人若陷入迷惑，就很难让他觉醒了。

相互信任的两个人则彼此间的行为就像泥土与草木那样融洽，不需要太多的言语来解释，若互相猜疑，那么他们的言行就成了互相猜疑的根源。所以通过起誓并不足以表明心迹，想避嫌却弄巧成拙，这是相互猜疑的缘故。心志仅只一个，行为却多种多样。所以君子注重内心修养而不重视行为表现，因为心灵的虔诚忠实才是最高境界。

君子敬畏天道，不害怕什么人；只害怕名教，不害怕刑罚；只怕不合乎道义，不怕没有什么利益；只怕虚度一生，从不怕献身正义。

关系到福祸的关键就是忍耐和冲动。灾祸和过失的来由。大都是只图一时快活。所以君子在得意时常有顾虑，就连遇到喜事都有所顾虑。

每生一个念头，都要孜孜向善，这叫做正思。每生一个念头，都想达到自己的欲望，这叫邪思。非分之福，指望过高，叫越思。事前犹豫，事后悔恨，叫做索思。想的很远，顾虑的又多。事无可疑，当断不断，叫惑思。事不关己，为别人担忧，叫做狂思。无可奈何，当罢不罢，叫做徒思。对自己的日常生活、职业和道德修养，朝思暮想，期望不要旷废，叫做本思。这九思，生活中我们不是想这个就是想那个。而善于养心之人只有本思。一个人自身有固定职业，每天有一定的任务，夜夜思考白天要做的事，晨起则计划今天要做的事，想什么干什么，不肯马虎一事，不肯放松一时，只有这样，心才会踏实有着落，不去想那些不切实际的事情，道德品质和事业才会日日有所长进。

自己经历过的高兴事总是铭刻在心中，得到它就欢喜，失去它就悲哀，这是人们通有的心态。世上还有什么事与自身关系如此密切，能让自己得到就高兴，失去就悲伤呢？圣人将自己的身体和悲欢看得并不重要，身体只不过是装载道义的口袋。对口袋内所载的道义他喜欢，却并不为了口袋而改变所获得的道义，就不会轻易放弃口袋内已得到的道义，更何况耳闻目睹的那种种快乐都只不过是身外之物。

做学问的人如果只满足于欢欣和喜悦，那么他就不会有所进步。小人也有心灵坦荡的时候，那是因为他们对任何事情都无所顾忌。君子有时也经常忧心忡忡，那是因为他们始终都充满忧患意识。

一个人只要完全摆脱了轻浮浅薄之心，就可以达到思想品德的至高境界。然而，汉唐以后的读书人中，真正能摆脱轻薄这两个字的却没有几个。道义这副重担，普天之下必然有人去承担。有人以慷慨为己任，用柔弱之躯，绵薄之力去承担它，即使是牺牲了自己也没有后悔。

功当受赏，罪当受罚

战国时期吕不韦认为：君子在做一件事情的时候一定遵循义的原则，行为必定成全义的原则，一般人虽然认为行不通，但君子认为行得通；行为不能成全义的原则，举动不能遵循义的原则，一般人虽然认为行得通，但君子认为行不通。这样看来，君子的行不通与行得通，跟一般人就有所不同了。所以，应该凭相应的功劳受奖赏，凭相应的罪过受惩罚。奖赏如果是不应该的，那么即使奖给自己也一定要谢绝；如果是该惩罚的，即使赦免了自己也不敢逃脱。

孔子谒见齐景公，景公送给他廪丘作为食邑，孔子谢绝了。从景公处出来后，孔子对学生们说："我听说君子凭相应的功劳而接受俸禄。现在我劝说景公，景公还没有实行我的主张，却赐给我廪丘，他也太不了解我了！"孔子虽是一平民，在鲁国才当司寇的官，然而拥有万辆战车的君主难以同他相提并论，三位帝王辅佐之臣比不上他显赫，都是因为他的取舍不苟且啊！

公上过在越国游说。公上过讲述了墨子的观点，越王很喜欢，对公上过说："您的老师如果肯到越国来，我就把原先吴国的土地、阴江沿岸三百里的土地和人民封给他老先生。"公上过回去禀告给墨子。墨子说："你认为越王会听从我的话、采用我的主张吗？"公上过说："不可能。"墨子说："不仅越王不了解我的心意，即使你也不了解我的心意。如果越王听我的话，采用我的主张，我将量体裁衣、量力而行，同一般人一样，不敢要求做官。越王不听从我的话，不采用我的主张，即使把整个越国给我，我也用不着它。越王不听从我的话，不采用我的主张，我却接受他的国土，这是拿理义做交易。而拿理义做交易还有必要到越国去吗？在中原各国不就可以了吗？"

每个人都要细细考察这一点。秦国的鄙野之人，因为一点小利的缘故，弟兄之间相互诉讼，亲人之间相互残害；现在墨子可以得到越王的国土，却因担心会损害自己的道义而谢绝了，这可说是保持操守了；秦国的鄙野之人与他相比，这是非常有差距的。

楚国与吴国将要作战，吴国军队在人数上占有绝对的优势。楚国将军子囊说："与吴国作战，必定失败。让君王的军队失败，让君王的名声受辱，让国家的土地受损失，忠臣不忍心这样做。"他没向楚王禀告就悄悄跑回来了。到了城外，派人禀告楚王说："我请求死罪。"楚王说："将军你逃跑回来，是认为这样做是对的，事实证明你做对了，为什么还要求死呢？"子囊说："逃跑的人如不治罪，那以后当君主将领的人，就要都借口作战不利而效仿我逃跑。这样，楚国最终就会被天下诸侯所打败。"于是用剑自杀而死。楚王说："让我成全将军的道义。"就给他做了三寸厚的桐木棺材，把斧子砧子等刑具放在棺上，以此来表示对他的惩处。

君主的弊病是，国家存在却不知为什么存在，国家灭亡却不知为什么灭亡；这就是国家存亡的情况屡次出现的原因。楚国成为国家已经相传四十二代了，曾经有过干奚谷之乱、白公之乱，曾经有过郑袖、州侯帮楚王行邪僻的事，可如今仍是拥有万辆兵车的大国，大概是因为它不断有像子囊那样的臣子吧！由此可见，子囊的节操，不仅仅在勉励一代的臣子啊！

楚昭王时，有个贤士叫石渚。他为人公正无私，昭王让他做廷理官。一次，有人杀人，石渚去追赶那个人，原来却是他的父亲。他掉转车子返回来，在朝廷上说："杀人的人是我的父亲。对父亲施刑法，我不忍心；偏袒有罪的人，废止国家的法律，这不可以。执法有过失要受惩处，这是臣子应遵守的道义。"于是就趴在刑具上，向楚王请求死罪。昭王说："追赶杀人的人没有追上，不是一定要处罚的，你重新担任职务吧。"石渚谢绝说："不偏爱自己的父亲，不可说是孝子；侍奉君主而歪曲法律，不可说是忠臣。赦免我，这是君上的恩惠；不敢废止国家的法律，这是臣子的操行。"他不让拿掉刑具，在昭王的朝廷上自刎而死。根据公正的法律，违法者必定处死，父亲犯法，自己不忍心处以死刑；君王赦免自己，但自己却不能赦免自己。石渚作为臣子，已经做到忠孝两全了。

牙齿坚硬容易损坏，舌头柔软却能保存

元朝时期许名奎认为：人活一生总是会死去，如果对人不讲信用，就不能保全统治。尾生以死于信而得以闻名；解扬以履行信用而获释；范式、张劭未违背告别的欢饮之约，魏文侯不因行酒和下雨而失信于虞人的狩猎之约。世上有一种轻薄的风气，就是口是心非，信口开河却不负任何责任。这样做的话一定会遭到众人的怨恨，埋下祸根。不要效法张仪，诓骗楚国，把割地六百里的许诺改口为六里；晋国早上还受到秦国的惠顾，晚上即反目为仇，这都是自己造成的。

《东周列国志》版画之卫石碏大义灭亲图

每个事物都有一定的限度来制约着。阴、阳、风、雨、晦、照六气超过适当限度，就会产生六种疾病，无病时须谨慎预防，这是真正的治病良药。如果人调理衣食失之不谨，就会有风寒暑热侵入体内而生病。有些人怀疑医药的作用，却对巫术深信不疑，最终陷入枉死的愚蠢境地，实为背离了圣贤的教诲。所以，有病时就要采用免俗绝欲的转移心性之法，无病时则信守嵇康的修心养生之论。

切勿等到病入膏肓再求医，应当重视治病的苦口良药。怒属于东方的性情并导致阴险之气，它破坏人内心的和谐，致使事物乖张不顺，如同火焰不被扑灭，就有燎原的可怕后果。大矛盾产生战争和刑杀，小矛盾则导致争斗不已。唐太宗不能制怒而斩杀了张蕴古和卢祖尚，汉高祖却能息怒而满足了韩信的封王之请，并容忍了萧何称其为桀纣的言行。吕后因不堪忍受冒顿单于的书信谩骂，而险些同意樊哙率十万兵马征讨匈奴的贸然行动。所以，在上位者发怒，就会使在下者遭难，在下位者发怒，就会冒犯在上位者。国家之间积怨会使战事不断，家庭内不和则使人伦之道丧失。因此，孔子有"忿思难"的告诫，陶潜有"徒自伤"的规劝。只有逆来顺受，才能行遍天下而不受怨恨。

有仁德的人，不埋怨胜过自己的人；别人以粗暴的行为对待我，就自我反省罢了。孔子不愤恨桓魋对他的伤害，孟子没有丝毫怨恨臧仓的诋毁。给人感慨很多，难以泯灭天理。他们靠不义发横财，我靠自己的仁德；牙齿坚硬容易损坏，舌头柔软却能保存。尽力去做宽恕别人的事，这样达到仁德的境地就没有比它更近的了。克制自己就是仁德，这是值得铭记的训诫。

樗里、晁错都以智囊著称于世，前者以能混淆同异而寿终，后者因仗义执言而丧命。人不可以无智谋，但如果过多的使用了智谋则会引起众怨而招致祸害。所以孔子称赞宁俞善用智谋，而认为鲍庄智慧还不如秋葵，因此被砍断了脚。士会杖打其子，是因为他以一知半解而炫耀于朝廷；颜回号能闻一知士，却大智若愚而不汲汲功名于世。

一柔可以克刚，一让可以去贪

明朝时期的吕坤认为：相碰的两个物体一定会发出响声，相对峙的两个人也一定会发生争执。有声响，是两个物体都坚硬的缘故。两个柔软的东西相碰就无声了。有争执，是两个人都贪心的缘故。两个人互相谦让就不会有争执，一个贪心一个谦让也不会有争执。还有更进一步的，以柔克刚以让去贪。

水流不进石头，是因为石头坚硬；水流不进磁铁，是因为磁铁坚密。若人的身体内部健康，而外部多加保护，则不会受到风寒的侵入。物体有一个裂缝，水就会渗入这个裂缝里；物体有一寸虚空，水就会渗透一寸。

在羊肠的小路上，假若前面的车子翻了，后面的车子一定帮助他，这并不是因为他们有友谊，而是挡住了后面车子的去路，使其不能行走，不单是关系到快慢，而且两者利害相同。帮助了别人，实际上也是为了自己。如果与人共事只想到自己而忘记了别人的难处，时间长了，自己就会把自己孤立了。

万道河水从发源处流入百川，百川容纳不下；流入长江、淮河、黄河、汉水，这些江河也容纳不下，就一直流入大海，浩浩荡荡，不知什么时候流入长江、淮河，不知道黄河、汉水从什么地方流来，都兼容并收了。那些闲杂的懊恼，无端的诽谤，偶尔飞来的灾祸，加到普通人身上无法承受，加到贤人身上也无法承受，若降临到圣人身上就看不到他有什么不悦的脸色。圣人自然会有自己的方法处理这些问题。所以称圣人是能够容纳污垢痛苦的大海。

用来打人的工具是棍棒，而挨打的人却不痛恨棍棒；杀人的凶器是刀，被杀的人却不痛恨刀而痛恨凶手。

天下的事常常刚开始时感到有些害怕，习惯之后就感到安稳了。多次经过山间的栈道，开始时不敢迈开步子，如今却好像走平地一样了。刚开始时以为危险，其实并不危险，现在认为安全了，其实这却很危险。

君子教导别人，是因为他们能够因材施教，不改变他们各个人所具备的本质。好比地一样，使万物生长发育，这是大地的本性。草从地里长出是柔软的，树木从地里长出来却是坚硬的。土地不能让草变做树木，也不能让树木变成草。所以君子根据人的特性来教导人，而不用自己的特性来教导人。

没有星子的秤，没秤砣的秤，是不公正的秤。君子不能做这种没星没砣的称。

世俗的好恶往往与事理相反

唐朝时期的赵蕤认为：事情常常不能如己所愿，理与情背。这常常使我们为之困惑。然而，只要明白其中的道理，其实是对我们很有益的。第一，对子女不可溺爱，否则，轻则使子女养成依赖习惯，重则会走上邪路。第二，别人对自己的批评乃至成见，往往能督促自己改正缺点，不断进取。第三，正确分辨是非，不被私下的评论所左右，应以大局为主。

纳谏赐金图。图出自明·张居正《帝鉴图说》，讲述汉文帝纳袁盎之谏，并给予赏赐之事。

事情有顺理行事却不合道义的，有本为爱他却反害了他的，有讨厌自己却是于自己有好处的，有利于自己却有损于国家的。过去楚灵王骄奢淫逸，暴虐无度，芊尹申亥按照灵王的意愿，把他埋葬在乾溪（今安徽亳州），并用两女子做了殉葬。这是顺理行事反而违背道义的。国君的命令是正确的，臣子才服从，这叫做顺。而如今国君违背道义，臣子却服从他，这能是顺吗？

慎夫人非常受汉文帝的宠爱，在后宫时，慎夫人和皇后同席而坐。汉文帝游上林苑，郎署长安排座位，又安排慎夫人与皇后同席而坐，袁盎便把慎夫人领到另一座位坐下。文帝大怒，袁盎上前说道："我听说尊卑之间一定有个次序，上下才能融洽。如今陛下既已册立了皇后，慎夫人不过是侍妾，皇后与侍妾是不能在同一席位上平起平坐的。如今你宠爱她，多赏赐她财物就行了。你认为让她与皇后同席是为她好，其实恰恰是给她留有后患。你不知道高皇帝的宠妃戚姬的下场吗？高皇帝死后，吕后把戚姬的双手双脚剁去，扔到猪圈里，被称做'人彘'。"文帝这才不生气了。这样看来，因爱成恨直至最后惹祸上身，是早就有的现象啊！

商鞅说："不实在的话，像是花朵；真实的话，像是果实；逆耳的话，像是良药；甜言蜜语，像是疾病。"

韩非子说："为老朋友徇私舞弊的，称之为不抛弃朋友；把公家财产分给别人的，称之为爱心；看不起官职俸禄而看重自己生命的，称之为君子；不顾法律规定而庇护亲人的，称之为品德；抛弃职务包庇朋友的，称之为侠肝义胆；避世隐居的称之为诚谨；互相争斗，违抗命令的，称之为刚烈；施些小恩小惠以收买人心的，称之为得人。所谓不抛弃才是朋友的官吏，一定有奸私；所谓的爱心，公家的财物却受到了损失；所谓的君子，国家难以使用他；所谓的品德，法制就会被毁掉；所谓的侠肝义胆，就会使官位出现空缺；所谓的诚谨，就是使人别做事；所谓的刚烈，就会使上级命令没人执行；所谓得人，就会使君主处于孤立的地位。其实这些都是老百姓的私誉，是对君主利益的极大损害。"

世俗的好恶往往与事理相反，只有明智的人才能看清楚这一点。君臣利害不同的道理就如同韩非子说："君臣之间的利害正好是对立的，所以臣子不忠于君主。臣子的利益一旦获得满足，君主的利益随之就会破灭。"

德不外露，万物自然亲附

王骀，鲁国人，他的一只脚被砍断了。跟他学习的人和孔子的弟子一样多。孔子的学生常季问孔子说："王骀是个被砍去了一只脚的人，跟他学习的弟子和先生在鲁国的一般多。他站着不能给人以教诲，坐着不能议论大事；跟他学的人却是空虚而来，满载而归。难道真有不用语言的教导，无形感化而达到潜移默化的功效吗？这是什么样的人呢？"

孔子说："这王骀是圣人，我的学识和品行都落在他的后面，只是还没有去请教罢了。我准备拜他为师，还有很多不如我的人也应该去拜他为师，何止鲁国，我将引导天下人去跟他学。从事物千差万别的方面看，肝和胆同处人体就像楚国和越国相距那么远；从事物都有相同的方面看，万事万物又都是同一的。像这种人，将不知道耳目适宜于何种声色，只求自己的心灵自由自在遨游在忘形、忘情的混同的境域之中。从万物相同的方面去看就看不见有什么丧失，因而看自己断了一只脚就好像失落了一块泥土一样。

人不会在流动的水面照自己的身影，而要在静止的水面照自己的身影，只有静止的东西才能使别的事物静止下来。接受生命于地，只有松柏禀自然之正，不分冬夏枝叶郁郁青青；接受生命于天，只有尧舜得性命之正，在万物之中为首领。幸而他们都能自正性命，才去引导别人。能保全本始的迹象，勇者的无所畏惧。勇敢的武士只身一人冲锋陷阵。将士为了求名尚且能够这样，何况主宰天地，包藏万物，把六骸视为旅舍，把耳目视为迹象，天赋的智慧能够烛照所知的境域，而心中未尝有死生变化的观念，这样超尘绝俗的人，大家都乐意跟从他。他是不会以吸引众人为事的。"

鲁哀公问孔子说："卫国有个面貌很丑陋的人，名叫哀骀它。男人跟他相处，想念

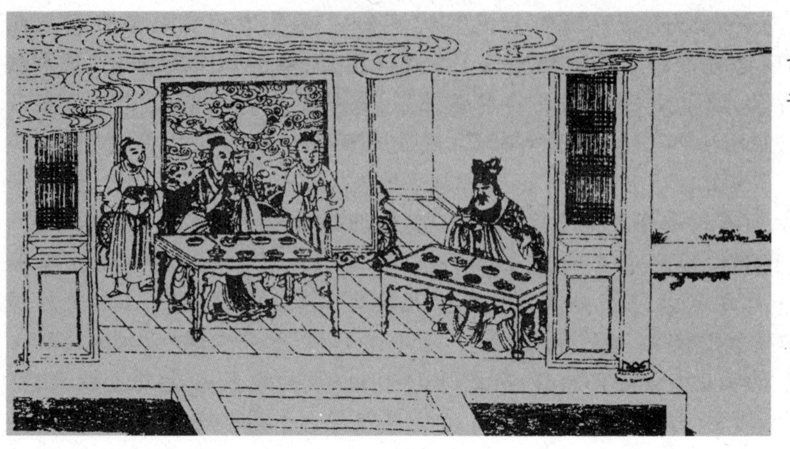

孔子侍席鲁君图，讲述鲁哀公问政于孔子之事。

他而舍不得离开。女人见到他，立即请求父母说：‘与其做别人的妻子，不如当哀骀它的妾。’这样的女人已经十余个了，而且还在增加。从没听说哀骀它倡导什么，只是见他附和别人而已。他没有高居君王的地位而拯救别人的灾难，也没有钱财去喂饱别人的肚子。他面貌丑陋到使天下人看了感到惊愕，又总是附和他人而无倡导，他的知见超不出他所生活的四境，然而妇人男人都亲近他。这样的人肯定有和别人不一样的地方。我召他来看了看，果真发现他的相貌丑陋得使天下人惊骇。但是，和我相处不到一个月，便觉得他有过人之处；不到一年，我就十分信任他。这时国家没有宰相，我就把国事委托给他。他却淡淡然无意答应，漫漫然无心推辞。我深感羞愧，终于把国事交给他。没过多久，他就离开我走了，我内心忧虑得很，好像失掉了什么似的，好像国内再没有人可以跟我一道共欢乐似的。哀骀它究竟是什么样的人？”

孔子说：“我曾经去楚国，碰巧看见一群小猪在吮吸刚死去的母猪的乳汁，不一会儿又惊慌地弃母猪而逃走。因为母猪已死去，不像活着的样子了。可见小猪爱它们的母亲，不是爱其形体，而是爱主宰形体的精神。战死沙场的战士，被埋葬时不用棺材上饰物来送葬；砍掉了脚的人，对于原来的鞋子，没有理由再去爱惜它；这都是因为失去了根本。做天子的嫔妃不剪指甲不穿耳眼；婚娶之人只在宫外办事，不得再到宫中服役。为保全形体的完整尚且如此，更不要说是德性完美而高尚的人了，现在哀骀它不说话也可取信于人，没有功业即可赢得人的亲近，使人乐意把国家政务委托给他，还怕他不肯接受，这一定是‘才全’而‘德’又不外露的人。”

哀公说：“什么叫做‘才全’呢？”

孔子说：“死、生、存、亡、穷、达、贫、富、贤和不肖、毁、誉、饥、渴、寒、暑，这些都是事物的变化，自然规律的运行；好像昼夜轮转更替一般，而人的智慧却不能窥见它们的起始。因此，了解这一点它们就不会扰乱本性的谐和，也不至于让它们侵扰人们的心灵。要使心灵平和安适，通畅而不失信悦，日夜不间断地保持着春天般的生机，这样便会和外物产生谐和的感应。这就叫做‘才全’。”

哀公说：“什么叫做‘德’不外露呢？”

孔子说：“水平是极端静止的状态。它可以拿来作为效法的准绳，内心保持极端的静止状态就可以不被外物所动。所谓德，就是完美纯和的修养。德不外露，万物自然亲附而不能离去。”

有一天哀公将孔子这一席话告诉给闵子说："起初我认为坐朝当政理天下，掌握法纪而忧虑人民的死亡。我自以为尽善尽美的了。如今我听了至人的名言，恐怕自己没有业绩，只是轻率地用我的身体而使国家危亡。我和孔子不是君臣关系而是以德相交的好朋友。"

所以只要不同于其他人的德性，形体上的缺陷就会被人所遗忘。真正的遗忘是遗忘了不该遗忘的东西（德性）。

所以圣人能自得地出游，把智慧看成是灾孽，把誓约看成是胶漆，把推展德行看做是结交外物的手段，把工巧看做商贾的行为。圣人不图谋虑，是用不着智慧的，圣人不砍削，哪里用得着胶漆呢？圣人不感到缺损，哪里用得着推展德行呢？圣人不做买卖，哪里用得着经商呢？这四种做法叫做天养。天养，就是受自然的饲养。既然受自然的饲养，哪里还用得着人为！有人的形体，而无人的真情。有人的形体，所以和人相处，无人的真情，所以是与非不会会聚在他身上。人类总是渺小的，而自然界则是伟大的。

珍惜生命，但不可苟且偷生

战国时期的吕不韦认为：只要是圣人想做的，必定先要考虑想要达到的目的和达到目的所用的方法及手段，甚至还要考虑到为达到自己的目的需要付出多大的代价。现在有这么一个人，用价值连城的隋侯珠弹打高在千仞之上的鸟雀，世上的人一定会笑他。原因是因为他付出的代价太大，而他所要达到的目的又太微不足道啊！至于生命，它的价值是比贵重的隋侯珠还要珍贵得多。

愉快和心情都有个适中问题。希望长寿而厌恶短命，希望安全而厌恶危险，希望光荣而厌恶耻辱，希望安逸而厌恶劳苦，这是人之常情。以上这四种愿望得到满足，四种厌恶得以免除，心情就会适中了。而四种愿望得到满足，在于遵循事物固有的情理；能够遵循事物固有的情理，生命就保全了；自然寿命得以长久。

大凡养生，应避免对养生不适中的情况以处于适中的情况，不使有所偏颇或过犹不及之事发生。要是能长久地处在适中恰宜的情况，那生命也就长久了。

生命本身是清静无知的，由于受嗜欲的牵扰这才有知，或者说是由于外物的影响和刺激才得以有知。如果放纵嗜欲而不加约束，就会被嗜欲所牵制；而一旦被嗜欲所牵制，就会丧失身心健康。

所谓尊生，就是全生。而所谓全生，就是六欲都各得其宜。所谓亏生，是指六欲只有部分适宜，这样生命就要亏损，生命的天性就会被削弱，而且，生命越被损害，生命的天性削弱得也就越厉害。所谓死，是指已经无法知道六欲，又回到它未生时的状态。所谓迫生，是指六欲没有一样适宜，所得到的都是十分厌恶的东西，像屈服和耻辱就都属于这一类。

在耻辱当中，不义是最可耻的行为，所以行不义之事就是迫生，即苟且偷生，使生命的天性完全被压抑。况且，造成迫生的不仅仅是不义。所以，与其苟且偷生，还不如死。为什么说是这样的呢？比如说，耳朵听到讨厌的声音就不如没有听到，眼睛看到讨厌的东西就不如没有看到。所以打雷的时候人们就会捂住耳朵，打闪的时候人们就会遮住眼睛。说迫生不如死，也是如此。

六欲都知道十分厌恶的东西是什么，如果这些十分厌恶的东西一定不可避免，那么，就不如根本没有办法知道六欲。而没有办法知道六欲，那就是死了。因此，迫生不如死。

喜欢吃肉，并不是什么肉都吃；喜欢喝酒，并不意味着连变质的酒也喝；而珍惜生命，也并不是要苟且偷生。

不可忽视小事物

元朝时期的许名奎认为：有生命的东西都有知觉，活着的时候很快活，死的时候就很悲伤。鸟低头啄食，抬头四处张望，一粒弹丸飞来，随即扑倒下去。老牛舐着它生下的小牛，母子之情亲爱和暖。把牛牵到厨房屠宰，它会浑身颤抖，恐惧身亡。飞往蓬莱谢恩的黄雀，获救后用四枚白玉环报答恩人杨宝；蛇获救后用直径一寸大的珍珠报答恩人隋侯。不要以为一些小的动物微不足道，活着不知报恩，死了不知怨恨。仁义的君子，骑马遇到蚂蚁堆都要绕着躲开，蚂蚁虽然微不足道，却像爱惜人的生命那样爱惜它的生命。伤害猿猴，是小小的过失，做这事的人却因此遭到恒温的痛斥；放掉小鹿，违抗了命令，秦西巴却因此受到孟孙的赏识。为什么早上杀了晚上就烹食，重视口腹的需求却如此轻视动物的生命？《礼记》中有不能无缘无故杀牲的戒律，《孟子》中有听到动物的哀叫声而不忍心吃动物肉的警语。

召公像，图出自清·顾沅辑《古圣贤像传赞》。

从古到今，陷害人的手段最厉害的就是颠倒黑白的谗言。贾谊遭受谗言流放到长沙，想到百余年前与自己同样遭遇的屈原，在湘水边哀悼屈原。屈原为表明忠于楚国心迹的《离骚》、《九歌》，千百年来引人心酸悲伤。《诗经·小雅·十月之交》篇中写道："没有罪过而遭受诽谤诬陷。"大夫被谗言伤害而作《巧言》，寺人被谗言伤害而作《巷伯》。父亲听信谗言，忠孝之子也成了叛逆之子；国君听信谗言，忠臣也成了盗贼；兄弟之间，听信谗言就不会和睦相处；夫妻之间，听信谗言就会怒目相视；主人听信谗言，那么，平原君门下就没有门客了。

处在不平的状态就会发出声音，这是物理的常性，通达的人目光远大，与世无争。我的心境淡泊寡欲，不怨恨也不愤怒。他强大而我弱小，强弱一定有它的原因；他兴盛而我衰微，盛衰自然有它的定数。人多的话能胜过天的意志,而天的意志常常胜过人。

太保召公劝告武王的话是不可做无益的事去妨害有益的事,不可看重奇异的物品而轻视日常所用的东西。万世都不可忽视它的深刻意义。沉溺于游荡会荒废正业,奇技淫巧浪费工夫,赌博浪费钱财,专好游猎废弃农业,这些都是没有益处的事情,而是导致贫穷的原因所在。隋珠、和氏璧之类的珍宝,酱、筇竹之类的特产,寒冷时不能当做衣服御寒,饥饿时不能当做食物充饥。这些奇异的物品,远远不如日常食用的五谷。桓玄用画舸装书画玩物,战败时,他弃船空手而逃。王涯密藏于复壁的名书画,待他被诛杀后,尽弃于道路。两人精心修治的画舸、复壁,都是生前的徒劳。

盼望满仓的谷米,却只得到斗升;希望当上卿相一类的大官,却只得到郎官的职位。愿望没有得到满足,言谈和神色都表现出来了。所以,周亚夫郁郁不乐,杨恽呜呜歌呼不平,而后来,周亚夫落得关进牢狱的下场,杨恽后来被满门抄斩。东晋陶渊明作《归去来兮辞》,西汉扬雄作《解嘲文》,排遣忧患,解除非分之想,就会非常快乐。得的多少由天而定,一阶一级的地位,是造物主确定的。应该处于高位,却居下位,是阴阳消长变化的结果;应该给予,却被夺去,是鬼神掌管的结果。与世无争将得失付诸自然,就能心境开阔怡然自得。

时刻都要收敛自己的放纵之念

明朝时期的吕坤认为:心境应像天平那样动中有静,称量东西时,东西被搬来搬去而天平却一点也不忙乱,东西拿掉后天平依旧空悬在那里。只要让心境处在这虚无清静之中,岂不更是悠闲自在?

无论是谁,时时刻刻都要能收敛自己放纵的心,千万不要像追逐放出的猪那样。既然已经把它关在圈栏中,就应该让它感到从容畅快,不能有拘束压迫、懊恼的状态。假如担心它难以收伏,一直把它束缚在圈里,就和放在外边没有两样,这是因为那样还是没有收获。等下次再放它出去,它就会一逃了之不可收拾。君子之心要像受过训练的雄鹰一样,任它搏击飞腾,主人用不着一点儿担心。待它们回归到庭院中时依然那样悠闲自在,所以一点也不必担惊受怕。

做学问的人只要多注意身边事凡事留心,做事情一丝一毫都不敷衍了事,那么他的品德与学业的进步,就好比东流之水汩汩不断。不动气,就会一切称心如意。

心灵是不是能放开,关键是要看它在没在正道上。好比那些身在深山老林中的隐士,心中常常挂着朝廷,身处乱世却一心向往太平盛世;那些漂泊在外的游子思念着远方的亲人,坚守贞操的妇女思念着远方的丈夫,这就是放开了心灵。假如不计较邪道与正道,只计较它的出入,那只不过是佛家禅学之言而已。

有人问:“怎样才能收回已经放逐的心?”我说:“只要你这么一问,就证明已经收回了。心灵的收敛与放逐是非常容易的事,一旦昏昏沉沉时就放出去了,一旦清醒了便又收回了。”

人要始终保持头脑清醒,使眼睛保持明亮,才会有主见而不至于受外界迷惑,否则就会糊里糊涂地应酬。怎么没有偶然的巧合?假如有也毕竟不是自己心上经历过,所以最终没有长进。这好比在梦里吃东西,是不会吃饱的。

遏制欲望就像在拉逆水而行的小船,稍一松懈船就会顺水往下漂去;尽力做好事仿佛是在攀援那没有枝丫的树木,一停脚就会往下滑落。因此,君子的心中要每时每刻都保持警惕。

在好的念头还没有扩充之前,暂且好好地保持住,这是孕育其他善良愿望的开端。若随它任意来去,又不把它放在心中,就会像驿站一样永远没人常驻,心中也再不会有美好善良的愿望了。

多年来努力在道义上花工夫,却禁不住一刻的松懈。所以君子瞬息之间都要注意修身养性,时时刻刻不能离开道义,以防不义之事,好比家有千金要防止盗贼一样,担心丢失了将来会挨饿。

在没有人看见时仍保持高贵品质的功夫,就会做成大事业。君子不随意说话,讲出的话都是用心考虑过的。因此说:"修辞立其诚",不诚是不能够修饰好辞句的。

收敛一个坏念头,万种好念头就会产生;放纵一个坏念头,百种邪念就会乘机而入。

慎于独处则身心安泰

清朝时期的曾国藩解悟《菜根谭》时认为:仔细想想古人修身工夫,主要在于这四个方面:慎于独处,则心胸安泰;端恭谨慎,则身体强健;追求仁义,则人们敬慕热爱;诚心诚意,则神灵钦敬。慎独,就是说遏禁私欲,连非常微小的方面也不放过,循理而行,时时如此,内省而无愧,成以心泰。主敬,就是说仪容整齐严肃,内心思虑专一,端恭不懈,所以说身体强健。求仁,就是说从本体上讲,有爱民惜物之怀,大公无私,所以人悦。思诚,就是说内心忠贞无二,言语笃实无欺,以至诚感应万物,所以神钦。如果真能达到上述四方面的修身功夫,效验自然而至。我虽然年老体衰但还想讲求此修身之功夫,以求得万一之效。

自身修养以及治理国家的道理,这四句话让人终身用之而受益无穷,这就是:"勤于政事,节俭治家,所说的话忠信可靠,行事诚实无欺。"话不在于多少而在于深刻与否。

古往今来圣哲们的胸襟十分宽广,而达到至圣大德的成为圣人,约有四种境界:笃恭修己而生出聪明睿智,这是二程的主张;精诚感动神灵而可以生而知之,这是子思的遗训;安贫乐道而身体健康面无忧色,这是孔子、孟子、曾子、颜回的至高宗旨;欣赏大自然的美妙,吟诗作赋,而意志安适,精神愉悦,这是陶渊明、李白、苏轼、陆游的人生乐趣所在。后悔自己年轻时不努力,年长时常常有一种悔惧萦绕于怀,对于古代圣贤的心境,不能领略一二。反复寻思,喟叹不已。

所谓"独"这个东西,是君子与小人共同所有的。当小人在他单独一人之时往往会产生一个狂妄的念头,狂妄的念头多了就会产生纵肆,就会有欺负别人的坏事发生了。君子在他单独一人之时产生的念头由其真性决定,往往是真诚的。诚实积聚多了就会谨慎,而自己唯恐有错的功夫就下得多了。君子小人在单独处事上的差别,是可以得到评论的。

《大学》自穷究事物的原理而获得知识以后,把以前的言论和过去的行为,将其作为扩大与深入研讨的资料;日常一些琐事问题,可以加深他的阅历与见识。他的心在遇到事的时候,已经能剖析公与私的区别;在联系道理的时候,又能充分精辟地研究事理的得失。对于善事应当做,不善良的毛病应去掉,是很多人都知道的。而那些小人们,却不能有实实在在的见识,而去实行他所知道的应做的事。对于办一件好事,唯恐别人不能觉察到,自己白干,因而去办时迟疑不决;对于办一件不好的事情,侥幸别人一定窥视不到,因而改正得很不力。背地里独处之时,弄虚作假的情形就产生了,这就是欺骗。而君子,唯恐一件善事办得不力,在晦暗中就会有堕落的行为;一个坏毛病改正不了,就会像涓涓细流长年不断地犯错。暗室之中凛然不动,主心骨坚如金石,在只有自己知道的地方单独行事,要谨慎而又谨慎。圣人遵奉的准则也是后人所遵奉的,也是要切实研究的问题。

以不知为道,以奈何为宝

战国时期的吕不韦认为:圣明的君主,最好的治理不是普遍地照明万事万物,而是明白自己所应掌握的东西。有道术的君主,不是一切都亲自去做,而是懂得授权给百官这个关键。懂得了授权给百官这个关键,所以事情少而国家治理得好。明确了君主所应掌握的东西,所以大权集中,奸邪止息。奸邪止息,那么游说的就不来,真情也能了解了。真情不加雕饰,事实也就能显现了。

治理得最好的社会,人民不喜欢说空话假话,不喜欢邪恶的、流行的学说,贤德的与不贤德的都各自恢复其本来面目。按真心行事,对自己的本性不加雕饰,敦厚淳朴,以此来侍奉自己的君主。这样,灵巧的与拙笨的,愚蠢的与聪明的,勇敢的与怯懦的,能够得以按照法典调整官职,调整官职后各自就更能胜任自己的职务了。所以有职位的安心各就其职,君主不听他们的议论;没有职位的要求他们拿出事实,来检验他们的言辞。这两种情况弄明白了,就不会有人在朝廷说废话了。

君主顺天行事去掉爱憎之心,以虚无为根本,来听取有益的话,这叫听朝。凡是听朝,都是君臣共同招致理义,共同确立法度。君主顺从天性行事,那么,讲求理义的人就会前来归附了,法度的效用就确立了,就不会再有乖僻邪曲的人了。贪婪诈伪的人就疏远了。所以,治理天下的关键在于去除奸邪,去除奸邪的关键在于整顿官吏,整顿官吏的关键在于研习道术,研习道术的关键在于懂得天性。所以子华子说:“君主厚重而不广泛,严肃地守住一个根本,喜爱正性。不与众人相会,而致力于学会忘记这种能力。全部忘掉的能力形成后,四方就会平定。那些符合天道的人,不求与天道相合却能达到相合,这就是神农之所以兴盛,尧舜之所以名声显赫的原因。”

君主自认为聪明,认为别人都愚笨,像这样,那么愚蠢笨拙的人就请求指示了,灵巧聪明的人就要发布指示了。指示越多,请示的人就越多;请示的人越多,就将无事不请求指示。君主即使灵巧聪明,不能无所不知。凭着不能无所不知,应付无所不请,他的办法必定会穷尽。当君主多次被臣下弄得技穷,更没有办法治理人民了,技穷却不知道自己技穷,只怕又将更加自高自大,这就叫受到双重阻塞的君主,还怎么能保住国家?

所以,有道术的君主,因势利导却不去创造;责成臣子成功,自己不妄加指示;去掉臆想,静待时机;不说大话夸耀自己,不好大喜功矜夸自己;审察名分和实际,让官吏自己管自己的分内事;把不求知当做根本,把“怎么办”当做法宝。

赵襄子当政之时,任登为中牟令。他在上呈全年总结时,对襄子说:“中牟有两个

伊尹像,图出自《有商志传》。伊尹是商汤的丞相,曾为厨师。

人,名叫胆、胥己,请您表彰他们。”襄子召见了他们并任命为中大夫。相国说:“我想您只是听说而没有亲眼见过他们吧?像这样就任命为中大夫,不是晋国的成规。”襄子说:“我提拔任登时,已经耳闻又目睹过他了。任登荐举的人,我再听说过又亲眼看过他,这样,用耳朵听用眼睛观察人就始终没完没了。”于是就不再询问,任命他们为中大夫。襄子把“怎么样”当做任用人的原则,那么贤明的人自然就会为他竭尽全力了。

君主的毛病,一定是委任人却不让他做事,让他做事却同不了解他的人议论他。横渡长江的人靠船,到远方去的人靠骏马,成就王霸之业的人靠贤人。伊尹、吕尚、管夷吾、百里奚,他们是成就王霸事业的船和骏马啊。放弃父兄与子弟,不是疏远他们;任用厨师、钓鱼的人和仇人、奴仆,不是偏爱他们。保国立功的原则迫使君主非做不可,如同卓越的工匠建筑宫室一样,测算一下宫室的大小就知道需要多少木材,估量一下板数和长度,就知道需要多少人了。所以小臣伊尹、吕尚被重用,天下人就知道殷、周将要成就王业了;管夷吾、百里奚被重用,天下人就知道齐、秦将成就霸业了。

成就王霸事业的当然有人,亡国的也有人。桀重用干辛,纣重用恶来,宋国重用唐鞅,齐国重用苏秦,于是天下人就知道那些国家要灭亡了。没有辅佐的贤人却想建立功业,就如同在夏至这一天却想让夜长一样。舜、禹尚且吃力,更别说是平庸的君主了。

人在不断否定中成长

战国时期的庄子认为:寓言占十分之九,其中重言占十分之七,无心之言、没有成见的言论层出不穷,这是符合自然的分际。寓言占十分之九的信誉度,是因为假托外人来论述。父亲不为自己的儿子做媒,因为父亲称赞自己的儿子,总不如别人来称赞;这不是做父亲的过错,是人们往往猜疑的过错。与自己意见一致就应和,与自己意见不一致就反对;重言占十分之七的信誉度,之所以能止息争辩,是因为这些都是长者。虽然年长,没有治世的本领和处理事情的头绪,只是白白地称年长,那就不能算前辈长者。为人若没有超人的才德学识,就没有做人之道;为人不能尽其为人之道,这就称之为陈腐无用的人。无心的言论层出不穷,合于自然的分际,因循无尽的变化和连续不断的发展，所以能持久延年。

有言可发却不如不发，不发表言论事物的常理自然齐同，本来齐同的自然之理与分辨事物的主观言论相比较就不齐同了，既然主观言论与客观同一的自然之理不能谐和一致，发出与自然常理不谐和的言论就像没有说话，终身在说话，却像不曾说；事间的万物原本就有它是的方面，世间的万物原本就有它可的方面，没有什么物类不存在是的方面，没有什么物类不存在应当认可的方面。如果不是无心之言、没有成见的言论层出不穷，合于自然的分际，怎么能维持长久！万物都有它的种类，用不同的类型相传接，如终如循环，没有头绪，这就是自然均平的道理。自然的分际也就是自然的均平。

孔子从教近六十年。而这六十年中，他与日俱新，不断简化，当初所认为对的，最终又否定了，孔子说过："禀受才智于自然，伏藏灵性而生。"发出的声音应合于乐律，发出的言论当合于法度。将利义陈列于当前，进而分辨好恶与是非，这仅仅只能使人口服罢了。要使人心服，而且不敢违逆，还必须确立天下的定则。

曾子再度做官时心境较前一次又有不同，他说："我父母在世时做官，俸禄仅只三釜而心中觉得快乐；后来做官，俸禄三千钟然而还不及赡养父母，我心里很悲伤。"孔子的弟子同孔子说："像曾参这样至孝的人，是没有受俸禄所牵挂的过错。"孔子说："曾参他还是心有所系。若心无所系，是不会出现悲伤的感情，那些心无所系的人看待三釜和三千钟，如同看待鸟雀和蚊虻从眼前飞过一般。"

讨厌别人的缺点易，讨厌自己的错误难

明朝时期的吕坤认为：圣人只是在人情世故上做工夫，而对于人情而言，又只在表面上做工夫。

圣人们制定礼仪规矩，却不能制造情感。圣人根据人之交情而制定了礼仪规矩，君子见到礼仪便懂得了人情。大伙只把礼仪看做礼仪，却不懂得其中的感情，所以礼仪就成了天底下没有意义的虚假俗态，那么推崇真实的人就想抛弃这些虚伪的装饰。

一个人如果真的无所牵挂了，就算是君王、父亲的威严也无法让他肃穆起来，用下油锅这样的酷刑来对付他也无法使他畏惧，苦口婆心地劝导他也无法让他回心转意，即使是圣人来劝说他也无可奈何。圣人明白这个道理，所以常常顾及他的尊严和体面，体察他的隐衷，不让他沦落到无所顾惜的地步。

像孔子的弟子颜渊夸奖别人，人家没有不高兴的，从而忘却了颜渊的贫困和短寿。把别人比作桀、纣、盗跖，人家没有不愤怒的，从而忘记了桀、纣、盗跖的富贵荣华与长寿。喜善厌恶的心理状态竟是如此的相同，而为人却和桀、纣、盗跖一样，只讨厌他的恶名声却喜欢他的实质。

现在，即使是血脉相连的骨肉至亲却无法做到一辈子亲密友好，那只是由于把你我这两个字看得太清楚明白的缘故。

圣人制定礼节本来就是为了用来体现人情的，并不是用来违背人情的。圣人的心也并非不想因人情的方便而用各方面都来顺从它，然而顺应某一时刻或者便利了某个人，那么就会使得后代世间的大叛逆者们来因循它。所以圣人不敢顾及少数人的利益而违背大多数人的利益，屈从一时的情感却给子孙万代带来弊端，圣人之所以

违背人情,其实是为了后代好,更利于人情。

讨厌别人的缺点容易,讨厌自己的错误却很难了。

内心真诚,所做的事就不会别有用心,不是居心而为就不会留下形迹,没有留下形迹人家就不会产生怀疑,就算有怀疑,时间长了也自然会消除。自己一旦用心着意,自然就会显露形迹,暴露出形迹双方都会产生猜疑,偶有相似的东西也会变成真的了,所以说,刻意而为的危害很大。三五岁的男孩、女孩成天在街市上玩耍说笑,没有男女之嫌,看到他们的人也不会持什么怀疑态度,那是因为他们内心彼此真诚相待的缘故。继母对前夫孩子的爱,嫡妻对于婢妾们的恩惠,自己都不能忘记别人更不会都相信了,那便是用心刻意的缘故。

一个人一次搬运一块砖,他行走的速度很快;一个人一次运三块砖,行走的速度就比原来慢;两个人共同抬着十块砖行走,他们的速度就要更加缓慢了。但是这四个人所运的砖数却相等。天下的事假如按照他人方便可行的办法去做而又能够办成的话,不必非要用一种方法,如果一定要用同一个办法,那必然会对某些人造成不便。从前的君王为实施自己的统一规定,却不顾别人的方便只想到自己而刻意制造麻烦,这样只会阻碍了事情进展。

贞士无心邀福,智者着意避祸

《淮南子》的"人间训"篇中,有一则故事:"塞翁失马,焉知非福?"它形象地说明了,当一个人人生的偶然性因素——如失马、得马以及骑马时摔下等等,结合在历史的必然进程——如战争的爆发之中时,在命运的天平上,个人的福祸是如何地产生摇摆,产生相反的转化,而且这种转化是相当的快捷,并且是一环紧扣一环的。

《淮南子》这种关于福祸转化的意识,直接来源于老子的思想。这一思想,在《老子》一书中,是通过这样一个著名的命题表述出来的,即"祸兮,福之所倚;福兮,祸之所伏。"意思是指,在灾祸的里面隐藏着幸福,祸是福的先行凭据;幸福的里面则潜藏着灾祸,福是祸的潜在前提。

老子在距今两千多年前的春秋战国时代,就具有这种思想,集中地表明了中国古代哲人已拥有了惊人的成熟的、富于穿透力的辩证思维,这种思想能够很有效地说明许多文学艺术或历史上的现象,在为人处世方面,能给历代人以深刻的启迪。

而《菜根谭》的人生祸福观,正是对此所作的更全面也更为完整的总结。

下面所讲到的萧何避祸的故事,也是大家十分熟悉的。

《两汉开国中兴传志》版画之萧何追请韩信图。

西汉十年，作为“汉初三杰”之一的萧何，协助吕后，用计谋诱杀了韩信，这与萧何早年月下追韩信之事，构成了一幕完整的“成也萧何，败也萧何”的历史喜悲剧。

汉高祖刘邦此时率兵在外平叛，闻此讯后，立即派使者拜萧何为相国，外加许多优厚的恩赐奖赏，文武百官为此而来，向萧何贺喜。

唯有大臣召平却是非常担忧。

召平对萧何说：“目前诸王都心怀二志，所以，皇帝要亲自率兵在外平叛，无暇后顾。而相国你却镇守京都，不用冒负伤战死的危险，皇帝难免对你有疑心。可见，现时皇帝给你加封晋爵，用意只在于试探你，若你因此而居功自傲，日后就难免有不测之祸。所以，我恳请你坚决推辞这些封赐，还要拿出全部家财来资助劳师远征的军队，唯有如此，才可以消除皇上对你的疑虑。”

萧何听后，很快意识到其真正如此。他从善如流，马上依计而行。对此，刘邦十分高兴，不再为后方分心。

同年秋天，淮南王黥布又起兵反汉，刘邦不得不再次率兵亲征。

出发后，刘邦数次派遣来使回京，询问萧何在后方具体做了一些什么事。

因此，萧何就想旧戏重演，准备在后方尽心尽力安抚百姓，并倾尽家产来资助前方的军队。

他的一位宾客知道后，马上劝阻他：“您如果再像上次所做的那样的话，您就将要面临杀头灭族之祸了。您想想，作为相国，您已是功盖群臣，权力爵位已是登峰造极，而且在您初入关中时，就已深得民心，再经这七年多来呕心沥血地苦心经营，您就更受百姓的爱戴与拥护。现在，皇帝之所以数次派使者回来询问您的情况，就是怕您以自己的声望，搞成一个‘后院起火’的不可收拾的局面。所以，您现在最好用贱价来强买民间的田宅，并向民众放债，以此来招致民众的怨恨，这样，皇帝就会对您感到放心了。”

听了这位宾客的话，萧何恍然大悟，依计而行。不久，就把自己搞得声名狼藉。

刘邦在前线知道了萧何与民失和，才安心，萧何也就因此而避开了即将加身的大祸。

这些史实，在司马迁的《史记》和班固的《汉书》中均有记载，由此不难看出，正因萧何善于听从别人的矫正，从善如流，事事谨慎，善于看到由福到祸的相互转换，并采取了相应对策，消除了杀机，使事情向有利于己方的方向发展，所以才有这样好的结果。

另外，萧何之所以只能采取被动的应对法，并非是出于多疑或神经过敏，而是封建社会的君臣附庸关系所决定的。

刘邦打败项羽建立汉朝之后，非刘姓王共有七人，刘邦在位时，为了长期保持自己的家天下统治，此事就一直成为他的心病。后来，他就审时度势，逐步分批地设计消灭这些异姓王，最后，仅剩一个不足挂齿的长沙王吴芮。

在这种情况下，萧何虽是一人之下、万人之上的相国，但他对于自己“伴君如伴虎”的境地，是有着很透彻的认识的。所以他能事事处处小心谨慎，用智慧来转祸为福。在汉初三杰中，萧何堪称能把握住自己，在名利富贵场上是面面俱到的平衡大师。

司马迁对萧何的评价是：“功冠群臣，声施后世”，确有一定的道理。

随着封建社会制度的被铲除，刘邦萧何之间所有的畸形的君臣关系，已是一去不复返的明日黄花了。因此，重提这个故事，一是为了说明洪应明的福祸思想观点；二则是为了说明这种福祸思想在人生观方面，给我们的处世所带来的启迪。

世无刘邦，世也再无萧何，但人生各种各样的恩怨福祸，并没有完全消失，月有阴晴圆缺，人有旦夕祸福。因此，如洪应明所说，福来之时，不必过喜，要能恰如其分地承受；祸来之时，不必沮丧，要学会及时适度的自救。对于福祸，要注意并参透它们所有或即将有的过渡转化，着意推动事情向有利于社会大众、也有利于个人的方面发展。

而在自身修养方面，则应注意培养自己气和心暖的性情，着意在智慧学问上的精进，不以奇行怪节来做自我标榜，从而得福免祸，这些是对我们有帮助的启迪。

尽人力所能来挽回天心

清朝时期的曾国藩解悟《菜根谭》时认为：我对于以前没有做完的事已经没有什么愧悔了，可东可西，可生可死，襟怀甚觉坦然，兄弟尽可以放心。行事不激进不随波，处位可高可卑，上下大小，无人不全然悦服。因此，凡事无不如意，而官阶也因此得以晋升。或许前几年抑闷堵塞之气，而现如今已经很畅然了。

从古到今，有贤德、声望的人，刚开始的时候，大多数都经历了许多磨难，在艰难困苦中增长了自己的才识。患难使他们有了崇高的品德和渊博的学识，艰苦的环境使他们更加坚强。因此，能够居安思危，欢乐而不荒淫。世道衰微，风俗又不淳朴，一般的人，都崇尚"中庸"之道。听说谁有激烈的行动，便诋毁说太过了，有的以不能成功的借口加以阻止。如果真的没有成功，则奸诈的小人就会说，果然不出他的预料。其实，作为忠臣、孝子，不必要求每件事都要成功，形势所迫，义无反顾，为国家贡献出自己的一切罢了。事情成功了，可见是天命如此。失败了，也不要为此而遗憾。

每当诸事缠绕、盘根错节，或逢诸事受到干涉，只能委曲求全的情况发生时，曾国藩便更加慨叹民情是很重要的，坚信王道能够行得通。他反躬自问，为时机不负我，而我有负机缘感到内疚。过去的事已无可挽回，现在更不能自暴自弃，凡应当做的，一定竭尽全力去尝试，以尽人力所能来挽回天心。庄子曾说："对于命运的事情最好不要知道，知道也没有办法改变"。曾国藩认为自己力所能及的事应加以思虑，对于天命中无可奈何的就要淡然置之。

圣人不受情感世界的羁绊

明朝时期的吕坤认为：气没有终止和穷尽的时候，形体却是会有毁灭的时候。

人生的真机真味要默默细致地体会才行，千万不要随意点破，其中的奥妙无穷无尽，是不能用语言文字来表达的。因此，圣人常保持沉默，若是犯了口舌，长年累月也说不尽，即使说出来，也是众说纷纭，让人难得要领，是没有值得让人可以品味的地方的。

人的本性，不能让它亏损欠缺，若要达到较高境界，就要穷究真理，尽量发挥扩充人的本性，要通达天道出神入化，尽量做到广大圆满，做到最高明。人的情感和欲望不能太贪婪，因此须常克制，对它的要求要尽量少。要谨慎言语，要三思而行，要约束自己，要清心寡欲，要节制饮食，减少不良嗜好。

深沉、忠厚、持重是头等的资质，襟怀坦白、豪爽仗义是第二等的资质，聪明、有才干、能言善辩是第三等的资质。

天下是个情感交融的世界，所以万物生于其间体会着苦乐不同的滋味，但道德修养极高的圣人就不会受情感世界的羁绊而影响自己。

每个人都有自己的独特气质，有的人光明磊落，胸怀博大，沉稳忠厚、含蓄，那是禀受了天地之气；有的人性情平和，那是禀受了阳春三月之气；有的人宽厚随和、放纵不羁，那是禀受了热情奔放的夏日之气；有的人喜好打斗，那是禀受了秋日萧索肃杀之气；有的人沉默缄藏、固守吝啬，那是禀受了冬日寂寞宁静的气象。所以，一个人禀受了什么样的气，表现出来的气质也是与之一样的。

每个人生来禀受的气质，可以发泄的地方只不过一点点而已，然而，通过后天的修养和扩充则必然能够达到无边无际的高大境界。其实，修养达到至高至大的境界还是靠原来那点先天之气做底子，如果原先的气质一点都没有，那么丝毫也不会增多。世间万物的形、色、才、情，各个方面都能验证这一道理。

蜗牛隐藏于壳中，炽热的太阳晒着，长年累月都不曾枯死，这中间一定存在着不枯死的缘由。这才真正称得上为神所用，乃先天造物的命脉。

兰草因为火的点燃才能散发芳香，也是因为火的燃烧才使它灭尽；灯油因为用火点燃而发亮，也是因为火的燃烧才使它衰竭；爆竹因为火的点燃而发出响声，也是因为火才使它分解散尽。由此可见，阴暗而不显露则可以存在，光明显露而不会隐藏就会灭亡。不只是声、色、味是这个道理，那些知道处于晦暗之处而能充实满足的人，才是万年不灭的蜡烛啊！

虚无恬淡是修养的最高境界

战国时期的庄子认为：隐居山林的人，愤世嫉俗的人，刻苦自励、洁身自好、以身殉志的人一心所追求的崇尚修养、品行，超脱尘世，不同流俗，言论愤世嫉俗，表现得高傲卓群而已；谈论仁义忠信，恭俭推让，是修身而已；这是平时治世之士，对人实施教化的人，游说各国而后退居讲学的人所喜好的。谈论大功 ，树立大名，用礼仪维护君臣的秩序，端正上下的关系，是讲求治道而已；这是朝廷之士，尊崇国君强大国家的人，致力于建功开拓疆土的人所一心追求的。去山丛湖泽，身处旷野，用垂钓来消磨时光，无非是为了逍遥自在而已；这是闲游江湖之士，逃避世事的人，所喜好的。吹嘘呼吸，吐出浊气、吸进新鲜空气，像熊攀援引体、鸟儿展翅飞翔，是延长寿命而已；这是导引养形的人，像彭祖那样高寿者所喜好的。

天地的大道，圣人的成德是磨砺心志而自然高洁，不讲仁义而自然修身，不求功名而天下自然得到治理，不处江湖而心境自然闲暇，不事导引而自然高寿，什么都忘于身外，然而又没有什么不据于自身，恬淡无极而世上美好的事物无不汇集在他的周围。

天地的本原和道德修养的极高境界恬淡、寂寞、虚无、无为，所以圣人总是停留在这一境域里，停留在这一境域就能安稳而无难，安稳无难就得恬淡。安稳恬淡，那么忧患不能进入内心，邪气不能侵袭机体，自然德性与精神世界都不受亏损。

所以说，圣人生于世间是顺应自然而运行，他们死亡时和万物融化；平静时和阴气同样宁寂，运动时和阳气一同波动；不做幸福的先导，不做祸患的开始，外有所感而后内有所应，有所逼迫而后有所行动，不得已而后兴起。抛弃智与巧，遵循自然的常理。所以说，没有自然灾害，没有外物牵累，没有人非议，没有鬼神责罚。不必思考，也不要计划。光亮然而不刺眼，信实却不必期求。虚无恬淡，方才合乎自然的德性。

悲哀与欢乐是背离德性的邪僻；喜悦与愤怒是违反大道的罪过；爱好与憎恶是内心的失误。所以内心不忧不乐，才是德性的最高境界；持守专一而无变化，才是宁静的最高境界；不与外物抵触，才是虚无的最高境界；不跟外物交往，才是恬淡的最高境界；不与事物相违逆，才是纯粹的最高境界。

身体劳累而不休息就会感到很疲惫，精力使用过度而不停歇就会元气劳损，精力枯竭。水的本性，不混杂就清澈，不搅动就平静；闭塞而不流动，也不能澄清；这是自然本质的现象。所以说，纯净精粹而不混杂，宁静专一而没有改变，恬淡而无为，运动而遵循、顺应自然，这就是养神的道理。就像吴越的宝剑，收藏在匣子里不敢随便拿出来使用，因为它是最宝贵的东西。精神可以通达四方，可以到达任何地方，上达于天，下环绕于地，化育万物，但是寻找不到它的踪迹，它的名字如同天地。

纯粹朴素的道理，就是保守精神，而不失却，和精神融合为一；纯一的精通，也就合乎自然的道理。俗话说："普通人注重私利，廉洁的人看重名声，贤能的人崇尚志节，圣人贵重精神。"所以，素是没有含异物；纯是说没有亏损自然赋予的物。能够体察纯和素的，就是真人。

周处长桥搏蛟图，出自清·马骀《百将传图》。

起死回生因愧悔

谢豹是一种类似蛤蟆、浑圆如球、生活在深土中的动物，它们见到人时，前脚立刻相交，覆盖自己的头部，显出一副害羞的样子；唐鼠则是一种在一月之内三换其肠的易肠鼠。

通过谢豹与唐鼠的意象，洪应明比喻性地说明愧与悔的意识，在个人弃恶就善、起死回生的过程中所起到一定的重要作用。

俗语曰："人非圣贤，孰能无过？过而能改，善莫大焉。"在漫长的人生旅途中，由于受到多种因素的影响，一些人尤其是年轻人因涉世未深，没有正确的人生观，难免有犯错误、产生过失乃至误入歧途的时候，人的这种失足，像马的偶然失蹄一样。这是很正常的。

重要的是，一个人的失足是不是代表了这一生的失败。

然而，历史事例与理论已经无数

次地告诉我们，一个人在失足之后，倘能幡然悔悟，改正错误，那么，他的人生还可以迎来灿烂辉煌的前景。而要实现这种改过自新的转折，失足者对过去失足必须有那种发自内心的愧与悔的意识。

愧与悔，是任何一个失足者之所以能改过自新的主要而内在的精神动力。

东晋时，江苏宜兴有一名叫周处的少年，他作恶乡里，横行霸道，宜兴人把他与害人的山中老虎、河中蛟鳄并列为乡里的“三横”，还把周处视为“三横”之首。

有人巧言劝说周处去杀虎斩蛟，用意却是希望包括周处在内的“三横”能同归于尽。周处觉得杀虎斩蛟并非难事，就欣然同意前往。他进到山里杀虎后，又下水斩蛟，追踪了数十里，经过三天三夜的搏杀，终如愿而归。

乡里的百姓们见周处去斩蛟后，数日未归，都认为他已经死了，大家正在相互庆贺。

恰巧这时，周处回来了，看见这种场景，给他的思想带来了前所未有的大触动，他萌生了悔过之念，但又觉得自己已年事蹉跎，恐怕日后无所成就。

有学者开导他说：古人认为，一个人在早晨认识了道理，那么，即使在晚上死去，也没有什么可遗憾的了。何况你今日已经觉醒，以后的时间还长着呢。人最可怕之处是没有志气，至于能否青史留名，那并不值得忧虑。

周处听了这番话，立志改恶从善。后通过刻苦磨砺，他成长为一著名将领，在抵抗外族入侵的一次战斗中，为国捐躯。

“利”是“害”的影子

元朝时期许名奎认为：贪图财食，名为饕餮。舜在以前剪除的四凶，饕餮即其中之一。传来报时五鼓声，谢县令推也推不走。留下如此行政名声，实在是因为触犯了众怒。鱼弘当郡太守，搜刮号称“四尽”。安重霸下棋，收取三锭贿金。李崇、王融背赐布，伤了腰，折了脚。贪心败类，为圣明的皇帝抹黑。口称清廉，心怀贪念。家产随升官而增，资财随位高而积。争权于朝廷，争利于市场，争而无休无止，强悍不怕死。钱财可以给人以好处，也能害人。人为什么不悟于此，以至于丧失生命？权可以使人得志，亦可以使人受辱。人为什么不对此深思，而终被诛戮？豁达的人

吴王西施游八景图。选自《春秋列国志传》，讲述了越王勾践献美女西施于吴王夫差，使吴王日日与西施欢娱、荒废朝政的故事。

具有远见，把利益看成污浊的粪土，把权力看得轻如鸿毛。污浊就不想接近，轻贱就弃而不惜，避利就无憾于人，弃权就会让自身有什么祸患。

人们都喜爱“利”，“害”是人们都畏惧的。“利”就像“害”的影子，形影不离，怎可不知道躲避。贪求小利而忘了大害，如同染上绝症难以治愈。毒酒装满酒杯，好饮酒的人喝下去会立刻丧命，这是因为他只知道喝酒的痛快而不知毒坏肠胃。遗失在路上的金钱自有失主，爱钱的人夺取而被抓进监牢，这是因为只知道极力夺取而不知将受到关进监牢的羞辱。用羊引诱老虎，老虎贪求而落进猎人设下的陷阱；把诱饵扔给鱼，鱼贪饵食而忘了性命。虞公贪爱晋国所献垂棘之地出产的美玉，而不能察觉晋国借路攻打虢国的计谋；夫差沉湎西施的美貌而收养她，却忽略了亡国的灾祸。匕首藏在督亢的地图中，贪图土地的人是秦始皇；毒刃藏在鱼腹里，在美味中沉溺的人是吴王。

损名害己的五忌

唐朝时期的柳玭认为：凡是损害名声、祸害自己、辱没祖先、丧失家风的，其最大的过失有五个方面，你们应深深牢记，引以为戒。其一，自求安逸，不甘于淡泊生活，不顾忌他人的议论，尽做些自私自利的事。其二，不懂儒家学说，不以对儒家经典一无所知为可耻，谈到当世只会开颜欢笑，自己知道很少，却嫉妒有学问的人。其三，厌恶比自己强的人，喜欢讨好自己的人，只知道嬉笑言谈，不想想古代的端庄为人之道。听到别人的优点就嫉妒，听到别人的缺点就宣扬，久而久之嫉贤妒能成为嗜好，道德和正义一点点地消失，只剩下高贵和显赫，活在世上有什么意义呢？其四，一心只想吃好穿好，游山玩水，嗜酒如命，以饮酒为高雅，以勤劳为可耻，养成了这种习惯，要想醒悟悔改是很难的。其五，急于当官，亲近权要，得到一官半职，引起大家的不满和猜疑，很少有能保持到最后的。这五个方面的过失，比患了毒疮还要厉害。毒疮还可以治疗，这五个方面的过错和失误，医生都没有办法进行医治。

立身做人要以孝顺父母、尊敬兄长作为基点，恭敬沉静为根本，小心谨慎为要务，勤劳节俭为准则，而以与人交结为渺小的事情，以讲私人义气为恶人，以忍让和顺使家庭富裕，以诚实恭敬保持朋友间的交情。对自己多方面严格要求，还唯恐万一有失；三思而言，仍担心说话有失误。做官要清廉简政，才可谈得上正确执法，遵守法令才可谈得上培养人才。为人耿直不去接近祸事，廉洁而不沽名钓誉。薪俸虽微薄，不可轻视这些百姓膏血；手中掌管刑法大权，不可以凭借着意气想怎么做就怎么做。

人分为五个层次

春秋时期的孔子认为：世界上最珍惜贵重的事物，国家成就一统天下之基业的资本，没有比辨别人才之高下，并量才使用这件事更重大的了。如果能这样做，那做帝王的就能使自己既显得耳聪目明，又显得安然、轻闲和自在。

人分为五个层次：庸人，士人，君子，贤人，圣人。若能清清楚楚地分辨这五类人，那么长治久安的统治之术就全部知道了。

那些被称做平庸的人，内心深处没有任何严肃慎重的信念，做事马马虎虎，有头无尾，为人处世从不善始善终，满口胡言，不三不四。所结交的朋友三教九流，唯独没有品学兼优的高人。不是扎扎实实地安身立命，老老实实地做事做人。见小利，忘大义，自己都不知道自己在干什么。迷恋于声色犬马，随波逐流，总是把持不住自己的心性——有像这种类型的，就是平庸的人。

那些被称做士人的，存有信念和原则。虽不能精通天道和人道的根本，但向来都有自己的观点和主张；虽不能把各道善行做得十全十美，但必定有值得称道之处。因此，他不要求智慧有多少，但只要有一点，就务必要彻底明了；言语理论不求很多，但只要是他所主张的，就务必中肯简要；他所完成的事业不一定很多，但每做一件事都务必要明白为什么。他的思想既然非常明确，言语既然扼要得当，做事既然有根有据，犹如人的性命形体一样和谐统一，那就是一个人格和思想非常完整、独立的知识分子，外在力量是很难改变他的。所以富贵了，也看不出对他有何增益；贫贱了，也不会对他有什么损失——这就是士人，也就是知识分子的主要特征。

说话一定诚实守信是君子的特征，心中对人不存嫉恨。禀性仁义但从不向人炫耀，通情达理，明智豁达，但说话从不武断。行为一贯，守道不渝，自强不息。在别人看来，显得平平常常，坦坦然然，并无特别出众之处，然而真要赶上他，却很难做到。君子可以做到被人尊重，但未必一定要让人尊重自己；可以做到被人相信，但未必一定要让人信任自己；可以做到被人重用，但未必一定要让人重用自己。所以君子以不修身为耻辱，不以被诬陷为耻辱；以不讲信义为耻辱，不以不被别人信任为耻辱；以无能为耻辱，不以不被任用为耻辱。不被荣誉所引诱，不因诽谤而怨恨，自然率性地做自己的事，正直端方地把自己约束，这就叫君子。

品德合乎法度是贤人的主要特征，行为合乎规范，其言论足以被天下人奉为道德准则而不伤及自身，其道性足以教化百姓而不损伤事物的根本。能使人民富有，然而却看不到天下有积压的财物；乐善好施，普济天下，从而使民众没有什么疾病和贫困。这就是贤人。

所谓圣人，必须能够把自身的品德与天地的自然法则融为一体，来无踪，去无影，变幻莫测，通达无阻。对宇宙万物的起源和终结已经彻底参透，与天下的一切生灵、世间万象融洽无间，自然相处，把大道拓展成自己的性情，光明如日月，变化运行，尤如神明。芸芸众生永远不能明白他的品德有多么崇高伟大，即使见识到这一点，也不能真正了解其德性的涯际在哪里。达到这种境界的才是圣人。

不可少变其操履，不可太露其锋芒

在日常生活中，有一种自视颇高的人大量存在，他们锐气旺盛，锋芒毕露，处事则不留余地，待人则咄咄逼人，有十分的才能与聪慧，就十二分地表露出来，他们往往有着充沛的精力，很高的热情，也有一定的才能，但这种人却往往在人生旅途上屡屡遭受挫折。

曾经有这么一个本科毕业即分配到某矿务局工作的大学生，他下车伊始，就对单位的这也看不惯，那也看不顺。未到一个月，他就给单位领导上了洋洋万言的意见书，上至单位领导的工作作风与方法，下至单位职工的福利，都一一综列了现存的问题与弊端，周详地把改进意见提出。

王献之像，图出自《于越先贤像传赞》。

但是，没有想到的是，他被单位的某些掌握实权的领导视为狂妄、骄傲乃至神经病，不仅没有采纳他的意见，还用其他借口把他退回学校。

在后来的两年里，他因同样的情况，换了四个单位，而且还是后一个比前一个更不如意，他的牢骚更甚，意见更多，却也无可奈何。

他就是锋芒毕露者的典型，此君在为人处世方面少了一根弦，以致屡屡在新的人际关系圈子中，未能处理好包括上下级关系在内的各种关系。加上在工作中，又不注意讲究策略与方式，结果不仅是妨碍了将个人的才能最大限度地服务于社会，还招来了多种的诽谤、妒忌猜疑和排挤打击。随着时光的流逝，这种人往往不是因锋芒毕露而走向成功，却极易因屡受挫折而一蹶不振，以至逐渐把锋芒磨掉。

洪应明在《菜根谭》中曾说过君子不可太露其锋芒的思想，不难发现其合理之处。“不可太露其锋芒”，并不是销蚀锋芒，而是指人应隐其锋芒，不要恃才恃权恃财而咄咄逼人，从而使自我更易被注重秩序与习俗的社会所接受，以免身受背后之箭的害，以免引致那些无谓的烦恼与挫折。

在待人接物时，则要善于发现别人的长处，尊重别人，不要动辄就口无遮拦地对别人品头论足、议论别人的美丑贤愚，不要老揪住别人的小过失不放，须知一个人长得丑些、笨些和犯了一些小过失，多半不是他的过错，如果我们不学会尊重各种各样的人，就会影响人与人之间的亲密关系。

同理，平时不可以因为追求一时的口语之快而作意气之争，不可因意气用事而得理不饶人……总之，学会收敛锋芒，真诚宽厚地待人，掌握话语含蓄和行动稳重的技巧——所谓“敏于行而讷于言”，也就正是君子“内精明而外浑厚”的表现，这是避免锋芒毕露的方法。

当然，这些都要自觉地去做，容不得伪装的，否则，倘若伪装忠厚的面貌来欺骗别人，总归是难瞒有识之士的。

在东晋时，某天，少年王献之勤于练书法，将一个毛笔写就的“太”字，送到母亲处炫耀。

当时，他的母亲评论道：“这个字，仅那一点的工夫才算是到家的啦！”

听到这句话后，王献之才深感自己的书法，在工夫与功力方面，尚欠火候。原来，那一点正是他父亲王羲之刚添加在他所写的“大”字上的。

在这以后，王献之不慕虚声浮名，依缸磨墨，刻苦练字，把十八缸水都用完了，日后终成为与父亲齐名的大书法家。

不露锋芒的人，每每会以喜怒不形于色、少言寡语、平和恬淡的神态，绝不哗众取宠的态度来投入生活，做到为人周到，处事练达。

刚步入社会的人不妨从多动手、多动脑、多用耳朵与眼睛，少用嘴巴，避免与人争强好胜、计长较短做起，从而开始踏实地把人生旅程走好。

慎语宁拙勿巧

洪应明在《菜根谭》中，对于慎语是这么认为的，首先，一个人谈天说地、述人论事，在他所说的话中，即使有百分之九十是正确的，也未必可算为稀奇；假如其中百分之十是错误的，那就会成为天下的笑柄，成为别人攻击埋怨的目标。所以，君子宁愿沉默，不愿匆忙地作不稳妥的发言。一个人行动果决，筹谋了十件事，就有九件是成功的，他人也未必归功于他；但筹谋了十件事，有一件是不成功的，则有关他的坏话毁语就可能出笼。所以，君子应当宁拙毋巧。

第二点，日常交往中，在与沉默寡语之人打交道时，君子应该注意心态的平衡，防止出现意志低沉与认识偏颇的心态；面对那些恼恨别人取得好成绩的自负者，君子就要谨语慎言，以免被对方抓住把柄，造成对自己有害的结果。

慎语，能使在工作中的人们，注意使言语变得更恰当、更简约也更凝练，减少废话与空话，减少出现失误的机会，从而有助于开展工作与解决问题。

慎语，能使离家远行的人，不轻易对陌路相逢的路人道出自己的旅行意图，避免了各种利害话题。如此，骗子小偷之类也就不容易把你盯上。

慎语，能够在日常与人交流时，不传播无根据的小道消息，这同样也是个人的智慧与道德修养趋于完美的具体行动之一。

所以，慎语，能够让人变得更加脚踏实地，也必会使这个人赢得别人的好感。

责己严，待人宽

唐朝时期的韩愈认为：古时候的君子，他对自身的要求严格而全面，他对待别人宽厚而简约。对自己的要求严格而全面，所以自己不怠惰；对待别人宽厚简约，所以别人乐于做好事。他听说古人中有个叫舜的，舜的为人，是一位实行仁义的人；他探求舜所以成为舜这样的圣人的原因，要求自己说：“他是一个人，我也是一个人。他能够这样，而我竟不能这样！”于是早晚思考，改掉那些不如舜的缺点，发扬那些像舜的优点。他听说古人中有个叫周公的，周公是一位多才多艺的人；他探求周公所以成为周公这样圣人的原因，要求自己说：“他是一个人，我也是一个人。他能够这样，而我竟不能这样！”于是早晚思考，改掉那些不如周公的缺点，发扬那些像周公的优点。舜是一位大圣人。后世没有人比得上；周公，是一位大圣人，后世没有人比得上。这个人竟说：“不如舜，不如周公，是我的毛病。”这不是要求自己严格而全面吗？他对待别人，说：“那个人能够有这种优点，这就足够算作好人了；能够擅长做这种事情，这就

韩愈像，出自明·吕维祺《圣贤像赞》。

足够算作有才能的人了。”取他一样，不要求他两样；只看他的现在，不追究他的过去；提心吊胆地唯恐那个人得不到做好事的利益。一种优点是容易养成的，一种技艺是容易学会的。他对待别人，竟说：“能够有这种优点，这也就足够了。”又说：“能够擅长做这种事情，这也就足够了。”这难道不是对待他人宽厚而简约吗？

如今的君子和这个不一致，他要求别人全面，他对待自己随便。要求别人全面，所以别人就难于做好事；对待自己随便，所以自己得到的东西很少。自己没有什么优点，却说：“我有这种优点，也就足够了。”自己没有什么本领，却说：“我能够做这种事情，这也就足够了。”对外欺骗了别人，对内欺骗了良心，没有一点收获就停滞不前了。这不是对待他自己太随便了吗？他对待别人，说：“虽然他有这种优点，但他的人品不值得称赞；他虽然擅长做这种事情，但他的才能不值得称赞。”举出别人的一点，不会考虑别人的十点；追究别人的过去，不考虑别人的现在；提心吊胆地唯恐别人享有盛誉。这不是要求别人太全面了吗！这就叫做不以一般人的标准来要求自己，而以圣人的标准来要求别人，我看不出他是对自己尊重呢！

话虽这么说，但这样做的人是有根源的，这根源就是怠惰与妒忌。怠惰的人不求上进，而妒忌的人怕别人上进。我曾经试着对大家说：“某某是好人，某某是好人。”那些附和的人，必定是那个人的朋友；不然，就是和他很远、不跟他有利害关系的人；不然，就是怕他的人。要不然，强硬的人必定要在言语中表示愤怒，懦弱的人必定要在脸色上表示愤怒了。我又曾经对大家说：“某某不是好人，某某不是好人。”那些不附和的人，必定是那个人的朋友；不然，就是和他很疏远、不跟他有利害关系的人；不然，就是怕他的人。如果不是上面三种情况，强硬的人必定要在言语中表示高兴，懦弱的人必定要在脸色上表示高兴了。所以事情做好了，毁谤就发生了，道德高尚了，毁谤就随着来了。唉！士人处在这种时代，而希望光大名誉，传播道德，实在困难啊！

每日三省自身

春秋时期的曾子认为：有才能品德的人对于子女，喜爱他们却不在表面露出来，支使他们也不露声色，让他们依道行事却不勉强。心里很喜爱他们却不表露在外，还常常摆出一副严肃的面孔来管教他们，从不用美言悦色来讨他们喜欢。不让子女依道行事,就会把他们引上邪道。然而如果勉强他们做某事,又会损伤父子之间的和气。因此,只有在漫漫的岁月里用言传身教去感化和教育他们的子女。

身体是父母所赐,用父母所赠给的身体,敢不畏惧吗?居处之地不庄重,不孝;对君王不忠,不孝;做官不敬业,不孝;交友不忠诚厚道,不孝;战阵不勇敢,不孝。五行不顺利,殃及亲人,怎么敢不有所畏惧呢?

先王用五种办法来治理天下:崇尚德行,崇尚禄位高的人,崇尚老人,尊敬年长的人,爱护幼小的人。这五种,就是先王用来安定天下的办法。所谓崇尚道德,是因为德行近似于圣贤;所谓崇尚尊贵之人,是因为贵人接近君王;所谓崇尚老人,是因为他近似于自己父母;所谓尊敬年长的人,是因为他近似于自己的兄长;所谓爱护幼儿,是因为他和自己的弟弟很近似。

好色者恕人之淫,好贷者恕人之贪

明朝时期的吕坤认为:有两三个志同道合的朋友,没有分别几天就相互想念,自己却以为这是世俗的想法,一分开就产生亲切深厚的情谊,相聚在一起时反而感到疏远。和低级趣味的酒肉朋友的交往的感觉就迥然不同了,只是其中的道理还不够深刻。孔子、孟子、颜回、子思,我们这一辈人何曾与他们接触过?但是,如今诵读体会他们的文章时,就好像与他们朝夕相处同屋谈话一样,又好比同家人亲友一样相依恋,为什么呢?是因为心灵相通、精神相合的缘故,虽然相隔千年也好比生活在同一个时代,虽远隔千山万水也好像就在身边一样。久而久之,彼此相互融合,那还有什么亲和离疏的分别呢?如果友人之间相互处在一起就产生善念,一旦分别就产生出欲望来,那么,就算朝夕相处,一生相伴,又有什么有益的好处呢?

在平时得病,却往往把它归罪于某一天。起源于内脏,却往往只治疗于皮毛。太仓储粮全部空了,却怪罪于储粮的囤底。大厦倒塌了,却要对一场大雨怪罪。

世间的人,听到对别的优点长处夸奖总有妒心,听到说及别人的缺点就有欢悦之心,这是忘记了上天所教的道理让人的欲望肆意横行而造成的。孔子所讨厌的,就是讨厌说他人的坏话;孔子所欢喜的,就是高兴谈及别人的好处。圣人如此,我们怎么又可能会有另一种想法呢?

人萌发欲望,刚开始时最为热烈,此时就需要缓一缓,马上去做就可能会出差错。天理的念头萌生,最初的时候最勇敢。须要立即就施行,放缓一下就会停顿下来。

大凡人干坏事时,刚开始时都不忍心去做,后来忍心和不忍心便占了一半,再后来就忍心去做了,而后便心安理得了,到了最后竟为自己所做的感到快乐。一个人到了以做坏事为乐的地步,他的良心也就坏到极点了。

听到说别人的优点就去遮盖和掩藏,或者就罗织罪名来诬蔑人家的内心;听说他人的缺点就为别人大肆传播,或者添枝加叶,来夸大他人的缺点。这样的做法恐怕连鬼神都会得罪了呀,我们这在一生中都一定要引以为戒!

"恕"这个字,原来是一个好道理,却要看那推心置腑的人是一种什么想法。好色的人饶恕别人的淫欲,喜欢借贷的人饶恕别人的贪婪,喜欢喝酒的人饶恕别人的狂醉,喜欢安逸的人则宽恕别人的懒惰和散漫,没有哪一种不是以己之心去揣度别人,没有哪样不是把别人看做自己,但这却是道义上的窃贼而已。所以对施行恕道之人,不能不细致地考察。

人心最怕三心二意，用情贵在专一。

有人总把他人的长短是非当做是自己的事，却感觉不到自家的痛痒，还要去问别人。

不要用烦恼去求取恩爱，得不到恩爱却还要增添自身的烦恼。

对于利害要考虑到没有剩余的地步，对祸患的防范要到达意料所不能想及的地步。

时机不到，深藏才智是上策

战国时期的庄子认为：以世俗的学问来对本性修治，来期求复归原始的真性；用内心情欲被世俗思想所扰乱，来求得明澈和通达，这就是称作被蔽塞蒙昧的人。

古时候对道术研究的人，凭借恬静涵养心智；心智生成，却不用智巧行事，可称它为用心智涵养恬静。心智和恬静交相涵养，而谐和顺应之情就从本情中表露出来。个人自我端正而且敛藏自己的德性，敛藏自己的德性而不冒犯别人，德性冒犯了别人那么万物必将会把自然的本性失去。

古时候的人，生活在混沌蒙昧之中，世上的人们都淡漠无为、互不相求。在那个时候，阴和阳和顺宁静，鬼神也不搅扰，四季变化顺应时节，万物不受伤害。众生没有夭折现象，人虽然有心智，却无处派上用场，这就叫做完满统一的境地。在那时候，人们想怎么做就怎么做而让万物顺任自然。

伏羲像，图出自明·天然撰《历代古人像赞》。

等到道德衰败颓落，到了伏羲氏开始统御天下，只能顺随民心却不能回到完满纯一的境地。道德再度衰落，到神农氏、黄帝开始统驭天下，只能安定天下却不能顺随民心。道德又再度衰落，到了唐尧、虞舜开始统驭天下，大兴教化之风，浅薄淳厚离散朴质，离开了道而作为，隐没了德而行事，然后舍弃了本性而顺从于各自的私心。心与心相互知道、辨别，也就不足以使天下安定，然后附加着文访，增加了博学。文饰浮华破坏了质朴之风，没有办法再返归活泼的性情而回复到自然的本初。

由此看来，世上把大道丧失，大道丧失了人世。社会和大道交相丧失，有道的人凭借什么兴起人世，人世凭借什么兴起大道呢？大道没有办法在人世兴起，人也没有办法让大道兴起，即使圣人不生活在山林里，他的德性也必将被隐没而且不再被人知道。

隐没，却不是自己隐瞒掩藏的。古时候的隐士，并非为了隐伏身形而不见人，并非闭塞言论不愿吐出真情，也并非是为了深藏才智而不愿发挥，是因为时机、命运大相悖谬呀！当时机、命运顺应自然大行于天下，就会返归混沌纯一之境而不显露形迹；当时机、命运不顺应自然而穷困于天下，就深藏缄默来静心等待。这就是自身保全的方法。

古时候善于把自身保存的人，不用辩说来巧饰智慧，不用智巧来使天下人窘迫，不用心智使德性受到困扰，独立自持地生活在自己所处的环境，而返归自然的本性，又何须一定得去做些什么呢？道本来是不必要仁义礼乐的行为，德本来是不必要是非分别的。小识会损伤德性，小行会损伤大道。所以说，端正自己也就可以了。快乐地保全自然的本真就可以称作是心意上的自得而且自适自得而自造。

古时候对自得自适的人很称道，并不是地位高贵的人，说的是出自本然的快意而没有必要复加什么而已。现在所说的快意自适者，是地位高贵的人。荣华高位在身，并不出自本然，如同外物偶然到来，是临时寄托的东西。外物寄托，它们到来时不能抵御，它们离去时不能阻止。所以不要为荣华高位而恣意放纵心志，不要因穷困窘迫而趋附世俗，身处富贵荣华与穷困窘迫的快乐相同，所以没有忧虑。现在寄托失去就不快乐，由此看来，即使有过快乐，又何尝不是心灵上的荒芜呢！所以说，由于外物而丧失自己，由于世俗而迷失本性，就叫做主次不分的人。

心，也要经常清洗

东汉时期的蔡邕认为：人的心就如同是人的头和脸一样，必须很用心地修饰它。脸面一朝不修饰，则被灰尘弄脏了；心一天不想着善念，邪恶之念就会侵进到里面了。人们都知道要修饰面容而不知道修饰自己的心，这多么糊涂啊！面容不修饰，连愚笨的人都说丑；心不修饰，贤人称为恶。愚人说丑还情有可原，贤者称为恶将怎么容于天地之间呢？当你照镜子洗脸的时候，就要想到心的纯洁；擦胭脂的时候，就要想到心的柔和；抹粉的时候，则想到心的鲜明；洗发的时候，则想到心的和顺；用梳子梳头的时候，就要想到心的条理；绾

蔡邕像，出自清·顾沅《古圣贤像传略》。蔡邕是东汉文学家、书法家。

发髻的时候,就要想到心的端正;把鬓发整理的时候,就要想到心的严整。

天下事不怕做不到,就怕筹划不到

清朝时期的曾国藩说:我一生都行走在危险的道路上,如履薄冰一样,却能够自全其身,保持我的宗旨不变,这也只能归结为尽自己的努力而听天作主了。天下事就怕筹划不到,不怕做不到;天下的人才怕的是不寻求,不怕没有人才。我一定扶病支撑,绝不告饶。湖北如果有危机,我愿生死相从担当大责。一定放心放手让别人做,其后才能谈得上英明,如果一分不安,也绝不推诿他人。人害怕不聪明,又害怕不愚笨,智与愚相合,力量就会大起来。一入仕途,总是碰运气,这如同古代所说的待罪之人。

我奉皇帝之命任两江总督高位,才能浅薄,根基不厚,本来不足以有所作为,又恰值我精力疲惫之年,大局溃坏,多事之秋,我深深地害怕做错什么,让平生知己蒙上羞辱。时刻自觉的是,不敢怀有偷安之心,不敢妒贤嫉能,不敢排斥异己,大概借此微弱无力的诚实,来稍微弥补我的笨拙。只是从军打仗的时间越来越长,资历声望越来越高,虚名越来越盛,原来的朋友已如落星一样七散八落,新结识的人有的把我看做岩石一样不可挑剔,因此说颂扬话的日益增多,讲规谏话的越发少起来。每当想到此,我就惶悚不安,无地自容。请求兄弟您嘉赐直言,并赐高深危疑之论。如果听到我有用人不周详,居心不光明的地方,尤其应当随时指示以避免重蹈覆辙,让最好的朋友蒙受耻辱。这是我最大的希望和祈求。

天下纷繁杂乱,我们正当这危难之时,诸葛亮不是说过"成败利钝,不可预料"吗?! 我们只有竭心尽力,恪尽职守,静待时机而已。凡人心发动,必须一鼓作气,尽力去做;稍有转念,便有疑心,疑心一起,私心也随之而来。要舍命报效国家,就必须戒慎恐惧,养成良好的品行。古时说"服了金丹,就可以成仙",我认为把远大志向立下,就是金丹。

喜怒爱恨时更能发现涵养

明朝时期的吕坤认为:不可以用大的利益去换取小的义气,更何况怎么能用细小的利益去损大的道义呢? 贪婪的人应该以此为戒啊!

对自己身心伤害的不是什么刀剑,也不是什么贼寇仇人,而是自己邪恶的心把自己杀害了。

研究学术应当把不愧良心、不损害志向放在首位,同时要审察自己的心志是符合自然规律,还是主观意志。就算是符合客观规律,也还应该审察它是一般的意向还是自然规律。

即使有尧帝一样的眉毛,舜帝一样的眼睛,周文王那样的身材,孔子那样的步态,而心却像盗跖那样坏,这样的人是正人君子所瞧不起的。假若有上述各位圣贤那样的高贵品质,就算相貌长得和盗跖一样,又有什么问题呢?

做学问的人要在自己心中加强修养的话,只要把自己的人欲之心克制就可以达到。

心要常常安适，那么就算是处于忧愁劳苦、心存谨慎之中，或处在穷困艰难、压抑忧郁的时候，同样也要有这种胸怀。

不怕浓妆艳抹的到来，只怕它离去时心中挂恋，依依不舍。

以前都没有萌芽过，还说什么生机呢？平常时说话小心谨慎还容易做到，为什么呢？是因为有心收敛的缘故。唯有在喜怒爱恨时讲出的话符合分寸，没有让人厌烦的地方，才看得出一个人的涵养。信口胡言，行动有误，都是不用心考虑的缘故。因此君子在未做事前已有定见，遇到事情又认真思考，假如是见识所看不到的，力量所达不到的，就算出现失误，也问心无愧了。

富贵是无情之物，贫贱是耐久之交

现实生活中，水往低处流，人往高处走，常人多求富、求贵，而避贫、避贱。在这种潮势下，常识中对富贵贫贱的认识，就不用说了。

有的人，有着春风般的和煦心境，口袋中虽无多的银钱，却还能在精神上怜悯那些孤独无助者；有着清纯秋水般的气骨，家中虽仅有四面白壁，也能在精神上傲视王侯公爵们。

有的人，睡的是土砌的床和石磨的枕，在清贫家风的熏陶下，拥被酣睡，梦亦清爽；吃的是麦做的饭和豆煮的羹，在对清淡滋味的品味中，筷起筷落，嘴亦含香……

所以，这些都是由清贫乐道者的那种自娱自得与自足的心态造成的。

还有一些人绞尽脑汁、费尽心机争来的一场空幻大富贵，不仅是有物得，还更有自失。

如何理解安贫乐道者的得？如何理解求富求贵者的失？

商鞅原本是卫国的贵族，他为秦孝公的求贤令所感召，投奔秦国，以鲜明的改革变法措施和雷厉风行的作为，受到了秦孝公的重用，封为侯，秦孝公还将商於一带的十一个城池封给他，尊称他为商君。

商鞅的变法改革触动了某些权贵的利益，包括秦太子在内的一批权贵，就或明或暗地批评或阻挠新法的实行。对此，商鞅在秦孝公的支持下，采取了严厉的镇压措施，有时一天就杀了七百多名反对改革者，太子动不得，就将太子的两个老师治了罪：公子虔被割了鼻子，公孙贾脸上被刺了字。终于把对新法的批评之声压了下去，新法的施行，奠定了秦国日后统一中国的基础，但商鞅也因此与权贵结怨甚深。

在秦孝公死后，太子即位成为秦惠文王，包括秦惠文王的老师在内的权贵们，就给商鞅加了个谋叛的罪名，残酷地用车裂即五马分尸的方式，把他处死了。

历史上石崇因为过度奢侈斗富在临终赴刑场时，终于明白，因为财富给他招来了祸患。

所以，经过对比，洪应明在《菜根谭》中得出的结论就很明显：当富贵与仁义两者，如鱼与熊掌不可兼得之时，君子应该取仁义，而非取富贵。有此思此举，君子就不会被君相之类的权势者所牢笼束缚，甚至被害。

关于富贵贫贱，洪应明还有以下思考：

首先，他一针见血地指出了生长在富贵之家者，所可能产生的害处与对策。

一般来说，生于富贵之家的人，因一直高高在上，对于嗜好与欲望的追求品种与

《隋唐演义全传》版画之秦王李世民像

数量多，对于权势的追求欲望强，心里常经受着猛火烈焰般的煎熬。而且在富贵之家内，即使是骨肉手足之间，那种种反映了世态炎凉与人间妒忌的言行与心态，也都比贫贱人家与家中的外人更多。

在这方面，典型如三国时的曹丕与曹植两个亲兄弟，为妒忌之心所相残。

与之相比秦二世胡亥杀了自己所有的兄弟姐妹，唐太宗李世民为了继王位而杀死了自己的兄弟，更是触目惊心。由此，不难理解为何中国历朝的帝王将相的儿女们，在面临生死抉择的关键时刻，每每在寻常百姓家的反而不会生出遗恨了。

所以，洪应明提出的对策是：宽厚之家待人接物处事时，应该坚持宽厚从容的原则与倾向，显出大家的风度，最忌刻薄局促，此乃一；二则是忠告那些生长在富贵之家的人们，不妨用一些清冷气味来降低那些过分炽热的功名利禄之欲，以免时时受欲望的缠绕、烦恼的折磨，更是为了避免害人害己。

第二点，洪应明把富贵与贫贱之间具有的相对性指明了，认为富贵与贫贱的区别，并不是绝对不变的，不是不可以相互转化的。

把奢侈者和勤俭者作一下比较，奢侈者因挥霍无度，财产再富有，也总是感到不足；勤俭者因节约度日，理财有方，生活虽是清贫，手头上还是有节余。与此同理，一个能人因为其有能耐，所以整天忙忙碌碌，天长日久，难免会有怨气，反而不如笨拙者，安逸而身安心闲。

至于财富，把贪婪者与知足者作一比较，贪婪者因贪得无厌，虽拥有大量的财宝，心中依然觉得自己十分贫困，恨不得天下的金银财宝全归入自己的库房；知足者则有知足常乐的意识，虽然贫穷，但却拥有充实而又丰富的精神生活。关于地位，位高权重者的外形安逸，但每每因高处不胜寒而神伤心劳；位卑言微的处下者，每每身体因劳作而疲劳，但却多精神的愉悦……

所以说达人智者不妨从得失真幻的角度，思考相关的问题。

别外，对于功名财富，还提倡一种灭处观，也就是从生不带来，死不带走的角度，彻底地看破功名富贵。

于是，就算是炫耀自己的粮食满仓、金银满斗、全身披金佩玉的富豪，死时依然是两手空空；十年百年过去了，即使是生前享尽荣华富贵的权贵富豪们，也早已变成了与砖瓦无异的灰尘，那时，荣华富贵又安在？……

最后，谈一下贫贱者与富贵者在待人接物方面的难处。

对于贫贱者言，难处不在于对自己的气节节操的磨砺，而在于适当地处理自己的感情，所以，类似颜回的箪食瓢饮而不改其乐，才显得可贵；对于富贵者言，难处不在于将恩惠施及他人，而在于以真诚的礼仪礼节来对待他人，所以，类似刘备的三顾茅庐请孔明的事例，才会成为千古佳话。这其中，确实有一定的值得思考品味之处。

从某种角度上说，天下富人有两种。

一是君子爱财，取之有道，用合法正当的手段，为自己创造财富的同时，也带动更多的人共同富裕，金钱是他的好仆人，他可以将金钱捐之于社会，济之于民生，其行近圣人，在物质财富之外，为社会创造更多的物质和精神财富，其心即天堂。在这点上，当今世界首富比尔·盖茨尤值一提，他依靠自己创建的微软，白手起家，通过自己奋斗而富甲天下，但他却从不奢侈挥霍，更不干斗富比阔之类的蠢事，相反是致力于回报社会，已经为慈善事业捐款超过了百亿美元，而且在遗嘱上写明，要把百分之九十九的个人财富捐赠给慈善事业。不久前，有传媒报道了一份相关的民意调查结果，显示“钦佩”与“崇拜”是国人对盖茨的主要倾向，其中，52.7%的人表示“钦佩”盖茨，51.2%的人“崇拜”他，48.8%的人认为盖茨是“自我激励”的榜样，42.9%的人坦言“羡慕”他的成功与财富，只有11.3%的人对他怀有嫉妒的心情，但却没有一个人仇视他。二是那些巧取豪夺不义之财的富人，金钱成了他们最坏的主子，在他们心中，占上风的信条是：人不为己，天诛地灭，为达到目的，可以不择手段。然而当金钱多到成为符号，物质欲望在宣泄后更加空虚，兼之日趋衰老，死亡恐惧渐逼，金钱却带不走一分一毫，日吃山珍海味，夜眠黄金屋，一丝一毫也驱不走心灵的内疚和恐惧，难得心灵的安息。一如西谚有云：富人上天堂，犹如骆驼穿针眼。活在世间，依然如活在人间地狱，又有什么幸福？

所以，在《菜根谭》所论及富贵贫贱的话语外，这里还想重复两段更为著名的话语：

——“饭疏食饮水，曲肱而枕之，乐亦在其中矣；不义而富且贵，于我如浮云。”（《论语·述而》）

——“富贵不能淫，贫贱不能移，威武不能屈，此之谓大丈夫。”（《孟子·滕文公下》）

确实，这些语句并不难理解，难就难在怎样去做。

唯公则生明，惟廉则生威

在中国历史中，廉洁奉公，一直是对为官者的最基本的要求之一。所以，中国历史上的清官们，都将此视作为人为官的根本，从而对人、对家属尤其是对自己，要求苛刻。

“天知，地知，你知，我知”，是人们常说的口头禅，贿赂者往往以此话来打消受贿者的顾虑，以达到贿赂谋私的目的，倘如被贿赂者缺乏主心骨，不能自我把持，往往也就对这句话予以默许，接受了贿赂。

而在历史上，这句话却是出自拒贿者之口，是杨震用来义正词严地拒绝收受贿赂的说法。

故事发生在东汉，著名的清官杨震在去山东东莱赴任时，途中经过昌邑县。

东汉大臣杨震像，图出自《三才图会》。

此县县令王密曾是杨震的学生，并经杨震的举荐才做了官。所以，杨震到达的当晚，王密就前往拜见恩师，并送上十斤黄金为礼，一来是为了表达对恩师的感激之情，二则是希望在日后能继续得到恩师的提携。

杨震感到十分生气："我是因为理解你而不是出于私情，才推荐你为官的，如今你竟然不理解我的为人原则！"

王密还自作聪明地以为恩师是害怕给别人留下话柄，于是劝说道："恩师，您还是收下这些金子吧，现在是黑漆漆的黑夜，不会有人知道这件事的。"

杨震马上正颜厉色反驳："此事天知，神知，我知，你知，怎么能够说是无人知道呢？"

王密闻言，感到十分惭愧，最后只好把金子拿回。

类似杨震以及人们所熟悉的包拯、海瑞之类的清官，之所以在历史上有极高的声誉，尤其是在通俗文学作品中成为大书特书的角色，表明了中国的道德哲学和老百姓，总是将是否廉洁奉公作为考察与评估官员的政绩的主要依据之一。

洪应明关于居官须公正、须廉洁的认识，正是对此的升华总结。他的相关认识，可谓是既入乎其中、又出乎其外。

一方面，洪应明指出为官者只有做到了廉洁，才会在下级面前保持着威严，才会在百姓心中具有好的声誉。同理，为官者只有实现奉公的原则，才会耳聪目明，明白事理。既然廉洁奉公者的目的，不外是造福黎民百姓，无愧于自己的良心，所以，他们也就不会炫耀自己的廉洁，大肆宣传标榜自己的公正谦让，以免惹来各种烦恼乃至人生的祸患。

另一方面，洪应明又以旁观者的清醒头脑和敏锐目光，看到了某些只是一味无限地吹嘘与标榜自己有限的表面廉洁行为的为官者，不乏欺世盗名之徒。只要剥去他们写满廉洁字眼的外衣，往往就会发现他们干着的正是不廉洁的勾当。结合古今中外有关这方面的事例，人们不难发现这种"真廉无廉名，立名者正所以为贪"的认识，自有其一针见血的深刻处。真廉无廉名，一如大音稀声、大象无形，从道术技巧的角度上讲，也正如大巧无巧术，所以，能如此运用大术者，表现为至拙。

如今，居官者已不再是老百姓的父母官，而是名副其实的人民公仆了。所以，为人民服务已成为公仆们最高的宗旨，廉洁更属题中之意，廉洁其实就是为了奉公。

第十编　闲适性情篇

得趣不在多，会景不在远

得趣[1]不在多，盆池拳石间，烟霞[2]俱足；会景[3]不在远，蓬窗竹屋下，风月自赊[4]。

【注释】　①得趣：获得情趣，领会乐趣。

②烟霞：即烟雾云霞，泛指山林与山水。

③会景：观赏景色。

④赊：多。

【译文】　要想获得大自然中无穷无尽的情趣不在投入多少，只要有一方水池、几块怪石相配，则湖光山色就会尽收眼底；观赏自然景色没有必要非得远行，只要沐浴在茅窗竹屋旁的清风月光中，自然就会感到无比兴趣、心旷神怡。

【解评】　生活的本质就在日常的一粥一饭之中，只要用心去体察，就会发现琐碎事物的奥秘。正如英国诗人布莱克在诗中所说："在一颗沙粒中见一个世界，在一朵鲜花中见一片天空，在你的掌心里把握无限，在一个钟点里把握无穷。"日本作家川端康成写过一篇题为《美的存在与发现》的文章，文中说到他住在檀香山海滨的时候，有天早晨，发现餐厅里的一张长桌上排列着许多玻璃杯，清晨的阳光洒在上面，晶莹剔透，光芒四溢，美丽极了，他在文章中说，这美丽将会在他的心中铭刻一生。

登高心旷意远，读书神清兴迈

登高[1]使人心旷[2]，临流使人意远[3]。读书于雨雪之夜，使人神清[4]；舒啸[5]于丘阜之巅，使人兴迈[6]。

【注释】　①登高：泛指登山。

②心旷：心胸开阔。

③意远：想得很远，思绪万千。

④神清：即精神清爽。

⑤舒啸：是放声高歌的意思。

⑥兴迈：振奋精神，意气豪迈的意思。

【译文】　登上高处能够使人感到心胸开阔，站在河畔能够使人感到思绪万千。在雨雪之夜读书，可以使人感到精神清爽；在山顶放声高歌可以使人感到无比振奋。

【解评】　人与自然是统一的整体，人是自然的一部分，为自然所包容，人的心境情感与自然也有相通之处，这就是通常人们称之为情景交融，物我合一。“会当凌绝顶，一览众山小”，自然会觉得豪情万丈；面对阔大深邃的大海，谁又不为之动容？自然的品质影响到人的情感和心性，人又将自己的心绪投射到自然之中，水乳交融。所以古人有“游学”一说，读万卷书，行万里路，游历也是一种学习，而且比书本上的知识更有价值。陈子昂登上幽州台，看着苍茫宽阔的原野，叹道：“前不见古人，后不见来者，望天地之悠悠，独怆然而涕下。”

何地非真境，何物无真机

人心多从动处失真。若一念不生，澄然[①]静坐，云兴而悠然[②]共逝，雨滴而泠然俱清，鸟啼而欣然有思，花落而萧然[③]自得。何地非真境[④]？何物无真机[⑤]？

【注释】 ①澄然：纯净、清澈。这里指清除了杂念的意思。

②悠然：悠闲的样子。

③萧然：形容寂寞冷落的样子。

④真境：仙境。

⑤真机：玄机，玄妙之理。

【译文】 人心大多数是因为抵御不住外界的诱惑，而失去本来的面目。假如能够把杂念消除，静坐养神，那么就会觉得一切想法都会随着悠悠的白云消失在天边，心灵也会被滴落的雨点冲洗干净；当听到鸟的鸣叫心情就会非常舒畅，而目睹花瓣飘落心中也会觉得若有所思。何处没有人间仙境？哪里没有自然的玄机？

【解评】 俗话说：只见得眼前都不可意，便是个碍世之人。人不可我意，我必不可人意。不可人意者我一人，不可我意者千万人，呜呼！未有不可千万人意而不危者。当你觉得事事不如意的时候，其实并不是身外的事物不合你意，而是你的心灵不合外部的世界，即魔由心生的道理。心灵就像一面镜子一样反映这个世界，假如镜子一尘不染，光洁平滑，映出的世界自然生机盎然，充满了机趣。但如果镜面被扭曲，照出的景象当然是可怖的。禅说：“一花一世界，一叶一菩提。”如果心中充满了爱与希望，哪里不是美景，哪里不是仙境？

世亦不尘，海亦不苦

世人为荣利纠缠[①]，动曰尘世苦海，不知云白山青，川行石立，花迎鸟笑，渔唱樵歌[②]。世亦不尘，海亦不苦，彼自尘苦其心尔。

【注释】 ①纠缠：这里指被名利困扰的意思。

②樵歌：打柴人所唱的歌。

【译文】 人们为名利所困扰，动不动就说世间好比苦海。所以，他们根本感受不到那白云青山，河水流于立石间的美景，也无法领略那鸟语花香，渔唱樵歌的乐趣。

世界并不俗，苦海也有边，之所以感到不满意，只不过是庸人自扰而已。

【解评】 生活中常常感到人心险恶、仕途坎坷，假如可以拥有一双慧眼，就会发现很多时候都是一叶障目，庸人自扰。并不是生活中到处都是疲惫劳顿，只是你的心灵只感受到疲劳；不是人人用心险恶，只是你不去发掘人性之善。其实出世入世，只在本心。就好像庄子笔下的那尾鱼，"相忘于江湖"，于是无牵挂，无执著，从容自在，随性出入。如《焚书》中《为黄安二上人三首》说的那样："念佛时但去念佛，欲见慈母时但去见慈母，不必矫情，不必逆性，不必昧心，不必抑志，直心而动。"于是无处不自在。

花看半开有佳趣，酒饮微醉宜思量

花看半开，酒饮微醉，此中大有佳趣[①]。若至烂漫酕醄便成恶境矣。履盈满者宜思[②]之。

【注释】 ①佳趣：最大的乐趣。佳，好。

②思：注意。

【译文】 赏花要看其含苞待放的姿态，饮酒要以刚感到醉意即可，只有这样才能感受到其中的最大乐趣。假如去赏那怒放的花朵或被灌得酩酊大醉就有所欠缺。希望事业正处在巅峰阶段的人加以注意。

【解评】 花朵在含苞欲放的时候最为迷人，欲开未开，即已显露出其迷人的颜色与芳香，但还没有全部展现，仍留给人无限遐想的余地。就好像喝酒一样，酒意微醺之时正是佳境，刚好能感受到微醉的美妙，又能保持清醒的头脑，却又与平日的清醒略有不同，更多了几分放松与肆意。但如果是喝到不省人事，上吐下泻，那就大煞风景了。自己丑态百出不说，也扰了旁人的酒意。维纳斯之所以千百年来是人们心目中最美的形象，正是因为她的残缺，可以让人们自由发挥想象。任何事物都要留有余地，才有斡旋的可能。凡事做到满，也就意味着停滞与死亡。

要有段自得处，莫徒流连光景

栽花种竹，玩禽[①]观鱼，亦要有段自得[②]处。若徒流连光景，玩弄物华[③]，亦吾儒之口耳、释氏之顽空而已，有何佳趣[④]？

【注释】 ①禽：鸟。

②自得：自己觉得满意或舒适，自己有心得体会。

③物华：指自然的景物。

④佳趣：高雅的趣味。佳，好，美好。

【译文】 就算是种花栽竹，喂鸟赏鱼也要从中对自然有所领略。假如只是流连观赏美好的时光与事物，那就和儒家的说教与佛经的教义一样，又有什么别具特色的趣味呢？

【解评】 为学时要用心琢磨并身体力行，不能做表面功夫。荀子说："君子之学也，入乎耳，著乎心，布乎四体，形乎动静……小人之学也，入乎耳，出乎口；口耳之间，则四寸耳，曷足以美七尺之躯哉！"佛家主张"空性"，但他们所说的空并不是"一切皆无"，而是以空为体，以有为用。如果只看表面有个"空"字，就强调什么都没有，那就落入"顽空"的魔障了。学任何东西都要得其精髓，不能够学皮毛。像栽花种竹、玩禽观鱼这样的事，雅固然雅，但也要有一颗雅的心去对待。若只是流连光景，玩物丧志，那就和玩得高雅却又没有本事的破落户子弟一样了。

茶不求精，酒不求冽

茶不求精，而壶亦不燥；酒不求冽，而樽亦不空。素琴无弦而常调，短笛无腔而自适。纵难希遇羲皇之世[①]，亦可匹俦嵇阮[②]之伦。

【注释】 ①羲皇之世：即伏羲氏时代。传说八卦为他所发明，教百姓捕鱼畜牧。在当政期间，民风淳朴，天下太平。

②嵇阮：嵇康和阮籍均为三国时人，他们是当时著名的狂士，属"竹林七贤"之列，因当时不满对司马氏父子的专权，因此行为狂放，借此避世。

伏羲氏画八卦图，出自《二十一史通俗演义》。

【译文】 茶不求最香，但是茶壶里不能没有；酒不求味醇，但是酒杯里不能没有。经常随意弹着古琴，自得其乐地吹着短笛。虽然这样没法跟伏羲氏那种清静无为相比，却也和三国时的嵇康、阮籍一样逍遥自在。

【解评】 这样自适的境界，恐怕只有传说中那个唱《击壤歌》的老人才能相比。相传尧帝无为而治，天下太平，有一个老农干活累了坐下来休息，一边像拍鼓一样拍着肚皮，一边用农具敲着土地，一边唱道："日出而作，日入而息。凿井而饮，耕田而食。帝力于我何有哉。"真正的快乐，也许要到这种淳朴的生活中才能找到吧。

声自静里听，景从闲中观

林间松韵[①]，石上泉声，静里听来，识天地自然鸣佩[②]；草际烟光，水心云影，闲中观出，见乾坤[③]最妙文章。

【注释】 ①松韵：这是指风吹松树发出的自然声响。

②鸣佩：指古代仕女系在衣带上的玉饰，在行走时相碰所发出的清脆响声。

③乾坤：天地，这里是大自然的意思。

【译文】 风吹过松林的阵阵涛声，泉涌石外的滴落声，静静地听起来，觉得它们好像天地间的美妙乐曲；晨雾缭绕的草地，水中倒映的云影，仔细观赏，觉得它们都是自然中的绝妙文章。

【解评】 有人的地方就有利欲，就有是非，难得一个"静"字。而且俗世凡人，即便跑到深山老林里，听不见俗世的喧嚣，耳根是静了，但心却仍然百念丛生，难以宁静。山林松石的安静，也需要一颗宁静的心才能体会，才能拥有。可以做到静了，还得有余闲。若是整天忙忙碌碌，只会哀叹"难得浮生半日闲"，就算静了，也不会享受。陶渊明做着小官，可以"心远地自偏"，在闹市中保持很好的心境，但最后还是念着"归去来兮"，回到他的田园里去了。闲也是一种幸福，只要不是把时光荒废，就应该去追求悠闲中的人生。

鱼忘乎水，鸟不知风

鱼得水游，而相忘乎水；鸟乘风飞，而不知有风。识此可以超物累[①]，可以乐天机[②]。

【注释】 ①物累：即不受外界事物的拖累与束缚。

②天机：即天赋予的灵性，大自然的意思。

【译文】 鱼在水中游动，却忘却身置水中；鸟乘风力而飞，却不知风的作用。了解其中的道理能够不受事物的束缚，可以从自然造化中感受到乐趣。

【解评】 "忘"是人生一种很高的境界。人总是苦于不能"忘"，有了钱就忘不了钱，害怕钱不够，害怕钱贬值；有了情就忘不了情，无缘无故地猜忌，担心对方变心；有了事业就忘不了事业，回到家里，心里还在想没干完的工作，想同事间的相处，揣摩领导的心思。金钱、爱情、事业，虽然都是人生所不可或缺的，但我们身处其中，却不能像鱼儿在水里、鸟儿在风中那样，相忘若无，自由自在。不能"忘"，也就是放不下，非要给自己绑一根绳子，织一张网，把自己困在里面，好像不这样心就不安。人生已经很无奈了，离不开事业金钱，离不开妻子儿女，就像鱼儿离不开水一样，但我们可以像鱼儿那样，达到相忘的境界。

微吟灞陵桥上，独往镜湖曲边

诗思在灞陵桥[①]上，微吟处，林峦[②]都是精神；野兴[③]在镜湖曲边，独往时，山川自相映[④]发。

【注释】 ①灞陵桥:古桥名,古代时常在此桥送别友人。

②林峦:山林。峦,山。

③野兴:对自然景物或郊游兴致的情趣。

④映:交相辉映。

【译文】 做诗的灵感应在所歌咏的环境中出现,当诗兴大发的时候,连周围的山林也都带上了诗意,自然的情趣在山水之间,当独自漫步的时候,水光山色交相辉映令人陶醉。

【解评】 人的情感总是会与自然相映而发。缺乏真性情的俗人,就算身在名山大川,也不会有所感动,仍是满脑子俗心思;有真性情的人,就像杜甫诗中所说的,"感时花溅泪,恨别鸟惊心",总能与天地万物相融合。"灞陵桥"原名灞桥,在古长安城东灞水上,汉、唐之时,人们在此折柳送行,后人常常以之入诗。灞陵桥是辞别之地,江淹《别赋》开篇即说:"黯然销魂者,唯别而已矣!"站在灞陵桥上,离情别绪一刹那涌上心头,使人黯然销魂;山水林峦,在诗人眼中也无一不具别意,与人的心意相融合。镜湖幽静空旷,一个人散步在镜湖岸边,身心都已融入自然,好像变成了自然的一部分;在这静谧之中,人与自然才能亲密交流,达到"天人合一"的境界。

千古英雄,一朝风月

会[①]得个中趣,五湖[②]之烟月,尽入寸衷;破[③]得眼前机,千古之英雄,尽归掌握[④]。

【注释】 ①会:领悟,理解。

②五湖:古时的五大湖泊,在此泛指山川江河。

③破:揭穿,析解。在此是看穿、看破的意思。

④掌握:手中,比喻控制的范围。

【译文】 无论什么事物,只要能领悟其中的奥妙,那么山川江河的美景都会藏在心中;无论什么事物,只要能看穿其中的玄机,那么千古英雄的计谋都会为我所用。

【解评】 禅宗把人对宇宙的顿悟分为三个境界,第一层境界是"落叶满空山,何处寻形迹",这是寻找不到禅宗本体的时候;第二层境界是"空山无人,水流花开",这是似乎领悟而其实还未领悟的状态;第三层境界是"万古长空,一朝风月",这才是顿悟。天地万物所蕴涵的机趣皆从自然之"道"化来,领悟不同事物的机趣还不如领会"道"的机趣,如此这般,那么可以从一粒沙中看世界,一朵花中见天堂。对于世间人事也大抵如此,如果能够识破局势的关键,那么千古英雄人物的谋略也不过如此,在适当的时机适时领悟而已。

非上上智,无了了心

山河大地,已属微尘[①],而况尘中之尘;血肉身躯,且归泡影,而况影外之影。非上上智[②],无了了心[③]。

【注释】 ①微尘:极小的尘埃,比喻卑微不足道者。

②上上智:智慧极高的人。

③了了心:明白事理的心,聪慧的心。

【译文】 从宇宙的角度来看,大地山河小之又小,更何况世界上那些芝麻绿豆大的事情呢;从生命的角度来说,血肉之躯最终也会消亡,更何况关于身外之物的那些你争我夺呢。假如没有很高的智慧就无法理解其中的道理。

【解评】 《逍遥游》中写道"北冥有鱼,其名为鲲……化而为鸟,其名为鹏",鹏鸟趁着大风飞向南海,"水击三千里","扶摇而上者九万里",一直飞六个月才休息。而蜩与学鸠两种小鸟却笑话它,说自己飞起来,碰到屋檐就落地,哪里用得着飞到九万里的高空再向南海飞呢?庄子接着论述说:"小知不及大知,小年不及大年。""朝菌不知晦朔,蟪蛄不知春秋。"蜩与学鸠达不到鹏鸟的高度,因此也不能理解鹏鸟的作为。只有具有通达世事的智慧才能够从事物的迷惑中解脱出来,领悟到自然的本质,这样才可以臻于化境。

损之又损,忘无可忘

损之又损,栽花种竹,尽交还乌有先生[1];忘无可忘,煮茗[2]焚香,总不问白衣童子[3]。

【注释】 ①乌有先生:指本无其人之意,为司马相如《子虚赋》中虚拟人名。

②茗:茶。

③白衣童子:相传陶渊明重阳赏菊,见白衣人送酒而至,陶公更无多话,大醉而归。

【译文】 要把对物质的追求减少到尽可能低的限度,最好连栽花种竹也都忘得干干净净;把难以忘记的事情尽可能完全忘掉,最好每天焚香品茶,有人来送酒也只管饮用而不要管他是谁。

【解评】 《庄子·知北游》中记载颜渊向孔子请教一个人应怎样居处与闲游,孔子回答说:古时候的人,外表能适应环境变化而内心能持守凝寂;现在的人,内心世界不能凝寂持守而外表又不可以适应环境的变化。随应外物变化的人,内心一定纯一凝寂而不离散游移,对于变化与不变化都能安然听任,安闲自得地顺应外部环境,能与外物一起变化而无所偏移。《管子·白心》篇中说:"能者无名,从事无事。"意思是说有才能的人不求名,顺从事理的人像没有事一样。领悟了道理的人就能明白道的真谛就在"只可意会",故损之又损,忘无可忘,正是"众里寻她千百度,蓦然回首,那人却在灯火阑珊处"的境界。

心无物欲,座有琴书

心无物欲,便成霁[1]海秋空;座有琴书,便成丹丘石室[2]。

【注释】 ①霁:明朗。

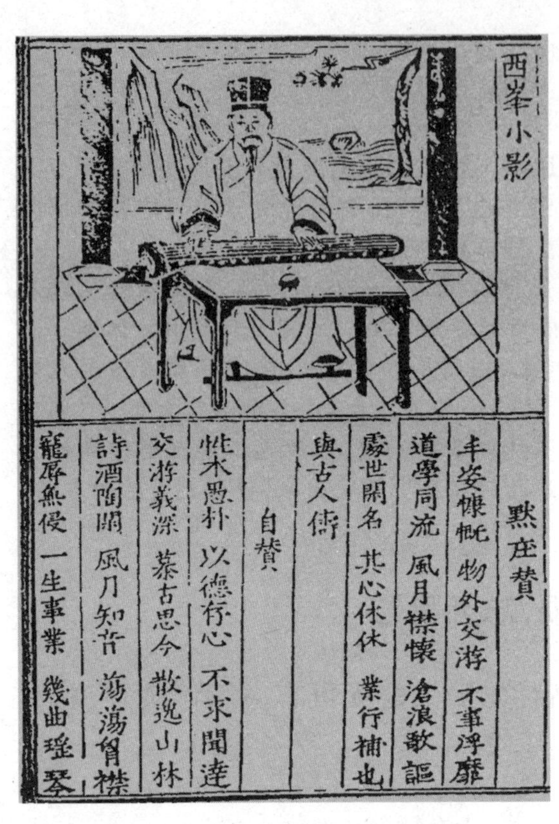

古人认为培养德行的方法之一是弹琴。此图出自明·杨表正撰《琴谱传真》，描绘了古人弹琴时的情景。

②丹丘石室：指修道者与神仙的居所。此处指远离尘世、超凡脱俗之地。

【译文】 假如人的内心不被欲望所蒙蔽，它的心胸就会像秋天的晴空、平静的大海一样开阔；假如人能够有闲情弹琴读书，那么就会像神仙那样逍遥自在。

【解评】 现代的生活节奏日渐加快，许多人在假期的时候出游到山林原野，美其名曰陶冶性情。其实，人如果被物欲蒙蔽了心灵，就算在天池里沐浴，也洗不去心里挂念的利益功名，仍然怀着一颗计较得失的心。假如真能参破世俗的欲望，又何必到山清水秀之处才能颐养性情？陶渊明的“结庐在人境，而无车马喧”，也不过是“心远地自偏”而已。心斋坐忘，将自我从世俗的羁绊中解放出来，悠然自得，才能到达庄子所说的“天地与我并生，而万物与我为一”的境界。即使人声喧哗，而与智者毫无纷扰，自能“悠然见南山”。

立处云生破衲，觉时月侵寒毡

松涧[①]边携杖独行，立处云生破衲[②]；竹窗下枕书高卧，觉时月侵寒毡[③]。

【注释】 ①松涧：即长满松树的山涧。涧，夹在两山间的水沟。

②破衲：破旧的长袍。衲，僧衣。

③寒毡：比喻寒士清苦的生活，同时也指清苦的读书人。毡，毡子，被单。

【译文】 在长满松树的山涧旁，独自拄着拐杖漫步，所站立的地方云雾缭绕，轻拂着破旧的长袍；在竹窗下枕着书本而眠，当醒来的时候看见清冷的月光洒满所盖的被单。

【解评】 《庄子·齐物论》中说：“天地与我并生，而万物与我为一。既已为一矣，且得有言乎？既已谓之一矣，且得无言乎？”领悟了生命的真谛与万物合二为一，这也许就是臻于化境。冲淡、清远的生活，传达的是一种洗练的境界。自然而然，毫无人工之匠气，自有平淡、自然、本真的意趣。随心随性，就像青原唯信禅师所说：未曾体验空时，见山是山，见水是水；体会到空后，见山不是山，见水不是水；但作更深一层体会时，山又是山，水又是水。这就是把山融合到自己的生命中去，同时也把自己融合在山中时才能体会到的本真的境界。

自得之士，自适之天

嗜[1]寂者，观白云幽石而通玄[2]；趋荣[3]者，见妙舞清歌而忘倦。惟自得之士，无喧寂，无荣枯，无往非自适[4]之天。

【注释】 ①嗜：爱好，特别喜欢。

②通玄：通晓玄妙之理，即从万事万物中能够领悟到哲理。玄，深奥。

③趋荣：热衷名利。趋，追逐，在这解释为热衷的意思。

④自适：逍遥自在而得其乐。

【译文】 喜欢清静的人，不管看见白云还是看见巨石，都可以从中领悟到一种哲理；热衷于名利的人，见到美妙的舞蹈，听到悦耳的歌声，就会忘记疲倦。只有能自得其乐的人，才不在乎喧嚣与寂静，不在乎荣华与失落，无拘无束逍遥自在。

【解评】 《逍遥游》中说到有个叫列子的人，能够御风而行，非常自在。但庄子说这并不是最自由的境界，由于列子虽然不像普通人那样需要走路，但仍然需要依靠风才能起飞，"犹有所待者也"。与此相似，喜爱清静的人要依靠清静的环境、清空的事物才能体会到内心的宁静；喜欢热闹的人必须在歌台舞榭大宴宾客的时候才能感受到欢喜，这同列子一样，仍然执著于某事物而不能超脱。那么怎样才是自由的境界呢？"若夫乘天地之正，而御六气之辩，以游无穷者，彼且恶乎待哉？"也就是无所执著，与万物合一，才是最为自由的境界。

孤云出岫，朗镜悬空

孤云出岫[1]，去留一任其自然；朗镜[2]悬空，妍丑[3]两忘于所照。

【注释】 ①岫：峰峦，山谷。

②朗镜：明镜，实指月亮。

③妍丑：美丽或丑陋。

【译文】 一片云彩从山谷中飘来，在天上自由自在地飘来荡去；一面明镜高高挂起，对所照的人是美是丑并不放在心上。

【解评】 作者点出岫之孤云，悬空之明月，是为了说明君子超逸高洁

陶渊明像，出自明人像赞类书籍《博古叶子》。

的品格。以出岫之云比心，见于陶渊明《归去来辞》："云无心以出岫，鸟倦飞而忘返。"心如浮云，都不受外物所系。在高高的天空，望下去一切都那么渺小，人如蝼蚁，而功名富贵，只不过是俗世的尘埃。一个"孤"字，刻画出君子洁身自好，不与俗人为伍的形象。柳宗元诗《江雪》也传达了类似的意境："孤舟蓑笠翁，独钓寒江雪"能互为参照。"明月何皎皎"(《古诗十九首》)，自古以来，明月就以其清高皎洁铭刻在我们的文化想象当中。当我们望着夜空中的明月，又怎么能不自惭形秽，又怎么能不仰慕那样的高洁呢？

浓处味常短，淡中趣独真

悠长之趣，不得于醲酽[①]，而得于啜菽饮水[②]；惆恨之怀，不生于枯寂，而生于品竹调丝[③]。故知浓处味常短，淡中趣独真也。

【注释】 ①醲酽：醲，指味厚的酒；酽，酒醋等流体味道浓。醲酽，在此指美味佳肴的意思。

②啜菽饮水：啜，食，饮；菽，豆，豆类。啜菽饮水，在这里指粗茶淡饭的清苦生活。

③品竹调丝：通指吹弹管弦乐器。这里指伤感的乐曲。

【译文】 令人回味的好事，不是美味佳肴，而是在饥饿的时候所吃的粗茶淡饭；令人惆怅的情绪，不是因为寂寞而产生，而是被伤感的乐曲所勾起。因此说味道虽然浓重但仍有不足，而平淡中的感情却更真切。

【解评】 《庄子·山木》篇中说："君子之交淡如水，小人之交甘如醴。君子淡如清，小人甘如绝。"由此可见，平淡一点的东西往往能保持长久，过于浓烈的则转瞬即逝。好像玫瑰，香艳逼人，但摘采下来不过一夜就枯萎了；而一种称为满天星的小花，花朵小到不起眼，也没有什么香味，插在瓶中却可以活很久，最后即使枯萎，却还保持着花朵的形状，丝毫没有凋谢的景象。五色令人目盲，五音令人耳聋，即便热闹非凡，但也闹闹哄哄不能给人以深刻印象，倒是平淡之中的一丝趣味令人常常怀想。

浓不胜淡，俗不如雅

衮冕[①]行中，著一个山人藜杖[②]，便增一段高风；渔樵路上，来一个朝士华衣[③]，便添许多俗气。固知浓不胜淡、俗不如雅[④]也。

【注释】 ①衮冕：古时帝王和公侯的礼服，这里指达官贵人。

②藜杖：指用藜的茎做的手杖，轻巧且坚实。

③朝士华衣：朝士，指朝廷官员；华衣，华丽的衣服。

④雅：高雅。

【译文】 在达官贵人中，假如出现一个手拄拐杖的山翁，就显得高雅不凡；在渔夫樵夫中，假如陪衬着一位衣着华丽的官员，就会显得非常俗气。可见，富贵不如清贫，庸俗不如高雅那样为人所推崇。

【解评】 有一次孔子与学生谈到各自的理想，曾皙说："暮春者，春服既成，冠者四子侍坐图，描绘了孔子与弟子们谈论各自的理想的场景。

五六人，童子六七人，浴乎沂，风乎舞雩，咏而归。”孔子感叹道：“吾与点也。”君子之乐不在乎富贵权势，只要有知心好友一齐修身养性，就能安贫乐道且乐在其中。这是清淡之美，高雅之美。杜甫的《丽人行》写道：“三月三日天气新，长安水边多丽人……绣罗衣裳照暮春，蹙金孔雀银麒麟。头上何所有？翠微盍叶垂鬓唇。背后何所见？珠压腰衱稳称身……”这是浓艳之美，但其背后的支撑是什么？“后来鞍马何逡巡，当轩下马入锦茵。杨花雪落覆白苹，青鸟飞去衔红巾。炙手可热势绝伦，慎莫近前丞相嗔！”相形之下，雅俗分明。

久在樊笼里，复得返自然

竹篱下，忽闻犬吠鸡鸣，恍似云中世界①；芸窗②中，偶听蝉吟燕语，方知静里乾坤③。

【注释】 ①云中世界：自由自在快乐的地方，即仙境。

②芸窗：书房。芸，香草名。

③乾坤：天地，这里是四周的意思。

【译文】 站在竹篱的旁边，忽然传来几声犬吠鸡叫声，让人感到好像置身仙境；坐在书房里，偶尔听到蝉鸣燕语，更会觉得四周是如此寂静。

【解评】 曾有一位修行者到山中访师问禅，禅师在回答他的问题之前先问他：你来时是否渡过了一条小溪？修行者说：是的。禅师又问他：你听到溪水的声音吗？回答说：听到了。于是禅师说：那么，就从听到溪水清音的地方入禅吧！道元禅师有一句诗吟道：“峰色溪声，皆是释迦牟尼之声姿。”如果能够放下世俗杂念，超越功名利害，此心自得清空，此身自得清静。无论在什么地方你都能领悟“道”的内涵，发现“禅”的本义。“榆柳荫后檐，桃李罗堂前。暖暖远人村，依依墟里烟。狗吠深巷中，鸡鸣桑树颠。户庭无尘杂，虚室有余闲。久在樊笼里。复得返自然。”

陆游像,图出自《于越先贤像传赞》。

意随无事适,风逐自然清

意所偶会[1],便成佳境[2];物出天然,才见真机。若加一分调停布置,趣味便减矣。白氏云:"意随无事适,风逐自然清。"有味[3]哉其言之也。

【注释】 ①偶会:不经意地明白、领悟。

②佳境:佳,美好。境,意境,境界的意思。

③味:意义,旨趣。

【译文】 事情合乎自己的意思,便入佳境;东西出自天然,才见得造化之奇妙。如果再加上一分修饰就会使趣味顿减。白居易说:"意随无事适,风逐自然清。"这两句话真是耐人寻味!可以说是至理名言了。

【解评】 陆游诗说"文章本天成,妙手偶得之。粹然无疵瑕,岂复须人为。"以自然为美,以雕饰为病,是古代的人审美观念中的重要内容。谢灵运梦中偶然得到"池塘生春草"句,以为得到了神的帮助,后人也认为这是诗的最高境界,好就好在全出自然,不假雕饰。如果像贾岛那样,好句子都要苦苦吟成,"两句三年得,一吟泪双流",虽然也很精美,但就像在发丝上刻字,米粒上雕经,匠气过重,不是艺术的最高境界。

斗室中捐万虑,三杯后真自得

斗室[1]中万虑都捐,说甚画栋飞云,珠帘[2]卷雨;三杯后一真自得,唯有素琴[3]横月,短笛吟风。

【注释】 ①斗室:指狭小的房屋。

②珠帘:指缀满珍珠的帘子。

③素琴:指不加装饰的琴。

【译文】 居室虽然狭小但却住得非常开心,那些雕梁画栋的宫殿全然不值一提;三杯酒下肚后自得其乐,在月下弹琴,用短笛吟风,谁有我这般风雅。

【解评】 斗室虽然小,只要能心胸宽广,也就没有必要去羡慕人家的豪宅。刘禹锡写《陋室铭》,说"山不在高,有仙则灵;水不在深,有龙则灵",房屋虽然简陋,但只要住的是有德之士,就像南阳的诸葛庐,西蜀的子云亭,又有谁会说它们"陋"呢。

古来英雄多爱酒，曹操留下过“对酒当歌，人生几何”、“何以解忧，惟有杜康”这样脍炙人口的名句。而诗仙李白，更是非醉不能写出好诗，留下“李白斗酒诗百篇”的佳话。对于普通人来说，酒能乱性，喝醉了就容易闯祸；但对至情至性者，酒不过是表现性情的媒介罢了。

性天本不沉冥，机神最宜触发

万籁寂寥[1]中，忽闻一鸟弄声，便唤起许多幽趣[2]；百卉摧剥后，忽见一枝擢秀，便触动无限生机。可见性天本不沈冥[3]，机神最宜触发。

【注释】 ①寂寥：寂静。

②幽趣：幽雅的趣味。

③沈冥：泯灭无迹。

【译文】 在寂寞难耐的时候，忽然听到有鸟的叫声，显得颇为有趣；当花草凋零之后，忽然看见有棵小草依然青翠，马上就会觉得整个荒原充满生机。可见人的天性不会泯灭，当在一定时就会焕发出生机。

【解评】 生活中有很多的磨难，但人却能够不断地遭受挫折，再不断地超越坎坷，追究其原因大概就是人心中的希望与执著罢。“文化大革命”期间有一位著名的演员被关押进“牛棚”，但他不但谈笑自如，还自己编排了一套“牛棚健身法”。“文化大革命”后依然用此法锻炼身体，虽然年过八旬，但仍然到戏曲沙龙引吭高歌。泰戈尔说过：“世界上的事情最好是一笑了之，不必用眼泪去冲洗。”就是由于人的心中希望长存，对未来的向往与信心不泯。在“山重水复疑无路”的时候，哪怕是一朵小花一个飞舞的小生灵，都会激发起人心中对生命的信念，这个时候就会发现“柳暗花明又一村。”

白乐天像，出自《西湖拾遗》。白乐天即唐朝著名诗人白居易，其字乐天，曾任杭州太守。

收放自如，善操身心

白氏云：“不如放身心，冥然[1]任天造。”晁氏云：“不如收身心，凝然归寂定。”放者流为猖狂[2]，收者入于枯寂[3]。唯善操身心[4]者，把柄在手，收放自如。

【注释】 ①冥然：沉静不语。
②猖狂：无所束缚的样子，形容狂妄放肆。
③枯寂：寂寞。
④操身心：即执持的心志。

【译文】 白居易在诗中说："不如放身心，冥然任天造。"晁补之在诗中却说："不如收身心，凝然归寂定。"其实对身心不加以约束容易狂放不羁，而约束太过严厉又容易变得性格古板。只有善于把握的人，才可以控制好自己的思想和行为，做到收放自如。

【解评】 人活在世上，就免不了出现种种烦恼。古人有诗句感慨道："生年不满百，常怀千岁忧。"要想摆脱这样的烦恼，就得把握住自己的身心。有的人主张放，猖狂玩世，游戏人间，但这种人，表面上是快快活活了，其实内心也未必能得安宁。有的人主张收，枯坐入定，心如死灰，但这样毕竟过于消极。因此，最好的办法，就是做到不为外物所累，身心当收则收，当放则放，与世浮沉，而自己才是主人。

造化人心，浑合无间

当雪夜月天，心境[1]便自清澈；遇春风和气，意界[2]亦自冲融。造化[3]人心，浑合无间。

【注释】 ①心境：心情，意境。
②意界：境界。
③造化：自然，自然界的创造者。

【译文】 在皎月当空的雪夜里，人的心境也会显得豁然开朗；在春风拂面的晴天，人的心情也会格外舒畅。自然环境影响着人们的情绪，可以说是息息相关。

【解评】 宋朝的大养生家陈直曾说："午睡初足，旋汲山泉，拾松枝，煮苦茗啜之，随意读周易、国风……陶、杜诗，韩、苏文数篇。从容步山径，抚松竹，与麋犊共堰息于长林丰草间。坐弄流泉，漱齿涤足。弄笔窗间，随大小作数十字，展所藏法帖、墨迹、画卷纵观之……出步溪边，邂逅园翁友，问桑麻、说粳稻、量晴校雨采节数，相与聚谈一俏，归而倚仗紫门之下，则夕阳在山，紫绿万状，变幻顷刻，悦可入目。"大自然能够涤荡去人心中的烦闷与忧虑，就像古人所说："湖边一站病邪除，养心养性胜药补。"这是大自然的魔力，也是人类发展长河中沉淀下来的一种文化心理。

不可牵文泥迹，总在自适其情

幽人[1]韵事[2]，总在自适其情。故酒以不劝为欢，棋以不争为胜，笛以无腔为适，琴以无弦为高，会以不期约为真率[3]，客以不迎送为坦夷[4]。若一牵文泥迹，便落尘缘苦海[5]矣。

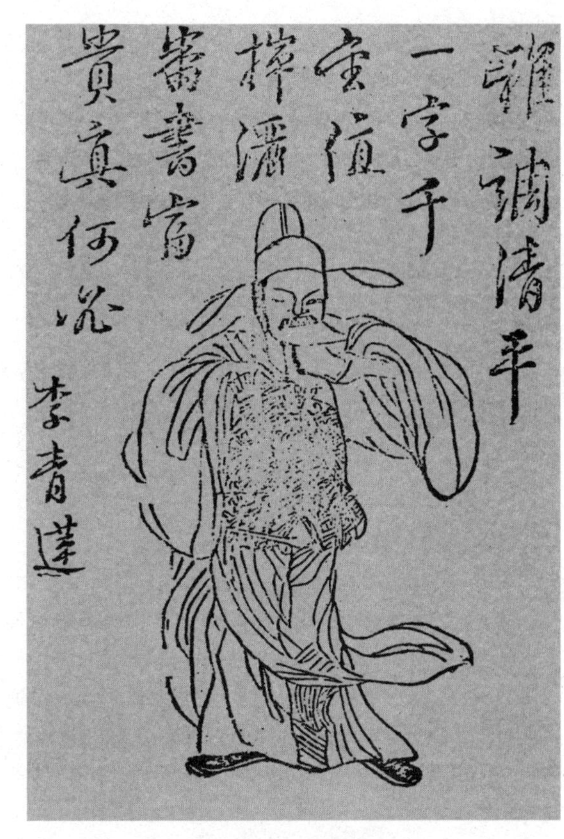

李白像，出自《异说征西演义》。李白号青莲居士，故又称李青莲。

【注释】 ①幽人：隐居的人，隐士。

②韵事：风韵之事，高雅的活动。

③真率：直爽、坦率。这里是自然的意思。

④坦夷：坦诚快乐。

⑤苦海：比喻无穷的苦境。

【译文】 隐居者从事高雅的活动，应该以陶冶性情为主。因此，喝酒时以不劝酒为好，下棋以不计较输赢为好。吹笛子以随意为好，弹琴以随意为高，与朋友不期而遇更感高兴，以待客不迎不送更为自然。倘若拘于世俗的礼节，就会使人堕入红尘俗套。

【解评】 李白有一首诗，就叫《山中与幽人对酌》，诗曰："两人对酌山花开，一杯一杯复一杯。我醉欲眠君且去，明朝有意抱琴来。"喝醉了想睡觉，就毫不客气地对客人说你先回去吧，这在普通人的眼里，是会觉得很不礼貌的。然而在超凡脱俗的"幽人"看来，这不过是性情的自然流露，纯真自然，不是世俗礼仪所能束缚的。君子彬彬有礼，之所以要设礼仪规矩，是为了规范常人的行为举止，倘若一味拘泥于规矩礼仪，把自然流露的美好一面也都约束了，那就把好事弄成了坏事，失去礼的本义了。

静者为之主，闲者识其真

风花之潇洒①，雪月之空清②，唯静者为之主；水木之荣枯③，竹石之消长，独闲者识④其真。

【注释】 ①潇洒：舒畅，轻快。

②空清：清澈。

③荣枯：指草木茂盛和枯萎的样子。

④识：认识，在此是感觉到的意思。

【译文】 迎风怒放的鲜花显得潇洒，雪中的月光显得清冷明亮，这些内心宁静的人才能感受得到；水涨潮落，树木的荣衰，竹子的生长，山石的风化，这些变化非常缓慢，只有悠闲的人才可以感觉得到。

【解评】 弘一大师释子自道："世法惟恐不浓，出世法惟恐不淡。欲深入字法门，须将无始虚妄浓厚习气尽情放下，放至无可放处，‘淡’性自然现前。淡性既现，三界津津有味之境界如同嚼蜡矣。”清淡是一种悠远而洗练的境界，极具自然、天真的意趣。只有具备宁静清空的内心，才可以感受到生命中的平淡、清淡之美。为生活所束缚，形为物役、身为形役之人在欲望的驱使下，好像无头苍蝇般忙得不可开交，到头来却不知道目标在什么地方，又哪里有清空的心灵体味生活中的清淡之美呢？

天全故其欲淡，人生第一境界

田父野叟[①]，语[②]以黄鸡白酒则欣然喜，问以鼎养[③]则不知；语以缊袍短褐则油然乐，问以衮服则不识。其天全，故其欲淡[④]，此是人生第一个境界。

【注释】 ①野叟：指村野老人。

②语：与他人谈论的意思。

③鼎养：山珍海味，用来形容世家大族的奢侈生活。

④欲淡：对欲望较淡漠。

【译文】 与乡间的村野老人，谈论起煮鸡白酒他们便会十分高兴。而提起山珍海味却都默不作声；和他们说起布衣棉袍便会喜上眉梢，而提到蟒袍玉带则会全然不知。他们天性淳朴，因此对荣华富贵看得较淡。能够做到这些便是到了人生的最高境界。

【解评】 人生应该淡泊自守，抛开不必要的欲求，保持做人的天性，如猫儿吃饱了肚子，躺在太阳底下，蜷成一团地睡着了，何等自在。人即使吃饱穿暖了，却还得为挣更多的钱、谋取更高的职位奔波，得不到一刻安闲。其间的区别，便在于猫的天性，而人生却不得不受物欲羁绊。人生固然也有很多无奈，不但得为自己生计着想，还得考虑父母子女等种种负担，再说也不能没有远虑，不为将来的发展，以及日后养老做打算。生活在现代社会，已经不能像未受文明浸染的野人那样，完全凭着天性而活。不得不赚钱，不得不为将来打算，这是每一个人的宿命。然而关键在于，我们赚钱是因为需要，但不能成为金钱的奴隶，把追逐金钱当成了人生的目标。

兴逐时来，景与心会

兴逐时来，芳草地携杖闲行，野鸟忘机[①]时作伴；景与心会，落花下披襟[②]兀坐[③]，白云无语漫相留。

【注释】 ①忘机：忘记了危险。机，危机，危险.

②披襟：披着衣服。

③兀坐：指独自静坐的意思。

【译文】 天气变暖的时候，人们都兴致勃发，在青草地上携仗闲行，欢快的野鸟也似乎忘记了危险与人相伴相趣；美丽的春光令人无比欢畅，披着衣服静坐在不断飘落的残花中,悠闲地望着空中的不会讲话的白云消失在远方。

【解评】 随着经济活动的频繁,社会变得纷繁复杂起来。忙碌的生活中人们似乎都失去了本真的面目,为了生活匆匆奔波,每天都患得患失,举棋不定。什么时候才能放下一切负担,清空内心的纷杂,任自己与大自然相互交融,物我两忘。人的生命与其他动物一样,都是自然所赐,只要放下心机、重新融入自然,就能回到本真状态,动物也会像亲近一棵树一块石头一样亲近你。

雨余山色觉新妍,夜静钟声尤清越

雨余观山色,景色便觉新妍①;夜静听钟声,音响尤②为清越③。

【注释】 ①新妍:清新而美丽。妍,美,美丽。

②尤:尤其,特别。

③清越:即清脆悠扬的意思。

【译文】 雨后去欣赏湖光山色,便会觉得景色格外清新美好;在夜深人静时倾听从远处传来的钟声,就会觉得声音更加悠扬。

【解评】 雨水不仅能洗去风尘,也能洗去人们心头的烦闷。看看雨后的青山,真如辛弃疾所言:"我看青山多妩媚,料青山见我应如是。"有自然一般阔大包容的心胸,自然能感受到自然的豪情。从自然中领悟到妙不可言的机趣。像李白一样,"相看两不厌,只有敬亭山"。张继有一首十分优美的诗——《枫桥夜泊》:"月落乌啼霜满天,江枫渔火对愁眠,姑苏城外寒山寺,夜半钟声到客船"。为世人传唱了千百年。客旅之中本就充满了愁苦,夜里的钟声听起来分外地悠长凄凉,更增加了几分乡愁。

得处喧见寂之趣,悟出有入无之机

水流而石无声,得处喧①见寂②之趣;山高而云不碍,悟③出有入无④之机⑤。

【注释】 ①喧:声音大而嘈杂。

②寂:寂静。

③悟:明白,理解,领悟。

④出有入无:即从凡俗世界而进入了虚无境界。

⑤机:玄妙,奥妙。

【译文】 溪水流淌然而其中的石头却悄然无声,可见在喧闹的环境中也能寻找到保持清静的真趣;山峰高耸入云然而云彩也会来去自由,因此悟到从凡俗世界进入虚无境界的奥妙。

【解评】 "小桥流水人家,山高云轻石淡"这是历来文人墨客所向往的至纯境界。水流淙淙,而两岸的景物寂然无声;山峰高峻,却牵不住无心流云,因为没有执著,故身心皆不为所羁,清空而自由。前人做过两句诗:"竹影扫阶尘不动,月穿潭底水无痕。"君子之心,如竹影扫拂时的阶尘,如如不动;似月轮穿映时的潭水,澄澈无痕。动中寓静,能否体会就要看你心中是否有“静”。静中有动,于无声处听惊雷,此时无声胜有声,只要你能会心。若能顿悟“天地与我并生,而万物与我为一”,就不会再拘泥于出世入世的矛盾,就会出入皆在我心。

心无染着,仙都乐境

山林是胜地[①],一营恋[②]便成市朝;书画是雅人,一贪痴便成商贾。盖心无染着,欲界是仙都;心有挂牵[③],乐境[④]成苦海[⑤]矣。

【注释】 ①胜地:名胜的地方,这里是指圣洁的地方。

②营恋:即喜欢,迷恋。

③挂牵:挂念,在这里是过分贪恋的意思。

④乐境:即充满快乐的境地。

⑤苦海:佛教用语,常用来比喻无穷的苦境。

【译文】 山林之间本来应是圣洁的地方,如果每个人都喜欢去这个地方了,那里就会变成闹市;书画本是由高雅之人所作,但如果人们过分贪恋它们,它们就会变成商人渔利之物。所以只要人的心灵不受其他外界事物的影响,便会感到世界好比仙境;如果心中多有牵挂,那么虽处于乐境中但实际却似坠入苦海。

司马迁像,图出自清·顾沅辑《古圣贤像传略》。

【解评】 司马迁曾云:“其志结,故其称物荒。”只要人们心中对物欲无所执著,便能领悟到清空的自由境界。明初画家王绂以山水竹石画闻名于世,其画潇洒出尘,其人亦品性高洁。据说有一晚他投宿客栈,听到有人月下吹箫,十分幽美,于是画兴大发,作了一幅《竹石图》。第二天就带着画去寻访吹箫之人。那人原来是一位商人,平日素来仰慕王绂,收到王绂所赠之画非常惊喜。第二天就带了两只鹿茸送给王绂,请他再画一幅。王绂笑着说:“我为箫而访,汝以箫材报。汝俗子也。”于是要回《竹石图》,当着商人的面把画撕毁。

静躁稍分,昏明自异

时当喧杂,则平日所记忆者,皆漫尔[①]若遗;境在清宁[②],则夙昔所忽忘者，又恍然自现，可见静躁[3]稍分，即昏明[4]自异也。

【注释】 ①渺尔：在此指模模糊糊，不清楚的事情。
②清宁：清幽。宁，安定。
③静躁：静，宁静，寂静无声；躁，躁动，不安静。
④昏明：昏，糊涂，昏聩；明，明白，清醒。

【译文】 当处在环境喧闹嘈杂的环境中时，平常所记忆的东西，就会模模糊糊地想不起来了；如果环境清幽宁静，那么以往记不太清的事情，也会历历在目，可见人的心境是浮躁还是宁静，直接关系到人的头脑是糊涂还是清醒。

【解评】 喧嚣的时候，各种各样的信息包围着你，而人的接受判断能力终究有限，不免觉得杂乱疲倦。而宁静的时候，没有身外的干扰，人的头脑自然也冷静清醒。然而，与身外的干扰宁静相比，更重要的是内心是平静还是喧杂。归根结底，环境只是外因，若能把持自己的心境，即使在喧嚣的环境里也能体会到宁静；若是自己的心定不下来，即使在密室里仍会觉得耳边轰鸣。其实烦恼的根源都在自己的内心，若能心定，即使在人声喧哗中亦能"悠然见南山"。

芦花被下，竹叶杯中

芦花被[1]下，卧[2]雪眠云，保全得一窝夜气[3]；竹叶杯中，吟[3]风弄月，躲离了万丈红尘[5]。

【注释】 ①芦花被：指以芦花织成的被子。
②卧：倒伏，躺着。
③夜气：指夜晚的清凉之气。
④吟：吟咏。
⑤红尘：指人世，人间的意思。

【译文】 躺在用芦花做成的被子里，就像卧在洁白的雪片中，睡在缥缈的云雾里，周身显得十分暖和；品尝着竹叶香茶，咏风嘲月，好像远离了喧嚣的人间。

【解评】 《元史》记载了这样一个故事：散曲作家贯云石见渔父织芦花为被，非常想拿东西跟他交换，渔父不想与他交换，就骗他说要换就写诗来换。贯云石当场吟成《芦花被诗》一首，拿着芦花被扬长而去，其诗广为时人传诵。芦花被野趣盎然，尤其受明代主张性灵、崇尚自然的文人所喜爱，唐伯虎有诗云"茅柴白酒芦花被，明月西湖何处滩"，袁宏道的《竹枝词·其四》也以它入诗："侬家生长在河干，夫婿如鱼不支滩。冬夜趁霜春趁水，芦花被底一生寒。"洪应明借芦花被和竹叶杯，在想象中卧雪眠云，吟风弄月，来表达超脱于红尘俗世，寄情于天地自然的理想。

不玩物丧志，亦常借境调心

徜徉[1]于山林泉石之间，而尘心[2]自息；夷犹[3]于图画诗书之内，而俗气潜消。故君子虽不玩物丧志④,亦常借境调心。

【注释】 ①徜徉:徘徊,这里是漫步的意思。

②尘心:凡俗之心。

③夷犹:从容不迫地从事各种活动。

④玩物丧志:因沉迷在所爱好的事物中而丧失了雄心大志。

【译文】 漫步于山林泉水和山石之间,对世事的眷恋就会自然消失;陶醉于作画读书中,那么身上的市侩习气就会渐渐消失。因此,君子虽然不喜欢这种沉湎于玩物而丧失意志的做法,但可以借助它们来陶冶身心。

【解评】 自然博大优美,可以涤荡人的灵魂。人在自然之中,只会觉得自己渺小丑陋,尘世间的利欲纷争,都显得那么无谓,只想抛去所有的羁绊,全身心地融入这天地造化之中。图画、诗歌、书法,都是中国传统艺术的精华。艺术能陶冶人的情操,使人精神升华,欣赏玩味图画诗书,在这美的殿堂中流连,剥去一切后天的矫饰,把人性中最本真的一面尽情显露,就可以忘却人世间的钩心斗角,割舍下万人欣羡的功名利禄。

春日不若秋时,使人神骨俱清

春日气象繁华,令人心神骀荡①,不若秋时云白风清,兰芳桂馥②,水天一色,上下空明,使人有神骨③俱清也。

【注释】 ①骀荡:放荡,这里是舒缓荡漾的意思。

②馥:香气浓郁。

③神骨:指神韵风骨。

【译文】 尽管春天里万物繁花似锦,真是令人心神荡漾,但比不上秋天时的云白风清,兰桂飘香,那时水天一色,天地开阔,使人感到清爽异常。

【解评】 洪应明对秋天的热爱和赞美,自有其中的道理,甚至认为即使是秋天的景致,秋高气爽,兰桂飘香,也能比过春天里人们舒畅的心情。心随境转,季节的不同,也使人的心境产生不同的变化。春天风和日丽,繁花似锦,让人心情怡悦。秋日肃杀萧瑟,使人多愁善感,易于哀伤。古代文人作品中,“悲秋”始终是一个非常重要的主题。从屈原的“帝子降兮北渚,目渺渺兮愁予。袅袅兮秋风,洞庭波兮木叶下”,到宋玉的“悲哉,秋之为气也!萧瑟兮草木摇落而变衰”,再到欧阳修的《秋声赋》,都表现了对天地无情的感慨。秋使人伤感,比起春天来,有人更喜欢秋,如刘禹锡《秋词》说:“自古逢秋悲寂寥,我言秋日胜春朝。”

不以形气用事,若以性天视之

人情①听莺啼则喜,闻蛙鸣则厌;见花则思培之,遇草则欲去之。俱是以形气用事②。若以性天视之,何者非自鸣其天籁③,自畅其生意④也。

【注释】 ①人情：指人世间约定俗成的事理标准，即人之常情。

②形气用事：形气，即义气；用事，办事。形气用事，即义气用事的意思。

③天籁：即自然界的声音。

④生意：生命，生机。

【译文】 每当听见黄莺鸣叫就非常高兴，听到蛙声齐鸣就非常讨厌；看到花草就想种上几棵，看到野草就想连根把它拔掉。这些都是人之常情的事。然而上述做法都是只重外表，意气用事的表现罢了。如果从本质上看，它们哪一种生命不是自然的声音，哪一种不是生命中的一员呢？

【解评】 人不要惑于表面，喜欢听好听的声音，喜欢看好看的色彩，却不懂得蛙鸣草影，也都是自然的一部分。古人追求“天人合一”的境界，认为人本来就是自然的一部分，那又怎么能排斥同属自然的蛙鸣草影呢？所以好莺啼而恶蛙鸣，培花而去草，并不是出于人的自然本性，而是受了后天美丑好坏观念的影响。但后天的美丑好坏的观念，并不能辨别一个事物的本质，反而会成为蒙蔽我们眼睛，认识真知的障碍。

读《易》晓窗，谈经午案

读《易》①晓窗，丹砂②研松间之露；谈经午案③，宝磬④宣竹下之风。

【注释】 ①《易》：即《周易》。

②丹砂：朱砂，一种矿物，深红色。

③谈经午案：即中午的时候在书桌旁朗诵佛经的意思。

④宝磬：对磬的美称。

【译文】 清晨的时候坐在窗前攻读《周易》这本书，使用松树上的露水研开用朱砂做成的墨水来圈点批注；中午的时候在书桌旁诵读佛经，清风把磬的击敲声传送到竹林间。

韦编三绝图。孔子晚年喜读《易经》，以至于使韦编（即穿竹简所用的皮条）多次断绝。他曾说：“假我数年，五十以学《易》，可以无大过矣。”

【解评】 读《易》使人明理，读佛经使人脱俗。佛教认为人生一切皆苦，而苦的根源在于“无明”，所以要通过“悟”来摆脱轮回，达到涅槃境地。读佛经未必便要信佛，但读了可以让人看破尘世的种种虚妄，亦不为无益。

古人认为《易经》中包含着宇宙人生的深奥道理。孔子对《周易》评价很高，四十多岁时就说：“加我数年，五十以学《易》，可以无大过矣。”晚年更是喜欢读《易》，以至编竹简的牛皮绳子都断了三次，留下“韦编三绝”的佳话。又说：“假我数年，若是，我于《易》则彬彬矣。”

不减天趣，悠然会心

花居盆内，终乏生机①；鸟入笼中，便减天趣②。不若③山间花鸟，交错成文，翱翔自若，无不悠然会心④。

【注释】 ①生机：生命力，自然的生机。
②天趣：自然的情趣。
③若：像，如同。
④会心：知心，领悟的意思。

【译文】 栽种在盆里的鲜花，总是好像让人觉得缺少自然中的一份生机；关在笼子里的小鸟，总是让人感到缺少一份自然情趣。它们不像在山林之间的花鸟那样，或争奇斗艳，或自由飞翔，令人看了感到修然自得。

【解评】 陶渊明的《归田园居》中有这么两句：“羁鸟恋旧林，池鱼思故渊。”因为山林湖海才是它们的故乡，是真正属于它们的世界。世人都喜爱荷花，就是因为它“清水出芙蓉，天然去雕饰。”最自然的才是最美的，因为它们“得其所哉”。飞在山林中的鸟、游进湖海的鱼才是生命真正的本质，故庄子情愿不要“相濡以沫”，而愿“相忘于江湖”。

乾坤自在，物我两忘

帘栊①高敞，看青山绿水，吞吐云烟，识乾坤之自在；竹树扶疏②，任乳燕③鸣鸠，送迎时序④，知物我之两忘。

【注释】 ①帘栊：窗帘。栊，有格子的窗户。
②扶疏：指树叶繁茂分披的样子。
③乳燕：即雏燕。
④时序：指季节的先后，时间的顺序。这里是气候，时节的意思。

【译文】 把窗帘高高地卷起来，看见那青山绿水，云雾缭绕，不禁感受到大自然中的幽静是多么美妙自在；在茂密的竹林中，看见雏燕翻腾飞舞，斑鸠振翅鸣叫，送走了冬天迎来了春季。不禁让人忘却了周围的一切，也忘记了自我。

【解评】 古人认为“天人合一、物我合一”，这是一种朴素的世界观。古人以此为出发点，以一个整体来把握世界，或者说，世界是不可分的，也就是所谓“天地与我并生，而万物与我为一。”《庄子·齐物论》中说了这么一个故事：有一天庄子做梦，梦中自己变成了一只蝴蝶。当他醒来后，觉得十分迷惑，“不知周之梦为蝴蝶与？蝴蝶之梦为周与？”这里传达的就是“物我齐一”的思想。在这种体悟中，“我”与“物”之间的界限消失，我的情感可以融入山河天地、草木花鸟，草木花鸟、山河大地也可以为我内化，投射出我的心境与思想。即禅语所说：“心随境化，触著还知，自然念虑内忘，心识路绝。”

庄生梦蝶图，出自清·《马骀画宝》。

外物常新，我心自在

古德[1]云：“竹影扫阶尘不动，月轮穿沼水[2]无痕。”吾儒[3]云：“水流任急境常静，花落虽频意自闲。”人常持此意以应事接物，身心何等自在[4]。

【注释】 ①古德：佛教中教徒对教门先辈的称呼。

②沼水：在此是池水的意思。沼，池塘，水池子。

③吾儒：指当今的儒家学者。

④自在：自由，安闲舒适。

【译文】 古代的时候有一位佛教高僧曾说：“当竹子被风吹拂时，它的影子虽从台阶上掠过，但地上的尘土并没有因此而飞扬；月亮的倒影虽然映射在池水上，但却没有在水面上留下痕迹。”古代的时候也曾有儒家学者说：“无论水流如何湍急，只要我的内心保持平静就不会听到水的声音；虽然花瓣纷纷凋落，只要我的心境保持悠闲就不会受到这种情景的干扰。”如果人能够以这种态度为人处世，那么身心会是何等的安闲舒适，自由自在了。

【解评】 古人云：“世上本无事，庸人自扰之”，可见：“境由心造，境由心生”，在世态纷繁中能够把持住自己的内心，才能不为外物所累。古人云：“小隐隐于野，大隐隐于市。”需要到深山老林之中，才能保持内心的清净的，那是修为不够的表现。真正的高人，即使在喧闹的市场，熙熙攘攘的城门，也能做到心如古井，不起波澜。就像陶渊明诗中所说的，“结庐在人境，而无车马喧。问君何能尔，心远地自偏”。

唤醒梦中梦，窥见身外身

听静夜[1]之钟声，唤醒梦中之梦[2]；观澄潭[3]之月影，窥见身外之身。

【注释】 ①静夜：安静的夜晚，即夜深人静的时候。

②梦中之梦：比喻幻境。

③澄潭：清流的潭水。澄，水静而清。

【译文】 当夜深人静的时刻，听到从远处传来的悠然的钟声，能够把我们心灵中的虚妄之梦唤醒；看到清澈潭水中月亮的倒影，能够使我们看到身体之外的身影。

【解评】 夜深人静的时刻，人们总会生出许多幽深的思绪，好像夜晚有种特殊的魔力，可以让人们平心静气，回归到自己心底，翻检出一些平日近乎遗忘的记忆。正是因为这样，人在夜里更能贴近本来的自己，抛却浮华与虚伪，才能看清真实的自己，反省白天的虚荣和盲目。虽然眼前的景物相同，然而非至闲至静之时，则不能体味其中真意。夜色与月光底下，正是至闲至静之时。

天机清澈，胸次玲珑

鸟语虫声，总是传心[1]之诀[2]；花容草色，无非见道[3]之文。学者要天机清澈，胸次玲珑[4]，触物皆有会心处。

【注释】 ①传心：传递心声，心心相印。

②诀：秘诀，这里是信号的意思。

③见道：在此指表现自然的规律。道，自然规律。

④玲珑：明澈、空明的样子。

【译文】 鸟叫虫鸣，无非是传递心声的信号；花艳草绿，总是展示着自然的规律。做学问的人要头脑清楚，从周围耳闻目见的每件东西上，感受到自然的博大精深。

【解评】 每一种事物都有传达自己本质的方式，或者通过表象，或者投射于它物。做学问的人讲究"淳朴"，只有怀着一颗赤子之心，才不会为虚假的幻象所迷惑，直接触摸到事物的本真。只有超越形体的拘囿，才能领悟到"众妙之门"。这就需要清空、赤诚、无邪的心灵，不为私欲邪念所蒙蔽，本真的心灵才能感受到本真的世界。

识得琴中趣，何劳弦上音

人解读有字书，不解读无字书[1]；人知弹有弦琴，不知弹无弦琴[2]。以迹[3]求，不以神求，何以得琴书之趣[4]。

【注释】 ①无字书：即没有字的书，泛指大自然的各种景象。

②无弦琴：没有弦的琴，泛指宇宙间的一切声响。

③迹:痕迹,这里指有形的东西。

④趣:乐趣。

【译文】 人只看有字的书,但却不看没有字的书;人能弹有弦的琴,却不能弹无弦的琴。如果只能利用有形的东西,而领悟不到无形的神韵,这种人又怎么能感受到读书弹琴的真正乐趣呢?

【解评】 如果世人只限制于视觉听觉,那就只能拘泥于事物表面,无法领会天地世间的本质。史书上记载,魏晋时期大诗人陶渊明的家中挂着一把无弦琴,有客人问他无弦琴有什么用?陶渊明回答说:“但识琴中趣,何劳弦上音?”鲁迅先生在他的文章中说:“作为一种精神的存在,琴是与保持‘真想’、远离尘嚣共在并存的,形迹何在并不重要,重要的是‘心远地自偏’,这种存在,精神指向的宏远是关键。”

【解悟】

贪得者虽富亦贫,知足者虽贫亦富

贪得者虽富亦贫,知足者虽贫亦富。这话对也不对,有了财富能够让物质生活过得好些,总比贫穷好,但为了财富丰厚而不择手段贪得无厌最后沦为财富的奴隶,就失去了人生的意义。所谓深处味短,淡中趣长,指的是精神上的追求。有这样一种社会现象,说是有人穷,穷得只剩下钱;有人富,富得除了书本一无所有。这是不正常的。追逐金钱达到痴迷状态随之而来的便是精神空虚,而精神富足的人固然在理念世界能够做到真趣盎然,但没有一定的物质基础是没有体力来体会乐趣的。因此,看待任何事物都要有一分为二的辩证态度。

魏晋时期,担任广州刺史的人,一般都有贪赃枉法的行为。因广州倚山傍海,是个出产奇珍异宝的地方,只要带上一匣珍宝,便可几世享用。但是,当地流行瘴疠疾疫,一般人都不愿到那儿去。除非是那些难以自立又想发财的人,才希望到那儿为官。所以,广州的刺史要比其他地方更为腐败。

晋安帝隆安年间,朝廷想要革除这儿的弊政,便派有清官美称的吴隐之担任广州刺史,领平越中郎将。

年轻时的吴隐之就孤高独立,操守清廉。虽然家中非常穷,每天到傍晚才能煮豆当晚餐,但决不吃不属于自己的饭菜,不拿不合乎道义的东西。他后来担任过各种显要的职务,都保持俭朴品质。他的妻子要自己出去背柴。他得到的俸禄赏赐,都拿来分给亲戚和族人,以至自己在冬天都没有被子盖;有时甚至因为缺少替换衣服,洗衣服的时候只好披上棉絮待在家里。他的生活和贫寒的平民没什么两样。

吴隐之奉命去广州,走马上任。到了离广州治所二十里一个名叫石门的地方,只见一道泉水淙淙流去。得知这条泉水,称作“贪泉”。听说不管是谁,只要喝了贪泉的水,都会产生贪得无厌的欲望。

吴隐之听了这话,跨下马来,对随从说:“如果看不见可以让人产生贪欲的东西,人的心境就不致慌乱。现在我们一路上见到那么多的奇珍异宝,我算知道了为什么越过五岭,人们就会丧失清白的原因了!”这些话其实是想告诉自己和周围的人不要为珍宝动心。

说完,他便跑到贪泉边,舀起泉水很坦然地喝了起来,并且当即吟诗一首:“古人云此水，一饮怀千金。试使夷齐饮，终当不易心。”表明了他要像商末的伯夷、叔齐一样，坚守节操，决不变心。

他在广州上任期间一尘不染，更加清廉。他平常吃的也不过是些蔬菜和干鱼，帷帐、用具、衣服等都交付外库。当时有很多人都以为他是故意要显示自己俭朴，只不过做个样子给别人看罢了。时间长了，人们才知道他真是个清官，不是故作姿态。帐下人向他进食鱼时，总是剔去鱼骨头，只剩下鱼肉。吴隐之发现了，觉察到他的用意，便狠狠地处罚了他，并把他免职。

因为他的以身作则，广州地区的贪污陋习大为改观。朝廷嘉奖吴隐之的廉洁克己、改变风气，晋封为前将军。

吴隐之从广州回到京城，随身未带任何东西。他妻子刘氏带了一斤沉香，吴隐之见到后，把它取出来，扔到河里。

吴隐之住在京城，小宅院只有几亩地大，篱笆和院墙又窄又矮，一共才六间茅屋，妻子儿女都挤在一起。当政者要赐给他车、牛，为他重新盖所住宅，但是他坚决不同意。不久，他被任命为度支尚书、太常寺，也只是以竹篷为屏风，坐的地方连毡席都没有。后来升到中领军，每月初领到俸禄，只留下自己一人的口粮，其余的全赈济亲戚、族人，妻子儿女一点也不能分享。家属要靠纺织谋生，自食其力。因此，常常出现灾难困乏的情况，有时两天吃一天的粮食，身上总是穿着破旧的布衣。

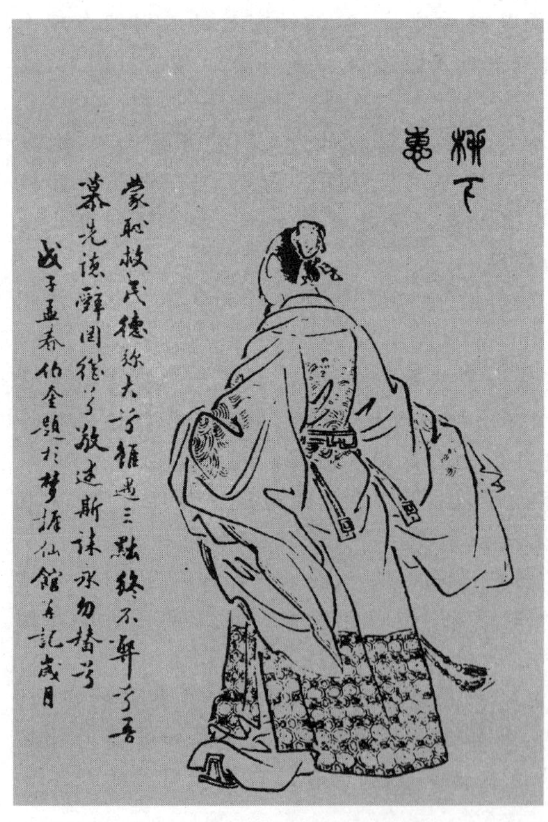

《东周列国志》版画之柳下惠像

情欲之间，性理有别

春秋时期，有一位因赶路而找不到住宿的女子，来到鲁国人柳下惠处求宿，柳下惠收留下她。因怕晚上的寒冷之风将她冻坏，柳下惠就解开外衣，让她坐在自己的怀里，并用外衣来紧紧裹住她，就这样，两人坐了一夜。

因为柳下惠为人正派，所以没有人怀疑他对这个女子有过什么非礼越轨的行为，后世人就依据此项美谈，用“坐怀不乱”来形容那些坚持道德、克制自我的正人君子。

不管现在还有多少人感到这件史实是多么的不可思议、难以想象，当它已演化成一句既约定俗成又颇具大众传播基础的成语时，它清楚明白地说明了这样一项人生智慧：人作为道德理性的动物，已经不再是情感欲望的奴隶。

关于道德理性与情感欲望的矛

盾关系，中国古代思想家们早就将其归纳为天理与人欲、理与欲的矛盾关系。

比如在《礼记》中，已将“灭天理，穷人欲”看做是某些人有悖逆诈伪之心，行淫失作乱之事的根源。

到了宋明，理学家们更是提出了“明天理，灭人欲”的著名理欲观。

洪应明生活在二程、陆九渊、朱熹和王守仁之后的明朝万历年间，思想上有着明显的理学渊源。因此，他在《菜根谭》中，就对理欲问题有较多的论述，总体上有压抑人欲、高扬天理的倾向，内容则夹陈着正确与谬误，是精华与糟粕并存的。

合理方面，比如觉得一个理智的人，不应为追求一时之欢而纵欲，因为无理智约束的人欲与物欲，会使人丧志散志，会累及个人的人生前途。因为理性不容易约束欲望，所以，人在频频泛起的人欲与物欲前，就更不能持退后松懈之策。在这点上，保持思想上的高见识和信念定力，是两项十分关键的因素。

他还认为，活生生的人不可能舍情绝欲，君子也仅是节欲寡欲而已。因为这样，他们才可能打开道义之门，纠正那些偏颇过度的欲望。

他提倡进行正确处理理欲关系的道德教育，宜早不宜晚。

他强调有益于公事公众的欲，也就是理，等等。

以上的认识，至少有这几方面的合理成分：

第一，是讲清了极端膨胀的个人私欲所具有的危害性与危险性，确认了伦理道德意识的约束力量与升华作用，试看历史上的那些亡国之君、丧师之将、败家之子，常常因为不能自律，不能遏制个人物欲、性欲和权力欲的膨胀，沉湎于声色犬马和黑暗的政治阴谋中，终招致身败名裂的结局。相反，那些具有高尚的道德且严格自律者，往往通过节制私欲来磨砺自己，专心致志地向大事业、大学问的高峰攀登，铁肩担道义，就不是个人私欲作祟的结果。

好比林则徐就以“无欲则刚”四字，作为自己人生的座右铭，它无疑是他能不屈服于外国列强的高压，坚决禁绝鸦片烟的精神支柱之一。

第二，诚如一些学者所指出的那样，理欲之辩实乃公私之辩。因此，即使是宋明理学家的那些“饮食者，天理也；要求美味，人欲也”之类的偏颇主张，虽然未曾明说，客观上，也更多是针对和否定封建豪门贵族的那种“朱门酒肉臭”的奢侈豪华、荒淫挥霍的生活的，是对当时民众要求基本饱暖的一种理论上的同情之声。

第三，寡欲节欲的要求，是与当时的社会生产力水平相应的。在当时以自然经济为主的社会生活中，这种要求，实质上也就是维持社会简单再生产的前提之一。即使洪应明未能看到此项实质，但他要求每个人通过道德信念的建树，来自觉克服贪图享受的自发行为，至少是与当时经济的缓慢发展历程相应的，等等。

不足与谬误之处在于，他对于如何正确地对待个人的合理情欲，基本没有涉及，总体上还有否定情欲的倾向。未注意在鲜活的实践中而仅是主张在个人的主观世界中作过多玄虚的尽心反省，这也正是宋明理学家们常犯的错误。

如黄绾明朝理学家，就常把自己关在房间内，不食不寐地反省，还用本子作了记录：有一个念头出自“人欲”，就用墨笔在本子上点一个黑点；有一个念头符合“天理”，就用红笔在本子上点一个红点。就这样长年累月，耗费了光阴，也只是维护了自己头脑中关于理欲的先入之见，使自己的言行不出大错而已，这显然是迂腐而又不可取的。

另外，过分地禁锢人的情欲，就会压抑了人性的正常发展，降低了人们对幸福的追求，从而也就妨碍了社会的发展。

如程颐认为寡妇宁可饿死也不能改嫁，改嫁就是失节不贞的思想，在其后数百年里，贻害无穷，戕害了无数妇女的青春、幸福乃至生命。所以，这些绝欲明理的思想，在近现代屡屡受到启蒙思想家们的猛烈抨击，也就是很容易理解的了。

将以上意识综括起来，可以明确三点：

第一点是个人应学会用理智来约束、调节和引导自我的欲望，欲不可纵，从而促成人生的升华，既有益于自我的完善，又有助于维护社会的稳定和秩序。

在这点上，洪应明所提到的议家评人的三条标准，依然是成立的，即认为：过分地追求饮宴之乐的家庭，不可算是好家庭；过分地追逐华美声誉的学子，不可算是好学子；过分地执著于名位之念的官员，不可算是好官员。

第二点是明理者对于肉体躯壳的自我，要有看得破的深刻意识，心常如竹，保持虚心，以容纳正义公理；对于自我的人性精神，则要有认真的态度，如此，万理皆备，人不空虚而心灵充实，吾欲则刚，断不会物欲横流。个人是包含精神与躯体联合而成的完整个人，个人在面临理欲矛盾时，更多地运用理智与自律，其后就应包含着一个个有效的安排，从而使自我得以选择并适度地表达理智、情感和善意。

第三点则是对于宋明理学家的那些否定人的正常欲望，并已在历史上有过极端非人性化发展的说教，则应予以深刻地批判，彻底地抛弃，因为这些绝欲禁欲的主张富于愚民的意味，背弃了人性的自然而合理的追求。

现代人应该用辩证的眼光来看待历史上的理欲观，更合乎情理地处理好人生的理欲关系，不要使自己被欲望感觉牵着鼻子走，也不应用纯理性来排斥作为人的合理的欲望与情感。只要能很好地找到理与欲的结合点，幸福的人生，在等着我们。

生活有取有舍，戒喧嚣与浮躁

生活不光是取与舍，不要斤斤计较失去的，有时得到的比失去的更可贵。

在职场里的每个人，到了岁末年初，总要将自己的办公桌彻底清理一次——扔掉那些毫无保存意义的信件、材料，再将其他的重新进行归类整理，使之井井有条、耳目一新，给自己创造一个相对宽松、舒适的环境和一份好心情。即便这样，还是有一些东西年年都舍不得丢弃，但却是从来都用不着的。

人们总习惯以“可能有用”为借口而无形中保留了一件件、一堆堆“废品”和“垃圾”，直到有一天狠狠心将它扔掉之后，生活中也不觉得少了些什么时，才明白它是多余的东西，意识到自己所犯的“错”。

随着年龄的增长、岁月的洗礼、阅历的丰富、知识的积累与沉淀，人们对生活注入了新的思考与认知，同时也对传统思想、观念进行了新的审视、反省与诠释，对一切诸如习惯、观念、想法、经验、爱好等无形的东西也在不断地进行筛选和更新，一些过时的或给生活造成不必要的麻烦和不便的，我们要有勇气随时丢弃它，即便要为此付出很多时间、精力，甚至要忍受煎熬和痛苦。因为这样，我们才有机会和足够的时间、精力、空间，学习和接纳一些科学的、新鲜的事物。

信急、操守、气节、尊严、志向、道义，它不仅仅是个人的事，它直接关系着一个民族、一个国家的声望、前途和命运，我们完全没有理由和借口来回避和拒绝，“不为五斗米折腰”的陶渊明，“留取丹心照汗青”的文天祥，“先天下之忧而忧”的范仲淹，以及近代、当代的一些人们耳熟能详的仁人志士的可歌可泣、感人肺腑的事迹，启迪、鞭策、激励、鼓舞着一代又一代有识之士为了国家、民族的事业、前途、命运，置个人安危于度外，出生入死，即使抛头颅洒热血也在所不惜，用个人的青春、幸福、鲜血、生命换取民族的觉醒和革命的成功，铸起一个国家、一个民族的精神之魂，建立起国家和民族的神圣尊严，他们为实现崇高的人生理想、人生追求和人生价值付出了巨大的甚至是生命的代价，他们的英名与事迹也随之流芳百世。

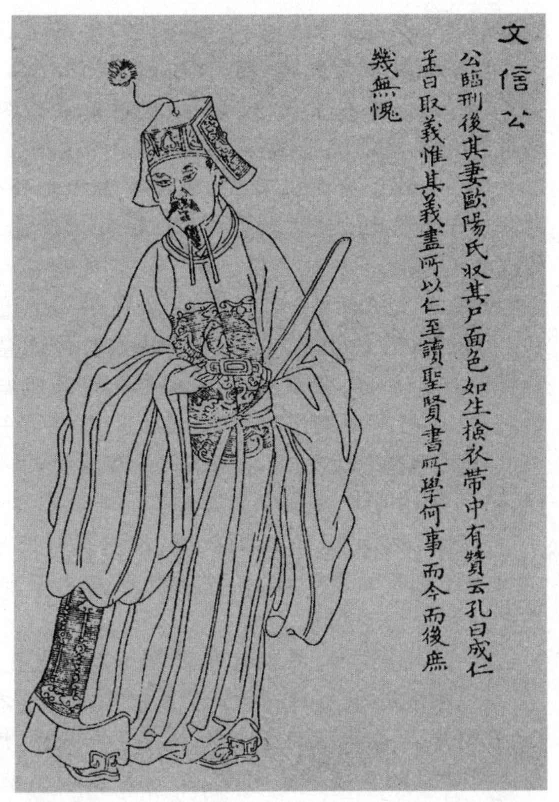

文天祥像，图出自清・上官周绘《晚笑堂画传》。

在当今时代，面对市场经济和社会变革的激荡冲击而滋生出的种种物质的、精神的刺激、诱惑和陷阱，使人们内心仍无法取舍对功名利禄的追逐，接受着各种挑战和考验，人们的思想观念、价值观念、伦理道德也相应地发生了一系列的嬗变与革新。

到底还要不要坚守志向、信念、道德、操守、正义和良知的精神阵地，捍卫和呵护人类共同的精神家园，这个问题考验着每一个现代人。许多经得住革命战争的枪林弹雨洗礼的胸膛，却被用钞票包裹的“糖衣炮弹”所击穿；许多人能欣然地面对和迎接各种困难、挫折及厄运，却不能坦然地接受“绚烂归于平淡”的事实，而晚节不保成为人民的罪人。相信人们会记住中国“烟草大王”褚时健曾经为玉溪建树的辉煌业绩，却不能原谅和忘却在他即将“解甲归田”时犯下的滔天罪行和因此而酿成妻离子散、家破人亡的悲剧。

尽管欲望膨胀与物质蛊惑的外呼内应，使一些人信仰的天平发生了严重失衡，精神发生了可怕的癌变，最终走上犯罪的道路。但我们依然要弘扬坚守正确的取舍观。不管世界怎样变化，我们都要做旗手保卫战旗，战士捍卫阵地，在喧嚣和浮躁中坚守我们做人的原则，呵护好充满正义与良知的心灵。

生死同根，悲乐常情

《菜根谭》的生死观，可归纳为以下七点：

(1)明确地认为人生只有一世，没有提到任何轮回转世的观点。

(2)通过人生如粒米电光之类的比喻,说明人生的渺小与短暂。

(3)正因为人生的短暂,所以才提倡对人生的珍惜,防止出现虚生的忧虑。

(4)指出在人生之中,今日、现时是最易飘忽而逝的,所以,对人生的珍惜,就必须体现在对现时的把握上。

(5)看到了有生必有死,应该破除贪生畏死之念。

(6)既然死亡是人人皆有的归宿,悟此念此,就可减轻乃至放下名利富贵所铸成的人生重担。

(7)人生的短暂,死亡不免,故提倡闲适逍遥的人生。

《菜根谭》的生死观,秉承了庄禅的传统意识,是对传统文化的生死观所作的凝练和提升。其主旨,就是对于个体生命的必然归宿——死,有一种惊人成熟、彻底豁达的洞察,因而也就有了珍惜人生的意识,有了一种追求超脱豁达的人生观。

战国时期伟大的思想家庄子,因为他对人生有着独特的体验和洞彻的思考,所以,他的哲学可称为生命的哲学。

在生死问题上,有两则故事,很能说明他思想上的特点:

一是庄子的妻子死后,庄子的朋友惠子前往吊孝,却发现庄子没有号啕大哭,却正在敲打着盆子唱歌。

惠子十分诧异,并以庄子没有为妻子之死而悲伤痛哭来责怪庄子。

庄子闻言,就解释道:自己开始并不是没有悲伤,但后来想到,一个人的降生与死亡,就好像是自然界的春夏秋冬的运行一样,周而复始,人死了,那就是静静地安息在天地所构成的巨室广厦之中,而我却在嗷嗷痛哭,难免就是不通达生命的道理了,所以我才止住了痛哭。

这就是庄子著名的“鼓盆而歌”的故事。

二则是在庄子临死之时,他的弟子学生们准备厚葬自己的老师。

庄子提出的要求,却让人大惊:我要用天地来做棺材,用日月星辰作点缀的双璧和宝珠,用天地万物来做祭品,试问,还有什么比这更气派也更隆重的呢?

他的学生闻后,悲恸地说:这样做,我们怕你会被乌鸦、老鹰吞吃了的呀。

庄子对此回应道:放在露天,是会被乌鸦、老鹰吃掉。而埋到土里,则会被蚂蚁吞吃。你们是要从乌鸦嘴里抢出给蚂蚁吃,这该是如何的偏心啊!

禅宗哲学家对于生死,提倡的两忘法是一种置生死于度外,主张不执著于生,也不执著于死,人只要是顺应自然地生活,就可以傲睨王侯。生活着,把握住现时,踏踏实实地学习、工作与生活,这就是生命的全部意义。对此,无须慷慨高歌,也无须怨尤哀叹,只要平平实实、轻轻淡淡地做来,就可以臻达佳境。死亡,也就是生命的必然终结,对此,不必畏惧,不必自扰,而要有坦然接受认可的心理准备。

有一个富翁向仙崖禅师求墨宝,禅师问明来意后,写下了六个字:“父死、子死、孙死”。

看了这些字,那位富翁非常生气地说:“我求你写的是一些祝福我家世代兴旺的话语,你怎能用这种不吉利的话语来敷衍我呢?”

禅师对此的回答是:“我绝无开玩笑之意,想想,倘若你儿子死在你之前,你要白发人送黑发人,你会十分悲痛的;倘若你的孙子在你儿子前面先死,那么,你和你的儿子都会悲痛欲绝的。假如你家族的人能一代一代地按我所写的自然次序而死,那么,人人就都可享尽天年，这才是真正的家族兴旺呢。”

禅师的这一番话，对那位富翁，对世人，无疑是醍醐灌顶的智慧语。

像这一类故事所包含的达生知命的意识，构成了关于东方生死智慧观的主调之一，也深刻地影响着东方的哲人贤士那直面人生而又坦然地接受死亡的心态，不贪生，不怕死。

瞿秋白就曾认为：个人在忙于公务之余的休息，为平生的小快乐；夜间的安眠，为平生的大快乐；辞世长逝，则为人生的真快乐。

从文化传承的角度看来，他的这种思想蕴涵着不折不扣的庄禅意识。活着，对他意味着充实的人生；面对死亡，则能视死如归。

获过诺贝尔文学奖的日本作家川端康成，他曾动情地详述过禅宗思想对于他的文学乃至是人生观的深刻影响。他晚年时，用自杀的方式来结束自己的生命，这种方式自然不足取，而就在他被人用车送往医院急救的途中，他对司机尚不忘讲了这么一句话：“路这么挤，真辛苦你了。”这也就是他的临终之言。

可以说，包含禅文化在内的东方文化对人的尊重，对于生命的敬畏，对于死亡的坦然认可，在他这句轻轻吐出的朴实无华的话语中，已得以完整的表达。

把这一切都归纳起来看，生与死，并不仅是如一般人所感所做的那样简单——仅仅是欢生悲死，或仅仅是醉生梦死。

看看现实中一些庸碌无为者，终日饱食而又无所作为。再看看现实中某些人借丧事而大肆铺张，讲排场之风。某些富裕地区的一些人在积聚一些财富之后，不是用于扩大再生产，也不是放在培育后代的文教智力投资上，而是大兴土木来修建坟墓，乃至出现了为健康活着的小孩修建百年之后的坟墓之类的咄咄怪事……这些做法实在太愚昧了。

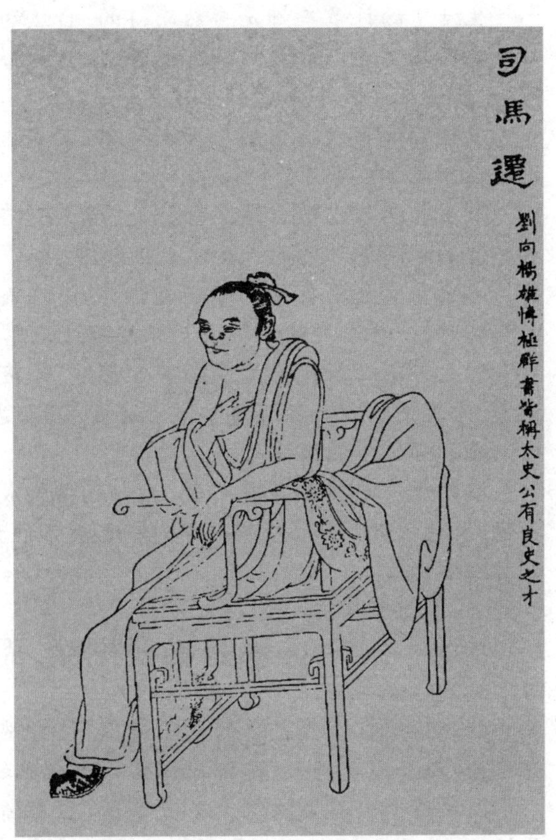

司马迁像，图出自清·上官周绘《晚笑堂画传》。

《菜根谭》珍惜生命的意识，不惧死亡的观念，庄子反对厚葬的事例，等等，不是没有现实意义的。高山仰止，一般人当然是不易达到相应的水平，但从这些深刻的思想与卓绝的行动中，能接受到一些启迪，对我们还是有好处的。

从更高的要求来看，智慧会使我们在传统所论及的生死观的基础上，更理智也更本质地看待人的生和死，弘扬生命的意识，着眼于人生获得更灿烂的升华。司马迁在《报任少卿书》中曾说过：“人固有一死，或重于泰山,或轻于鸿毛。”在今天,要做到死得伟大,重于泰山,就更需将个人有限的生命投入到振兴民族、为人民谋利益的无限事业中,必要的时候,绝不贪生畏死,这也正是先哲先烈给予我们的最大启示。

因此,生死问题绝不是超现实的形而上学的问题,生生死死或轰轰烈烈,或平平淡淡,或聪明,或愚昧,或伟大,或渺小……这是对于每个人来说都必须作出的选择。

人为之趣,自然之美

有一个这样的故事:父亲叫儿子打扫后院。儿子清扫后,父亲说:“不好,不好。”于是儿子又做一遍,父亲仍旧不满意。儿子不得不又将台阶清理得一尘不染,把所有的枝叶再洒过水,扫得连一片落叶也没有。父亲还是说:“不行。”

儿子问:“到底怎样才满意呢?”

于是,父亲走入园子里,用手摇晃着树木,树上飘下了些许枯叶,父亲才说:“这才是我要的!”

原来,真正的清洁和干净,不外乎“自然”罢了。

对人生的规划,其实也一样,再刻意地经营,亦不如自然来得恰当。人生之事,乐在自然。刻意地追求,往往只令人徒增负累。

生活中的许多事都是自然而得的,自然的东西才最真实、最可靠的。

爱情其实可以很自然。那一天,他只是帮一位盲人拾起了东西,并帮他拎过了马路,爱情便在某一个角落盯上了他。

友谊其实可以很自然。那一天,他只是与一位陌生的老人下了一盘棋,谁料,友谊便在阳光下发芽了。

人生其实可以很自然。那一天,他只是在公司如往日一样额外地加班,谁料,一双睿智的眼睛便让他的人生从此改变了。

死亡其实也很自然。那一天,他只是多跑两步去扶一位老婆婆,谁料,当他扶起老婆婆时,一块水泥板在他身后从墙壁上剥落,死亡便在他身边发生。

你大可不必为获得爱情而苦心营造,为获得友谊而故意亲近,为获得提拔而违心卖力,为避免死亡而躲避善举。无论是爱情、友谊、事业,还是生死,只要来得自然,人生便没有那么多的烦恼。

俗话说:“有意栽花花不开,无心插柳柳成荫。”一切追随你的良知,一切遵循自然之理,做你该做的事,也许一些美好之事不经意间便水到渠成了,而且这样得到的美好反而更稳固。

不是难得糊涂,而是难得清醒

就算不是在十万火急的危难情况下,也要时刻保持着一个清醒的头脑。无论是在过去、现在还是将来,这都应该是一个成熟的人不可缺少的一种基本素质。

因为这个世界上的绝大多数事情,往往都存在着一些内在的规律。能够掌握这些规律,对于我们处理日常事务或是应对特殊情况都是极为有利的。一颗保持了足够清醒的头脑,以及一份随时随地能够掌控自己的意识,在我们分析情况或是判断时局的关键时刻，不仅是绝对不可或缺的先决条件，而且对于我们的工作和生活来说，也无疑具有事半功倍的重要意义。

李宗盛作为台湾著名歌手，曾在他的代表作品《凡人歌》中，用“终日奔波苦，一刻不得闲”的唱词描摹着现代人的生存窘境。而在我们的身边，也确实有着越来越多的人在不断地发出类似的抱怨。尽管这些牢骚满腹的怨天尤人，听起来似乎都很无辜，可是当我们静下心来细细品味后，就不难发现其中存在的一种疑问：究竟是谁让这些人总是感到疲于奔命？又是什么使他们时常萌生出力不从心的困顿感受呢？除了人们常说的工作压力、就业环境等的外在因素，很明显的内在主要原因，就来自于他们自身存在的问题。

一句话：不能保持足够的清醒！仅此而已。

得出这个结论其实很简单。即便仅仅是以日常的工作来探讨这个问题，也不难看出其中的因果关系。因为作为每一个正常的生命个体，其精力毕竟都是有限度的，谁都无法像机器那样不断运转，一旦把工作的这根弦绷得太紧太满，就会有突然断裂、无法修复的危险。所以我们每个人都应该明白工作要讲方法才能提高效率的事实，凡事都应该保持足够清醒的头脑和意识，要找到自我调节和劳逸结合的方式和方法，让自己的情绪得到随时随地地放松与调剂，这样才能做到在紧张工作的同时又要保证条理清楚，也才能最终取得收效显著、事半功倍的绝佳效果。这就是很多人都会说的那句话：“不会休息的人，自然也就不会工作。”

对于那些因为经常性的超负荷劳作，从而导致自己经常处于昏昏然工作状态中的人而言，尽管他们的辛勤付出可能会让我们自叹不如，但这些人在工作中所取得的成效又在哪里呢？如果连自己的头脑和意识都无法保持清醒的话，那么所谓的事业成功和梦想成真又要依靠什么来实现呢？从结果上看，这种不能保证清醒的一味蛮干，其实已经和饱食终日、虚度光阴的无所事事没有什么太大的区别了。

这里有一个关于狮子和蚊子的寓言故事：

当被猎人捕获的狮子在笼子里不停走动的时候，一只刚好飞过此处的蚊子好奇地问它这样做有什么用。狮子的回答是它正在寻找能够逃出去的路。可笼子毕竟足够结实，于是当狮子的所有努力都以失败告终后，只好躺下来等待猎人的屠杀。这时，蚊子又建议狮子赶紧想些办法。谁知狮子却回答说：“你总是这样问来问去又有什么意义呢？难道我不知道自己的处境吗？我可是一直保持着自己的清醒啊！”

在这个寓言里，最终狮子还是被杀死了。可是它毕竟还是始终保持了自己的清醒。这样一来，它至少不会为自己感到遗憾，毕竟所有可以尝试的努力，它都已经试过了。而这就是保持头脑清醒的最为基本的意义：也许一种清醒的头脑和意识不能使你得到更多，但却可以避免让你失去更多，至少不会留下什么遗憾。

能够清醒地认识自己，也可以说是最为难得的一种清醒了。因为如果我们对于自身存在的所有优势和缺点，都能拥有一个全面而清醒的认识，并在此基础上对自己所处的外部情况有所适应和掌控的话，那么这对于我们更好地完善自己、以及实现人生的全部意义来说，将有着不可估量的巨大作用。

在现代社会生活的每一个人，保持着一份清醒是很必要的。

行到水穷处，坐看云起时

快乐的微笑是保持生命健康的唯一药剂，它价值千百万，但却不会花费一分钱。这句话是奈思比特说的。

台风袭来，随着暴风骤雨而来的泥石流狂泻而下，迅速流向坐落在山脚下不远处的一个小村庄。农舍、良田、树木，一切的一切都没有躲过被毁的劫难。滚滚而来的泥石流，惊醒了一位睡梦中的14岁的小女孩。流进屋内的泥石流已上升到她的颈部。小女孩只露出双臂、颈和头部。及时赶到的营救人员围着她一筹莫展。因为对于遍体鳞伤的她来讲，每一次拉扯无疑是一种更大的肉体伤害。此刻房屋早已倒塌，她的双亲也被泥石流夺去了生命，她是村里为数不多的幸存者之一。当记者把摄像机对准她时，她始终没叫一个"疼"字，而是咬着牙微笑着，不停地向营救人员挥手致谢，两手臂做出表示胜利的"V"字形。她坚信政府派来的救援部队一定能救她。可是营救人员最终也没能从固若金汤的泥石流中救出她。而她却始终微笑着挥着手，直到一点一点地被泥石流所吞没。

直到生命结束的最后一刻，她脸上也没有一点痛苦失望的表情，反而洋溢着微笑，而且手臂一直保持着"V"字形状。那一刻仿佛延伸一个世纪，在场的人含泪目睹了这庄严而又悲惨的一幕，心里都充满了悲伤。世界静极，只见灵魂独舞。

死神夺走了她的生命，却永远夺不去在生死关头那个"V"字所蕴涵的精神。在人生的道路上，挫折、困难，甚至绝境是避免不了的，最重要的是要坦然面对，自信自强，让灵魂始终微笑，高举那面叫做自信的胜利之旗。因为穿透灵魂的微笑常常在生命边缘蕴涵着震撼世界的力量，让人生所有的苦难如轻烟一般飘散。

有的人生活在贫困之中，但很快乐；有的人生活在富裕的环境之中，但整日忧愁寡欢。可见，环境不能决定快乐的有无。林肯曾说过："据我观察，人们都是自己想要怎么快乐，就能怎么快乐。"

百货店里，一位穷苦的妇人，带着一个约四岁的男孩在转圈子。走到一架快照摄影机旁，孩子拉着妈妈的手说："妈妈，让我照一张相吧。"妈妈弯下腰，把孩子额前的头发拢在一旁，很慈祥地说："不要照了，你的衣服太旧了。"孩子沉默了片刻，抬起头来说："可是，妈妈，我仍会面带微笑的。"每想起这则故事，人们的心就会被那个小男孩所感动。

生活得快不快乐，完全取决于自己本身对人、事、物的看法如何，因为生活是用思想造成的。我们若要培养平安和快乐的心境，首先，我们就必须拥有快乐的思想和行为，这样才能感到快乐。

面对着亲人，你的一个微笑，能够使他们体会到，在这个世界上，还有另外一个人和他们心心相连；面对着朋友，你的微笑，能够使他们体会出世界上除了亲情，还有同样温暖的友情，让我们感受到，对朋友，他是重要的，必不可少的。走遍世界，微笑是通用的护照；走遍全球，阳光雨露般的微笑是你畅行无阻的通行证。

因此，无论你现在在什么地方，做着怎样的工作，也不论你目前遇到了多么严重的困境，甚至你的人生遭遇了前所未有的打击，用你的微笑去面对它们，面对一切，那么，一切都会在你的微笑前低头。

一个阳光灿烂的微笑比什么东西都更能打动人。微笑具有神奇的魔力，蕴涵着震撼人心的力量，她能够化解人与人之间的坚冰。微笑也是你身心健康和家庭幸福的标志。只要你脸上常挂着微笑，你就不会吃亏！相反，还会使你拥有更好的人缘！

更重要的一点：微笑不仅仅是为了别人，也是为了自己。

品德第一，才学第二

不管在哪个年代，德才兼备的综合能力，始终都是每一个渴望成功的追梦者所必不可少的基本素质。所以，如何使自己真正具有德才兼备的更高素质，已经成为了摆在每一个现代人面前的首要课题。

弄清楚“德”与“才”这二者之间的层次与关系，是实现这一目标的首要任务。既不可重“才”轻“德”，更不能以“德”盖“才”，而是应该把它们有机地结合在一起，在实践中做到以“德”养“才”和以“才”扬“德”，从而让自己真正达到“德才兼具”的理想状态，更加有效地去解决我们在成长的过程中可能遇到的一切难题。

然而，并不是所有的人，都能正确地认识“德”与“才”之间的关系。那些错误的观点和行为，不仅可能会造成人们在言行举止或为人处世上一些错误观念和做法，甚至还会因此让自己身败名裂直至遗臭万年。

这好比说唐代著名诗人宋之问，就是一个非常典型的反面例子。宋之问本是一位才华横溢的风流才子，并且年纪轻轻就已经受到当权者的赏识。如果他能够凭借自己的能力，脚踏实地干一番事业的话，是绝对有可能成为当时或后世之人所敬仰的伟大人物的。可偏偏他却因为攀附权贵的可耻行为，最终走上了一条自甘堕落的不归之路。不论是太平公主得势，还是武三思、安乐公主弄权时，他都采取了一味逢迎、大肆吹捧的走狗式做法，直至最终落得一个身败名裂、自杀身亡的悲惨结局。

张九龄像，图出自清·顾沅辑《古圣贤像传赞》。

与他不同的是张九龄，唐代的另一位显赫人物，却因为能够以德御才而得到了完全不同的结局。原本只是布衣出身的张九龄，因其才干突出，且为人忠心正直，终于把自己的官职做到了位极人臣的至高地位，也由此受到了后世之人的尊重和景仰。

当然，人与人之间存在很大的差别，但是对于生命而言，每一个人的起点和终点都是一样的，一无所有地来，又身无一物地去。可就是在弹指一挥间的百年人生中，不同的人却因为对于“德”与“才”二者之间关系的不同理解，最终导致了完全不同的结果：有的人流芳千古，有的人却留下骂名，有的人一生荣耀，有的人却一文不名，有的人赢得了这个世界，而有的人却连自己都输个精光……像这种事例在古今中外的历史上还有很多，比如说作为一代开国元勋的彭德怀，就是一个可以让我们从其身上学到很多的典型范例。

大量的历史事实都证明，如果一个人渴望着实现自己的人生价值，就必须在具备真正才学的基础上，还要拥有一份足以引导自己整个人生轨迹的良好人品和高尚操守。而这不仅是人类得以进化到今天的一个关键原因，也是我们每一个人生活和存在的最大意义所在。失去了这份道德操守，即使拥有再多再大的才干，也只是没有根基的空中楼阁，而且最终还是会让我们的奋斗失去它全部的理由和动力。

品德第一，才学第二。这不是什么空洞虚泛的言论，而是经过历史的验证，或者说是经无数事实得出的结论罢了。

拒绝安逸，也就等于是战胜自己

即使在一般情况下，作为普通人的我们只能过着一种最平凡的日子，可这并不应该成为我们坐享安逸、甘于平庸的借口和理由，更不能因此就使得我们放弃了原有应该坚持的勤奋和努力，以至于心甘情愿地在一种缺乏激情与活力的状态中，度过自己的宝贵人生。

为什么我们会如此强调要拒绝安逸呢？那是因为一旦将自己限制在安逸与平庸的樊笼里，也就等同于是落入了一个看不见底的万丈深渊里，不仅丧失了一往无前的进取心和意志力，同时也就削减了那种在奋斗过程中先苦后甜的人生乐趣，甚至还会由此而彻底失去生命本该具有的真正意义。如果只是由于贪图眼前的享受，就白白浪费了时间与机遇，那么我们又和那些蛇虫鼠蚁或是行尸走肉有什么差异呢？

美国康奈尔大学在19世纪末时曾经作过一个著名实验：工作人员先是将一只青蛙以最快的速度丢进一口盛满沸油的锅里，于是出于本能反应的青蛙，竟以常人难以想象的速度和力量，安然无恙地跳出了油锅。半小时之后，工作人员又把那只刚刚死里逃生的青蛙放入了一个同样大小、却盛有五分之四冷水的铁锅里，并在锅底用炭火缓慢地加热。可这一次实验中的青蛙，却因为对于渐渐升高的水温毫无知觉，而最终在这样的“享受”中难逃一死了。

其实，当面对生活的困苦或是生命的危险时，我们常常总是能够发挥出连自己都无法想象的巨大潜能，在战胜危难的基础上赢得成功和胜利；可一旦过上了安逸舒适、风平浪静的生活后，随着进取心和意志力的消失殆尽，我们的生命竟然也会逐渐地变得麻木不仁，不得不在新的考验到来的时候，被迫吞下失败的苦果。对于这种所谓的安逸生活，可能会给人类自身造成严重的恶果，著名作家叶天蔚就曾经作过极为准确的描述：“在我看来，最糟糕的境遇不是贫困，不是厄运，而是精神心境处于一种无知觉的疲惫状态，感动过你的一切不能再感动你，吸引过你的一切不能再吸引你，甚至激怒过你的一切也不能再激怒你。即使是饥饿感与仇恨感，也是一种强烈让人感到存在的东西，但那种疲惫会让人止不住地滑向虚无。”

假若平庸与安逸所能带给我们的,不是在周而复始的享乐中沉沦,就是在日复一日的麻木不仁中的堕落。那么这样的一种人生,对于每一个本该在通往成功的奋斗之路上不断前进的人来说,简直已经和地狱没有任何的差别了。

我们虽然不能接受时时刻刻都险象环生,或是充满困难的逆境来锤炼自己,也没必要一定要把自己的人生建立在分分秒秒都要殚精竭虑的那种形势下来折磨自己,但我们至少应该在成功的时候多做一些防止再次失败的努力,或是在快乐的时候尽早做好杜绝再次落入痛苦境地的准备。要知道,拒绝安逸也是战胜自己所必须具备的一份勇气和一种智慧的充分体现。假如这一点都做不到的话,我们又和那只躺在温水中坐以待毙的青蛙有什么两样呢?

凡事都应有所节制

我们从很小的时候起,就接受了必须懂得节约的教育。比如说节约粮食、节约水电、节约石油、节约煤炭……之所以要节约这些东西,其根本原因就在于它们都是不可再生的有限资源,用过了也就失去了,浪费了也就不会再拥有了。这些还都是实实在在的具体事物,而稍微抽象一些的不可再生资源,自然就是常常被人提及又常常被人忽略的时间了。

其实,与这些一去永不回的珍贵资源形成鲜明对比的,却有一种同样有些抽象、却无穷无尽、永不休止的东西,那就是所谓的欲望,占有一切、消耗一切的欲望。虽然不可否认欲望也是人类得以进步直至今天的最大动力,可正是因为有了这种欲望,才有了越来越多的需要我们去节约的东西。但是我们也知道,欲望是永远不会得到完全满足的。俗话中所说的"吃着碗里的,看着盘里的,还想着锅里的",其实正是对人类自身所拥有的欲望的一个最为形象的描述。

其实,欲望也是一种正常的需要。就连刚刚出生的小孩,都知道伸手去抓可以抓到的任何东西,而且即便是双手中已经再拿不下什么了,还是要下意识地去伸手,更何况是早已置身在这个欲望都市里的成年人呢?既然人的生命总是要由许多的追求和奢望来组成,而且也必须依靠这些作为自己前进的动力,那么我们其实也就没有必要一定要去否认或是无视欲望的存在了。只要自己懂得怎样去理智地控制欲望,不要彻底沦为它的奴隶也就足够了。

知道那个关于渔夫和金鱼的寓言故事吧!当软弱的渔夫在贪得无厌的妻子的一再催促下,不断地向那条拥有神奇力量并且愿意报恩的金鱼提出越来越过分的要求之后,终于落得个竹篮打水一场空的可悲下场,不仅没有实现更多的愿望,就连已经得到的也在转眼间烟消云散。在欲望这个永远也填不满的无底洞跟前,渔夫和他的妻子终于因为人们常说的"这山望着那山高"的贪婪品性而一无所有。虽然说寓言总是有它虚幻的一面,但是,如何才能做到适当地节制欲望,却显然是一个"话糙理不糙"的现实问题啊!

节制欲望并不是很困难的。只要我们在追求任何一个目标之前,都先想想自己的这种念头是不是合乎常理,以及会不会对其他的生命或是事情有所妨碍和损害也就可以了。在这个时候能够做到"三思而后行",绝不应该被视为瞻前顾后或是畏首畏尾,而是一种足够理智和智慧的体现。

节制欲望从个人的身心健康及未来发展的角度来看,也是一种十分必要的正确行为。毕竟,和那些看得见摸得着的能源一样有限的,还有我们自身的精力。而对于欲望的节制,不仅可以使我们免于被一些无法实现的欲望带来的失落和痛苦所折磨,从而也有利于我们自身的发展和完善,而且也能够让我们的一言一行更符合整个时代的总体发展趋势,并最终实现个人与社会之间的一种完美结合。

琴棋书画,修身养性

中国古代的四大艺术:琴、棋、书、画,还有中国诗歌,几千年来,一直是中国智慧在文化意识与艺术情趣之中,最瑰丽、最富于艺术情调的结晶物。

中国古琴所奏出的和美清雅的悠扬乐声,使人神思飞扬,神飘天外……

中国围棋作为一项有益的娱乐棋戏,可提高下棋者与观棋者的逻辑思维、推断与直觉判断力,令人感到奥妙无穷……

中国古诗具有独特的节奏韵律,通过记录诗人面对自我、社会、人生和自然的独特感受,表现了文化心灵之旅,极大地丰富了数千年来中国人的心灵世界,并成为世界文化中独树一帜的瑰宝……

中国的书法,则以线的收放、象形字的结构、韵致的布局,通过单纯的墨色,铺陈在独特的宣纸中,表现出了一种含蓄、深邃而又抽象的艺术意境……

中国画,在或充实、或空灵的场景中,人与自然融为一体,令观者可以神游其间,心旷神怡。

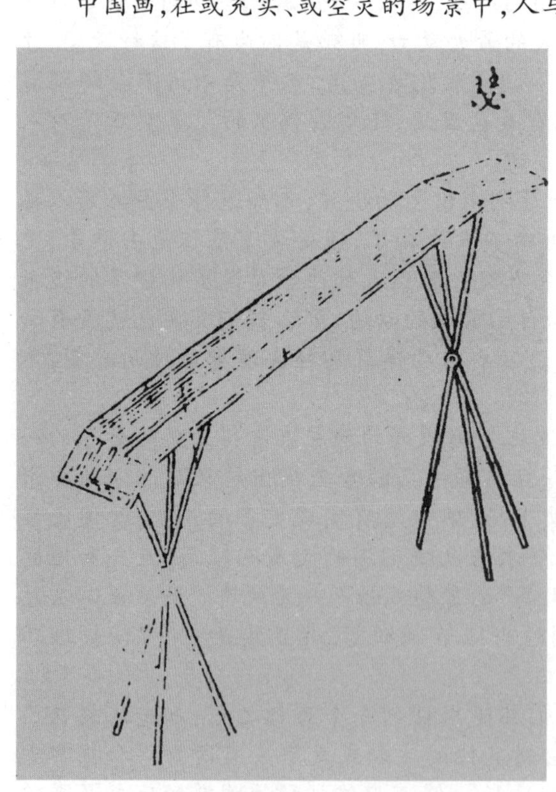

瑟,古代乐器,图出自《十二朝人物演义》。

因此说,琴、棋、诗、书、画,一直被传统文化当作开启人的灵性、陶冶人的性情、增添人生情趣的最有效手段之一。而这些过程与结果证明,如此作为,确实有助于个人心智的启蒙、完善以及视野的开阔。

关于中国围棋的起源,自古以来就存在着两种传说。

一种是,远古时代的尧帝因儿子丹朱的荒淫傲慢,因此,尧帝就创制了围棋,用来引导丹朱,并受到了丹朱的喜爱。另一种则是,舜帝因儿子商均的智力低下,所以就发明了围棋,用来启蒙和引导儿子。在这两种不尽相同的说法中,已明确一致地肯定了围棋可移人性情,可当作开启智慧宝库的钥匙,可引导参与博弈者的心智向和善的方向发展。

事实上,围棋的黑白两色棋子,反映出了中国传统文化中的阴阳意识。当这些黑白子被布落在纵横各十九路的棋盘上时，棋盘就能生出如不可尽数的天星般的丰富变化，因此，至今我们还有成语将“星罗”与“棋布”并称的。如此，围棋本身也就含藏着一种经天纬地的宇宙意识，这是其他棋戏所不可企及的。另外，围棋的弈理，也处处透露着兵法的玄机，这也就是洪应明所说的“漫履楸枰观局戏，手中悟生杀之机”。可见他能以小见大，从容地以弈喻兵。一方面，围棋的每一佳着，既意味着能最大限度地攻击对方，又能最严密无隙地卫护己方，弈理因此具有兵法上的战略意识；另一方面，弈理所注重的布局、做活、搏杀、收官等等，又不乏兵法上的战术意识。当然，以上只是一种随意的联想，因为围棋只是机智而又游戏性地容纳了兵法，其成败也就不带有任何现实的伤害性，这，正如唐太宗的《五言咏棋》诗所写：“舍生非假命，带死不关伤。”

黄庭坚像，出自清·上官周《晚笑堂画传》。黄庭坚字鲁直，为北宋著名诗人。

同样，中国的琴、书、诗、画，也各自具有独特而又丰富的蕴涵，它们同样追求含蓄、追求深远的意境，在有限的音乐、文字和画面之中，能使人体验到无穷的意蕴与韵致。

中国的琴、棋、书、诗、画有规范，但规范并没有束缚后来入门者的创造力，后来的入门者，既以自然造化为师，又形成了自己的心得体会（即“外师造化，中得心源”），从而推动了琴、棋、书、诗、画事业的不断发展。那些领悟并把握到了琴、棋、书、诗、画的真谛者，当他们沉湎于琴、棋、书、诗、画时，他们专心致志，如入禅定之境，精神上的痛苦与压力得以减轻和缓解，乃至趋于消失。此时，人艺合一，他们能专注地品味和享受到艺术的乐趣、人生的乐趣，心中充满着怡然自得之情。

琴、棋、书、诗、画，是清和的乐事雅趣。因此，据此而建立起的人际友谊关系，如棋友、琴友、画友、诗友、书友等，是人生的清友，彼此之间可以不计年龄、地位、财富的距离，而变成人生的知音。如在著名的“高山流水”的典故中，擅长于弹琴的伯牙和擅长于听琴的钟子期，就是一对千古知音，当伯牙将琴摔断在先逝的钟子期的墓前，发誓不再弹琴时，表露的正是他对知音故人的无限怀恋和对死神的蔑视。

从更高的层次看，人们还可以从琴、棋、书、书、画中，体验到深刻的禅意禅境。

宗白华先生说：

——禅是中国人接触佛教大乘义后体会到的自己心灵的深处而灿烂地发挥到哲学境界与艺术境界。静穆的观照和飞跃的生命构成艺术的两元，也是构成“禅”的心灵状态。

中国历史上的琴棋诗书画的大家，如王维、苏东坡、黄庭坚、严羽等，均深受到禅的影响，他们的处世与作品，也都不乏禅机禅意。

在现代，诸如日本棋圣藤泽秀行等围棋界的前辈，还屡屡叮嘱中国的年轻围棋国手要多学一些禅宗的历史，因为这会有助于心智、棋品和人品的升华和提高。

现代人的这种高速度、快节奏的生活，使人更难摆脱身心上的更多困扰。

假如一个人只是对与自己有利害关系、属于自己职业范围之内的事才感兴趣，那么，他就会成为一部周而复始地运转的机器，会处在疲劳、神经紧张和忧郁的恶性循环中，体会不到人生的乐趣，反过来，还可能会危及生活与工作的正常进行。相反，假如一个人能在工作之余，将一部分时间花在琴棋诗书画的创作或欣赏上，就不乏生活上的闲情逸致，那么，他的艺术素养将会得到提高，智慧也得以激发，还会获得身心上的一种松弛，得以保持身心的均衡协调，从而提高自己思维与行为反应的机敏性，更有利于工作的展开，人生因此而变得丰富。

正心诚意与致知格物

明朝时期的洪应明认为：假如一定认为学问不必到心外探求，只应当专心反观内省，那么，“真心诚意”这四个字不就全部包括了吗？没有必要在学问的着手处用格物这一工夫让人迷惑不解。如果说学问的关键，那么“修身”二字也就足够了，何必又说“正心”呢？“正心”二字就足够了，何必又说“诚意”呢？“诚意”二字也就足够了，何必又说“致知”，又说“格物”呢？只因为学问工夫很详密。然而，总之只是一件事，这样才是“精一”的学问，这里正是不能不深思的。理不分内外，性不分内外，所以学也不分内外。讲习讨论，未曾不是内；返身自省，未曾就摒弃了外。若以为学问一定要到心外寻求，那就是认为自己的性还有外在的部分。这正是“有我”，正是“自私”。这两种见解都不明白性无内外之分。

“格物”是《大学》切实的下手处，从头到尾，自初学到成圣人，只是这一个功夫而已，不是只在入门时有这一功夫。正心、诚意、致知、格物，都是为了修身。格物，就是使人所用的功夫每天有可以看见的地方。所以，格物是格其心中的物，格其意中的物，格其知中的物。正心，就是正其物的心。诚意，就是诚其物的意。致知，就是致其物的知。这里哪有内外彼此的区别？理只有一个。就理的凝聚而言叫做性，就凝聚的主宰处而言叫做心，就主宰的发动而言叫做意，就发动的明觉而言叫做知，就明觉的感应而言叫做物。因此，就物而言叫做格，就知而言叫做致，就意而言叫做诚，就心而言叫做正。正是正的这个东西，诚是诚的这个东西，致是致的这个东西，格是格的这个东西。都是所说的穷尽天理而尽性。天下没有性外的理，没有性外的物。圣学不明，都是因为世上的儒者认为理是外在的，以为物是外在的，却不知道以义为外的观点，孟子曾经驳斥过它。以至于重蹈旧辙还没觉察，这里不是也有好像是却难以说明的地方吗？这是需要明察的。

认定它是内而非外；认定它只肯定返身自省而摒除了讲学探讨的功夫；认定它只一心注重简约的纲领本原，而忽视了详细的细节条目；认定它深陷于枯槁虚寂之中，而不能穷尽物理人事的变化。若真如此，哪里只是圣学和朱子的罪人呢？这是用异端邪说欺骗百姓,是背道离经,人人都可以讨伐诛灭他。若真如此,世上略懂一些训诂,知道一点先哲言论的人,也都能明白它是错误的,我所讲的格物,已把朱熹所谓的九条都囊括进去了。然而,我的格物有中心,其作用与朱熹的不同。这正是人们说的有毫厘之差。但在此处,差之毫厘即可产生谬以千里的错误,因此不得不辨明。

镜子是物中圣人

明朝时期的吕坤认为:得、失、毁、誉,这四个字是我们真正所想的。要做一桩善事,最先考虑的是要获得利益与荣誉;人不敢做坏事的原因,就是担心失去利益、损毁前程。有人总怀着贪欲和虚伪的念头,这种人与圣人相比简直是天壤之别。圣人产生善念,就好像饿了的人要吃饭,渴了的人要喝水一样自然。圣人若不愿做不好的事,就好像平常人不愿跳进烈焰熊熊的大火中,不愿投入深不可测的深渊中一样,是非常自然的事。有才干的人的思维中只考虑该不该做。按常理该做的,就自强不息地干到底;不该做的,就坚决克制自己不去做,若如此,得失毁誉的念头就能完全去掉吗?回答是:怎么能说就消除了呢?而世上品德修养属中等的人最多。这四个字,圣贤之人凭借它们训导世人,君子则靠它们来检点反省自身。有人说做善事将会带来许多幸福,做坏事将会导致很多灾祸,用得失二字来训导世人,还有人说:人最可怕的灾难是一生一世没有个好名声,到四十岁还干坏事,用毁誉二字来教导世人。圣人用这样的道理来教导世人。而那些资质中等的人,不害怕这四个字并用来反省检点自己,将会取得什么样的成就呢?因此尧舜能够抛开这四个字,不在乎个人得失去做善事,是因为他们忘记了得失毁誉。而桀纣不能抛开这四个字,敢干坏事,是由于不在乎这四个字的缘故。

心灵要保持充实,不能有丝毫的欠缺;心灵要保持虚心宁静,不能有一点污秽。倘若某件事不曾留心,那么这件事将不会符合真理。倘若不曾留心一件物品,那么将会忘记这件物品存放何处。一个人倘若能做到大公无私,那么他的心就会包括涵容天下的气象。君子在为人处世方面,时时刻刻每件事都要认真用心去做。倘若有某一件事没有尽心而为,就是盲目的行动,倘若某一时刻心不在焉,那时他便成了一具行尸走肉。

古代的人也是人,而现在我们的人到底该算什么样的人呢?如果没有愧疚,不发奋上进,那实在是太没有志气了。

区分圣人与狂人,只在苟和不苟这样两个词。我非常喜欢在万籁俱寂的时候,独自在安静的屋子里徘徊。也许有人会问:“那样不是太寂寞了吗?”我说:“这时心境缥缈无边,自由自在啊。”

就算没有特长却热衷于自己感兴趣的事,这需要具备多么深的涵养啊!所以程颐见到打猎就想亲手试试。做学问的人各自有各自感兴趣的事,就理所应当为自己感兴趣的事去努力。欲望,只会让人进取而不让人退缩;理智,只会使人谦虚而不思进取,知道修身养性的人懂得审视进退之间的辩证关系而已。

圣人不会先用自己的思想去感应天下的事,而用空虚明静的心等候天下的事物来感应。感应的时候,用自己胸中的道理去顺应;没有感应的时候,自己的心中空空洞洞,寂静旷然。这好比一面镜子,光亮存在,有物体来照就照着它;物体离开后,光亮依旧存在。物体没有来而镜子定要去照，这是拿镜子去找物。通常说镜子是物中圣人，镜子日照万物而常明亮，是因为镜子无心而不至于劳累的缘故。圣人每天应付许多事而不累，是有心而不被他人支使的缘故。只有被事物所役使，心才会累，然后才会有偏颇执著。

当看到世上的人都没有罪过时，那是宽恕的心培养到最高境界了。有的东西因为不经意地放置而丢失，也有的因为过分珍藏而失去。礼仪有时因为疏忽大意而失误，也有的由于过分敬重害怕而导致差错。因此，用心应该在有和无之间才行。

龙蛇之屈，以求伸也

清朝时期的曾国藩解悟《菜根谭》时认为："君子遇到圣明之时，就力行其道；遇到政治混乱、君主无道之时，就如龙蛇，可屈可伸。"这是《扬雄传》中讲的。龙蛇，就是讲一直一曲，一伸一屈。比如说，保持高尚情操，就属于伸的一方面；言语谦逊，就属于屈的一方面。这是说害怕行高于世，必受伤害，因此必须言语谦逊以自屈求全，这就是龙蛇之道。

诚恳的心意能在人的外貌上表现出来。古来有道的人，淡雅谦和无不表现出来。我的气色没有变化，是不是欲望没淡化？机心没消弭？应该在心中猛醒，表现在脸上。

凡是血气天性的人，都会很自然地去想有什么办法超过他人。他们讨厌卑微的职位，趋向崇高的权势，讨厌贫贱而希望富贵，讨厌默默无闻而思慕声名显赫。这是人之常情。而大凡人中君子，大都常常是终身寂静藏锋，恬淡地弃官隐居。他们难道跟一般人天性相异吗？实际上，他们才真正看到了大的东西。而知道一般人所争逐的是不值得计较的。自从秦汉以来，所谓达官贵人，哪里能数得尽呢？当他们高居权势要职时，举止仪态从容高雅，自以为才智超过他人万万倍。但等到他们死去再看，就跟当时的杂役贱卒、低下行当的买卖人，熙熙攘攘地生着，又草草地死去，是没有什么区别的。那么今日那些身居高位而取得虚名的人，自以为自己文章蕴涵深义而地位显贵，因而泰然自若地自奉为高明，竟然不知道自己跟眼前那些熙熙攘攘执劳役供使唤的杂役贱卒、低下行当的买卖人一样都将要同归于尽，没有一点的差别，难道不叫人悲哀吗？

古代的英雄，胸怀和意图都很宽广，事业规模宏远。但是，他们教育与告诫子孙，总是显得虚心、谨慎、藏锋的样子，身体如同铜鼎一样稳固。以贵重欺凌别人，别人难以服平；以威望加于人，人不讨厌。这是容易办到的事情。声色嬉游之类的活动，不应该让他们太过度了。赌博酗酒钓鱼打猎，这一切都不要做；供应物品穿用，都要有节度。奇异服装玩物，不应有太大兴趣。应该适宜地多多引见佐吏，相见不多，他们与我就不亲近。不亲近就无法了解人们的感情思想，人情不了解，又如何知道民众的事情呢？这几位先生，都具备雄才大略，都有经营四海的志向，但他们教育告诫子弟，都是意旨简约，往卑微处着想，收敛抑制得多。

鸟语虫声修心境，花草颜色见为道

如果将《菜根谭》中论及鱼鸟花木的文字，综列在一起时，不由地惊叹到：洪应明的诗人气质太明显了！

能看得出来，他是想象丰富、洞察敏锐及表述卓越的一位学人。因此，他面对着日常平凡的鱼鸟花木，却有着丰富而又细腻的感受、深刻而又睿智的颖悟，他善于将鱼鸟花木作拟人化的联想思考，而且点点滴滴的思考，常若隐若现地与个人的立身处世联系起来。

于是，他能将自然的种种生机景象，看成是以心传心的秘诀，看成是参悟大道的无字文章，不管是耳闻鸟语虫鸣，或是眼看花繁草色。

这一切，都表明了一个学者所宝贵的天机敏锐清澈、胸次圆融玲珑，触物皆有会心处。

讲到"传心之诀"，有必要提到"拈花微笑"这个禅宗历史上的典故。

据禅宗公案记载，释迦牟尼在灵山法会上，曾无言地手拈金色的菠萝花示众。当时在场拟聆听佛法的数百佛徒，因不解其意而毫无反应。

唯有释迦牟尼的大弟子迦叶，眼光对接之时，因"妙悟于心"而破颜微笑。

心有灵犀一点通，释迦牟尼眼见迦叶能够颖悟自己的意思，当即向众人宣布："吾有正法眼藏，涅槃妙心，实相无相，微妙法门，不立文字，教外别传，付嘱摩迦叶。"意思是已经通过了眼神的交流和拈花的动作，毋须文字言语的说解，已将正法托嘱给迦叶，以代代传承。

从那以后，禅宗的历史得以展开，"以心传心"之语，也就意喻着一方的心思，通过一定的表征传播而被另一方心领神会。

借一步说，洪应明强调的是学者们应有敏锐的头脑，广博的胸怀，触物有思，触物生情，时时处处于事于物，实有所感、实有所思并实有所得。

读者诸君不妨先按洪应明对于鱼鸟花木的颖悟思路，去感受一番。

竹：历来都被传统文人士大夫们，与松、梅一起并称为"岁寒三友"。白居易曾有诗称誉竹子："千花百草凋零后，留向纷纷雪里看"，说的是郁郁葱葱的竹子，凌冬不凋，不畏霜雪，具有挺拔坚贞的君子之风。

另外，竹竿的竖直与空心，易使人联想到正直、谦虚等美德，难怪苏东坡要高吟"可使食无肉，不可使居无竹，无肉令人瘦，无竹令人俗。"……

对象同样是竹子，但洪应明所想到的是：青绿的小竹（翠条）傲立在严霜，气节即使是孤僻高傲，也无损于它的冲虚淡雅；竹子以它的高雅节操，经历了数番霜雪的洗礼，骄傲地保持着美玉般的本色。

他还联想到：人心倘能与竹心一样，保持着空虚的境态，那么，是非又能在何处存留？人也就不难超越烦琐无谓的是是非非了。

荷花：又称芙蕖、莲花。北宋著名哲学家周敦颐在其名篇《爱莲说》中，将荷花称为"花之君子也"，原因在于荷花"出淤泥而不染，濯清涟而不妖"，从品格的方面，点明了荷花为什么一直深得人们的爱慕。

洪应明则是：红荷（红蕖）妩媚地展现在秋水之中，颜色虽嫌鲜艳俏丽，却无损于

竹下弹琴图，出自《唐诗画谱》。

它洁美的操行……给人以一种浓妆淡抹总相宜、不失本色的启示。

松：人的形貌与松树同瘦，人生的种种忧患与喜好，也就无由在他的眉宇间表现出来……也许这就是洪应明对松树的一种自嘲与自慰的联想，投下了他自述的影子。

在常人常以崇高、庄严、挺拔等词汇来联想并推崇松树的品格之外，洪应明更推崇的是松树的那种不露声色地俯视众生的超然状态。因此，即使是那高耸在寒天的老松树，也是风采落落自在，岂似桃花李花那样光彩鲜明、争芳斗艳？

鹤与鸥：鹤为仙客，鸥为闲客，这是北宋文学家李昉对鹤与鸥的命名。可以看得出来，鹤是高洁之士的象征，鸥则是隐逸之士的象征。

因此，在雪飘霜飞之时，洪应明耳闻清唳高亢的鹤鸣，他想到的是屈原清醒时的激烈心志；在春风融融的暖日，眼见姿态闲逸的鸥眠，他想到的是陶潜醉酣的风流自足。

其实，鹤的风姿也很值得推崇，且看，高峻雄昂的老鹤虽然饥渴了，依然还是从容悠闲地饮水啄食，哪肯同家鸡野鸡一样忙忙碌碌地争抢食物？再看，鹤立鸡群之时，鹤的突出状态可说是无可比拟的，但接着与扶摇直上九万里的大海之鹏相比，鹤也就显得渺小了，又进一步与生活在天的极高处(九霄)的凤凰相比，鹤就更难以企及凤凰的巍峨雄伟的体貌了。

很明显，像这种比较，能使人产生一种山外有山、天外有天、人外有人的启示。因此，深悟人生与自然的真谛者，只是保持着虚静淡泊的心态；德高望重者待人接物时，则就无骄横傲慢的表现。

鱼鸟莺花：鲜花开放在春天，历经风吹雨打，终复归于尘土，这种现象，有着不忘根基的归宿意味。鱼鸟莺花懂得亲近人，没有势利眼，无俗气，不像与乘坐驷马高车的权贵交往那样，每每受着世态炎凉、人情冷暖种种因素的影响，因此，能可人慰人的鱼鸟莺花，也就成为人的真正朋友。

还有，在洪应明看来，春天并不管花开花落，各种鱼对于水的暖寒，也各有各的标准。

这给人们留下了两点处世的启示：

平常自己遇到了不如意的事，不要对别人倾诉，免得打扰别人的宁静，免得令人生厌，免得令己尴尬。

日常处世时，自己每有心领神会之处，也有独自品味玩赏的必要，因为静默的心境似海,切毋让那好为人师的说教窒息了这深沉的静默……

其实,洪应明对于竹鹤鸥及鱼鸟莺花的感悟与理解,只是千万感悟中的一种。而当笔者试图解读它们时,多少也把自己的意念接续了,从而得以再次领受诸如竹松的品格力量,得以回味诸如鹤鸥的处世启示……

面对自然,自然会时时拨动每一颗敏感的心灵的心弦。

禅机与学识

"霜天闻鹤唳,雪夜听鸡鸣。"

"晴空看鸟飞,活水观鱼戏。"

"乐意相关禽对语,生香不断树交花。"

"野色更无山隔断,天光常与水相连。"

……

这些语句,是既记录了平凡的景象,又意趣盎然、意境悠远,同时还反映了物我合一的观念。这些令洪应明浮想联翩。

也许他感受到了自然的清爽纯洁之气,或许感悟到了宇宙活泼变动的奥妙,或许因此而把握到了物我合一的真谛("无彼无此得真机"),或许神会了天地万物亲密无间的交融("彻上彻下的真境")……

像这样的景象,能时时进入我们的眼,滋润我们的心,没有必要担心我们的心思不敏感活泼,做人的气象不宽怀平实。

明朝是一个盛行对联的时代。于是,在对联方面,洪应明有着很强的欣赏力与联想力,乃至他在写作《菜根谭》时,也多采取了对联的对偶形式,就并非奇怪之事了。

读描述自然生机的对联,已是灵犀一点通。当真正地反观自然时,不论是对于种种平凡的景象或音响,或是对于处处俱见的山川与云物,洪应明也就能常怀体察共鸣之心,以铸就人生的高见识。

因此,庭院的台阶上,数点被翡翠鸟啄掉摇落的红花,就能引发出诗人鲜活的诗意;窗口前的水塘中,青青的荷叶映衬着白莲,则能促使人参悟禅的机缘与意趣。

在寂静的夜晚,听闻寺院传来的缕缕钟声,人生的种种幻境臆想就会惊醒;在月朗星稀的静夜,看着倒映在碧潭中的月影,精神上也就初步把握到了生命的本体……

因此,在洪应明看来,天地景物中的种种奇观妙境,不管是烟弥空蒙的翠色山岚,还是水面上荡漾的弥散涟漪;不管是碧潭中倒映的云影,还是草地上变幻的烟雾光色;不管是月光下袅娜的花色叶容,还是随风而舞的柳姿叶态……种种似有似无、真幻兼杂的景象,最能使人获得赏心悦目而又拓宽心胸的效果。这是第一。

对于大好山河、风光云物,假如只是观赏其表面的艳丽光彩,那只是停留在俗人的一般见识上。见识高者,则善于以那种种山川云物,来作为助学长识的依据。同样是面对一个景物,人与人之间的感受却大相径庭,原因就在于人与人之间的见识有高下之分。

就是因为有这种自觉,因此,洪应明对山川云物的认识,总能提高到一个新的层次,总能与人生的哲理联系起来。

比如,曾听说东海水是无风也起三尺浪("无定波"),他就想到:面对纷纭动荡的人生世事,我们又何必常常扼腕激动?

又好比,知道埋葬公侯贵族们的北邙山(在河南洛阳市东北,古有"生在苏杭,死葬北邙"之谚),未曾节省留出一块闲地,他就想到:何人能长生不老?我们还是宽心地舒展眉宇吧!

在这方面,他倾向于认为,一个人只要久坐静观那清爽的溪水、碧绿的山峦,种种庸俗委琐的胸怀,就会得到根本的改变;处处的流水山云,时时能使人体悟到自然之道。这是第二。

对我们而言,众多的自然景点,有远近之别和繁简之分。有些时候,千里迢迢地去观看那些遥远的自然景观,却未必会有学识上的收获与意趣上的满足,那是因为"会心不在远,得趣不在多"。

因此,在洪应明看来,对于一个具有高远眼界、通达胸襟的人而言,就算仅看到小小池石的盆景,也能够感受到万里山河的气势;坐在家中,沐浴在满屋的清风中,看着月光洒在桌几上,也能够窥见任何物件都透露出的自然意趣。这是第三。

拿刚才那三项意译归纳来看,它们闪烁着活跃的性灵之光,蕴涵着自悟自得、自得其乐的禅意禅趣,因为禅十分推崇人在大自然中的陶醉与感悟。如此,禅就有助于人们更好地认识并体悟自然的本来面目。

这两人下面的一问一答,就表明了此点。

有一次,唐朝大哲学家李翱曾向药山惟俨禅师请教:"什么才算是道呢?"("道"即真理、道理)

药山禅师回答:"云在清天,水在瓶。"

意思是,道就是事物如云在清天、水在瓶般的各得其所,道就存在于天地间的一切景物中。

如此道来,天地间的一切景物,都能给我们带来感悟与启迪。

倘若我们现在正在旅游,却不巧碰上了绵绵阴雨天,怎么办?待在旅舍的床头玩扑克、发牢骚,还是去观赏另一种具有空蒙缥缈色彩的自然景象?

依据禅识,再参照洪应明对种种真幻兼杂的景象的描述,在安全的前提下,应取后者。

这不仅是因为争取时间,使旅游日程不至于因阴雨天而受到影响,更是因为雾中看花、雨中观景,也会有另一种景致与情趣,能令人产生另一种神思。

以桂林山水甲天下的山水言,雨帘雾笼再加云绕的山山水水,不再一览无遗,却显得更妩媚、更奇美、更幽远、更深邃,也更神秘……

因此,旅游时,我们也应"莫为轻阴便拟归"(唐朝张旭句)。否则,就会留下遗憾,或许还是不可弥补的。

再说说听静夜的钟声、观碧潭的月影。

对现代很多年轻人来说,月影常见,却已熟视无睹;至于聆听暮鼓晨钟,那多是只能由字面诗句所引发的贫乏想象了。而对于古人言,那月影、那钟声,与其说是一种感官的刺激,还不如说是对生命之弦的一次弹拨。

每一代人,对于唐朝诗人张继的《枫桥夜泊》都不陌生——"月落乌啼霜满天,江枫渔火对愁眠。姑苏城外寒山寺,夜半钟声到客船。"寥寥二十八个字,平铺直叙、笔墨稀疏而又用字平淡,几乎不需再作解释,却使寒山寺的钟声缕缕不绝地响彻千年,成为一种穿越了千年时光隧道的文化经典。

直到今日，“听寒山寺夜半钟声旅游”，更使寒山寺成为一个旅游热点，每年的除夕之夜，成千上万的中外游客还专程赴苏州聆听寒山寺的钟声，他们认为那声声悠远、深远、古雅、庄严而从容不迫的钟声，能使人的神思与冥冥切合，有淡淡的禅味……

寂静的夜，无形而又袅袅不绝的钟声，打破了这种寂静，使人神飘天外；碧潭的水是清澈的，月亮的投影则带来了蓬勃的生机，大自然给人们提供了一幅和谐的图画……难怪，诗人张继能有那样的神思神笔，难怪洪应明能有那些独特的感悟，难怪中外游客能被寒山寺的钟声所迷住。

唐代书法家张旭像，图出自清·顾沅《古圣贤像传略》。

实际上，我们也能的——只要我们还有足够敏锐的感觉与足够聪慧的心智，就像现代作家徐志摩所言：“这单纯的音响，于我是一种智灵的洗净。”由于类似寒山寺的钟声，蕴涵着人文的、宗教习俗的信仰，既充斥于天地间，也共鸣于不同的心灵内，自然不同于机械的自鸣钟，后者只有计时的功能，其鸣响也就仅具有单纯提醒的功用。

进而再说说面对同样的山川云物，低识不高者，往往只能一般化地观赏它们的艳丽外表，甚至连这也做不到。一些青年人在旅游时，到了目的地后，行李一放，马上就或沉湎到麻将的四方城中，或挥拍打羽毛球，更甚者，如笔者在漓江游船上所见：游客中，有一个背着小孩的农村少妇，只是津津有味地看小人书，许久也没有抬眼观看逐渐后退而消隐了的青山秀水，类似的例子并非少见。

于是，见识不高，也就难寻野趣之乐，难赏奇景之美。而见识高者则能因观赏山川云物，增长自己的学识与智慧。

关于这点，仅以现代著名画家刘海粟为例，他由一个学画青年到一个艺术大师的成长历程，是由他一次又一次、一步又一步地十上黄山所踏出来的，其中的关键转折，就是他自己所说的：“昔日黄山是我师，今日黄山是我友”，黄山的泉石松壑、晴岚烟雨开阔了他的艺术视界，这种视界又造就了他的作品中的那些源于黄山又高于黄山的高远艺术境界。

可见人的情趣、见识乃至是追求的高低，能极大地影响着每一个人对自然景物的观赏，谁不想仅是泛泛地看景看物，就必须建树高识见，因为这是古今的文化大家们在观赏山川云物时，能意定如石、心清如水、身闲如云、情淡如烟、心阔如天的前提基础。

提到刘海粟大师,此处还想插提一句或许不是题外话的话。他自小就十分喜欢《菜根谭》中的这样一句对联:“宠辱不惊,闲看庭前花开花落;去留无意,漫随天外云卷云舒。”老年时还曾屡屡抄录赠人,一些报刊刊登的文章,还以为此乃海粟大师所作。其实,这是不熟悉《菜根谭》而闹的笑话,直至以讹传讹。此处提及,既作一辟正,也想说明《菜根谭》的文字,曾在诸如刘海粟等现代文化大家心中产生过的共鸣,因为精神交流的因缘是可以超越时代的。

关于自然景物,总有说不完的话题,又岂是这短短的篇幅所能道完讲全的?而更为重要的是,面对种种自然的真境、幻境,我们必须争取更多的观赏,更长的观赏,毕竟,先悦目才能赏心,道听途说则不足取。

所以,关于观赏自然景物,我们还不妨记住黄山中的一副联对:

“岂有此理!说也不信;真正好绝!到后方知。”

把命运掌握在自己的手中

“莫听穿林打叶声,何妨吟啸且徐行。竹杖芒鞋轻胜马,谁怕?一蓑烟雨任平生。”

这是一代文豪苏轼的一段千古绝唱,相信很多人都会因为词句中所蕴涵着的那种超然境界而难免产生向往之情。毕竟,无论是在任何的时间或是空间里,能够达到超越世事和快意平生的这种人生状态,也正是陷身于俗世之中的每一个人最渴望实现的终极理想。

事实上,要真正做到将命运完全掌握在自己的手中,也并非是一种“难于上青天”的非分之想。尽管繁杂的俗世生活总是会以各种各样的方式和途径,不断消磨着我们的活力、损害着我们的健康甚至是扼杀着我们的生命,但只要我们可以尽快地从那些名利是非的种种纠缠中抽身而出,同时尽力远离那些有百害而无一益的所谓烦恼和忧虑,也就能够在自我主宰的基础上拥有一份快乐的心情,直至实现一种超然物外的人生境界了。

有一个寓言故事,讲的是一位老人因为拥有一把又长又密的大胡子,所以就被周围的人们亲切地称为“美髯公”。但就在老人也因此而沾沾自喜的时候,邻居小孩随口提出的一个关于“睡觉时该把胡子放在被子里还是被子外”的问题,却让他一时间不知该怎样回答。于是,直到晚上睡觉的时候,老人依然还在反复地考虑着这个问题,总是一次次地重复着把胡子拿出或是放进被子里,以至于整夜都没有睡上一个安稳觉。

事实上,老人这一“庸人自扰”的做法虽然有些可笑,但却让我们感受到了务必要把命运掌握在自己手中的重要意义。相信没有一个人愿意像故事中的老人一样,被那些其实微不足道的问题困扰自己吧?因为这样不仅会浪费我们在工作和生活中的太多精力,更有可能使我们陷入一种不能自拔的痛苦境地,从而不得不忍受来自外界和身心上的双重痛苦与折磨。这显然不是我们想要得到的结果。

要是真想做到把命运掌握在自己的手中,那么我们就必须在自我控制的基础上不断地作出努力,尝试着用乐观向上的情绪来代替原本纠缠在心头的烦恼和忧虑,当然还可以通过更加努力的工作和学习来达到同样的目的。其实这样的方式和方法讲起来好像还有许多,但真的要做起来,关键之处也就只是在于我们能否真的有所坚持了。

可是,在实现自我主宰的过程中,我们还需要更多地去发现和利用事情的内在规律,不要误打误撞或是一味蛮干,而是要找到对待和解决事情的方法和窍门,确确实实地做到"对症下药"和"有的放矢"。这样才会有助于我们在更大程度以及更广泛的范围内实现自我主宰,从而最终把命运掌握在自己的手中。

在人生的道路上,也许我们每一个人都会不可避免地成为其中的傀儡。但可以把操纵傀儡的那根线索牢牢地掌握在自己的手中,也就能够主宰自我、主宰命运了。

凡事有始也要有终

凡事有始就有终。这道理本来已经是耳熟能详的老生常谈了,但在现实生活里,却并非每一个人都能真正地弄清这个道理,甚至还总是有人会在这个简单的问题上犯下健忘的毛病。他们或是在事情刚刚开始的时候,就因为经受不了挫折的打击与考验而心生畏惧;或是在最后的紧要关头,却因为无法坚持到底而轻易放弃。总之到头来不是让本该实现的目标落空,就是使本该得到的东西反而失去。每每到了这个时候,抱怨和悔恨都无济于事,最后吃亏受损的也只能是自己了。

如果说这种在千钧一发之际才出现的麻痹大意或是绝望放弃,将会最终破坏了我们的成功和胜利的话,那么在普通情况下出现的那种退缩和疏忽,是否就可以忽略不计了呢?

有这么一个寓言故事,说的是一个即将退休的老木匠,受到了老板的盛情挽留。但由于去意已决,因此最后商定的结果,就是由老木匠在退休之前再建一所房子留给老板。可就是在建造一生中最后一所房子的这个过程里,老木匠却再也不能像以往一样地安心工作了。由于他总是心里想着今后开始享受天伦之乐的幸福生活,以至于不仅用料不再精益求精,就连作出的活儿也比从前失去了太多的水准。当他在完成一切工作后,把这所新房子的钥匙交给老板的时候,老板竟然告诉他这所房子就是自己临别时送给他的礼物。

可见,做起事来能够有始有终是一件多么简单却又多么重要的事情啊!假如寓言中的那个老木匠还会像以前那样认真仔细,那么一生之中建造了无数好房子的他,又怎么能在最后的时刻,却送给自己一所如此粗制滥造的家呢?

美国著名作家约翰·格利夫·韦蒂尼,曾在自己的回忆录里描述过他生平第一次钓鱼时发生的一件事情,并以此来告诫世人无论什么事情都要有始有终、坚持到底的重要意义。

这个故事发生在韦蒂尼还是个孩子的时候。当时他和叔叔去河边钓鱼。从来都没有这方面经验的他,终于在几次失败后等到了有鱼咬钩的情况发生。可就在他忙着向叔叔炫耀着自己即将得到的胜利,却让即将上钩的那条鱼趁机逃去了。于是,韦蒂尼的叔叔意味深长地向他讲述了钓鱼和做人的道理:在鱼儿还没有被真正地拽上岸之前,一定要坚持到底不能松气。而做人也和钓鱼是一样的道理,不能有始有终就不会取得任何的胜利。

就是因为叔叔的这番话给韦蒂尼留下了极为深刻的印象,所以在这篇回忆录的最后,他这样写道:“从那个时候,每当我听到人们为一件尚未办成的事情而自我吹嘘时,就会情不自禁地回想起自己在小河边垂钓的那一幕,回想起叔叔对我说过的那番忠告。”

越是在靠近成功时,我们就越是应该一鼓作气地坚持到最后,要有始有终而不要放松麻痹。在这件事情上,韦蒂尼的叔叔无疑是值得我们去学习的,因为他懂得“功败垂成”的道理,而韦蒂尼本人也同样是值得我们钦佩的,因为他懂得用这个道理来时刻提醒自己:既然在人的一生中总是要经历痛苦与欢乐的磨炼,那么也只有经受磨炼后获得的幸福,才是一种最为长久的幸福。这可是从无数的经验和教训中总结出来的一个真理。

假如连这样的道理都不懂的话,煮熟的鸭子也会飞走。

尽心足性,才有快乐人生

在我们生活的这个地球上,从最早出现生物活动迹象的时间算起,到现在已经有40亿年的漫长历史了。而且就算是在今天,地球上也依然生存着大约150万种生物。相比之下,不仅人类拥有的历史显得有些短暂,而且在这样漫长的时间和如此众多的物种中,人类的出现也不过只是一个极为偶然的现象罢了。这样看来,人之所以能够成为人,其实真的是一件值得庆幸的事情。我们也真的应该重视和珍惜自己的生命。

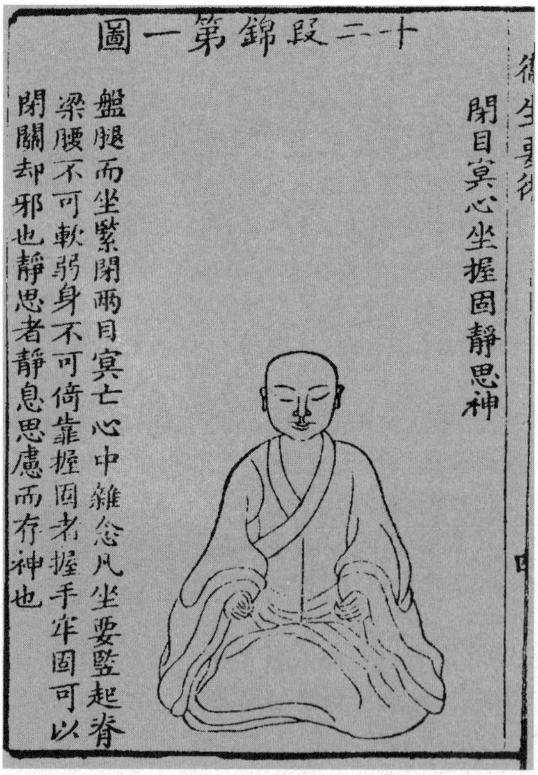

中国古人养生论上主张静心,图为清代潘霨《十二段锦》第一图,闭目冥坐握固静思神之图。

当然,在从古到今的时代变迁中,始终都在有人抱怨着生命的不易与生活的艰辛,并且因此认为人类活在这个世界上其实是一件并不快乐甚至可以说是非常痛苦的事情。这些人或是为了功名荣誉而奋斗不已,又或是为了权力地位而奔波流离,再或是为了钱财利益而蝇营狗苟,总而言之,就是为自身的贪欲所累赘,被尘世间的太多诱惑所羁绊。而这样一来,他们自然没有心思去反思自己的言行举止究竟有多少意义,更不会去考虑身外的这些得失成败到底能给自己带来多少的助益了。

说到这,很容易让我们联想到文学大师巴尔扎克塑造的欧也尼·葛朗台这一形象。这个为了最大限度地占有每一个金币而不惜赔上性命的贪心鬼,不但生前过着守着一座金库却节衣缩食的可怜生活,即使是在刚刚死去之后也会因为在他眼前晃过的金币而再次活转过来。这个为了追逐物质利益而劳累至死的生动形象，正好是那些本来是为欲望所束缚、却还在一味地喊着生命痛苦的人的最佳写照。如果人只能是这样活着的话，那么生命也真的是件没什么值得庆幸的事情了。

其实，在我国传统的处世之道和修身之法中，有很多的理论和主张都是在强调一种"静心"的修养原则，要求修炼者必须要达到静如止水、心平气和的最佳状态，才可以彻底排除一切私心杂念的干扰与侵害。在古人看来，之所以鸟类和鱼类能够随时处于一种逍遥自在的状态中，只是因为它们除了生理上的基本需求外，就再也没有像人类那样复杂繁多的物欲追求了。显然，这就已经或多或少地进入了另外一种矫枉过正的认识误区中了。虽然我们也明白就是由于有了各种各样的追求，才会让自己常常陷身于苦恼之中，但是人生在世并不应该只是为了单纯地活着而活着，如果仅仅是为了最基本的生存而活在这个世界上的话，那么岂不是一件太过可悲的事情了吗？其实所谓的"静心"也是个有限度的事情，否则真的达到了只能看到自己内心、而无法再去关注外面世界的程度，就很容易造成一种自我封闭、孤陋寡闻的结果，也就谈不上什么真正的快乐了。

其实，想要得到一种真正的快乐人生，这就需要我们在充分理解的基础上，树立起一种尽心足性的人生态度。由于人生之中不只是有幸福和快乐，还会随时可能出现各种各样的痛苦与悲伤。因此，可以在快乐的时候做到点到为止知足常乐，而在痛苦的时候则依靠自我的调节能力，在承受的同时再去试着改变，这才是一种既不刻意强求也不过分留恋的一种健康心态。有了这样的身心状态作为前提，所谓的快乐人生也就是一个自然而然的正常结果了。

人生，其实就是一个不断失去的过程

凡事，人们似乎都已习惯于总是去看看自己得到了什么或是得到了多少，却没有多少人可以接受失去什么或是失去多少的一种结局。其实细细想来这也是一个极为正常的现象。毕竟从降生到这个世界上的那一天起，我们就开始了一个接一个的得到。先是从父母那里得到了生命和家庭，接着又在成长的岁月里不断地得到了教育、工作、爱情和婚姻，接下来就是得到了自己做父母的快乐与辛苦，之后又得到了年老时的休憩……直到生命终结之前，这样一个得到的过程似乎一直都在有条不紊地延续着。当每个人都把这种得到视为是一件再正常不过的事情时，自然也就不能忍受因为失去所造成的那些痛苦和悲哀了。

但是，假如我们能够换一个角度来看待自己的人生，就不难发现我们的生命在不断得到的同时，实际上也是要在一种不断地失去中渐渐度过的。这也是从我们降生到这个世界上的那一天起就已经开始的了。我们既然得到了生命，也就意味着还要最终再失去它。而在接下来的童年、青年、壮年、老年等的每一次生命的重要历程，又有哪一个阶段的得到不是以失去前一阶段中的自己作为前提的呢？可以肯定地说，我们的整个人生就是一个在得到和失去之间不断交替着的。得到之后往往就要面临着失去，而失去之后也常常又有新的得到会降临到我们的身上。直到我们最终失去了自己的生命，这个失去的过程才和得到的过程一起消失在了我们的人生之中。

既然人生也是一个不断失去的过程，那么怎样正确地对待这种失去，则是我们在人生的这门学问中必须首先学会去面对和解决的一个重要问题。只有切实有效地找到一种能够正确地看待和处理得失问题的方法，我们才可以更加从容地去面对所谓的“得到”，同时也才能够在遭遇那些“失去”的境遇时保持自己的健康身心和快乐情绪。

很明显这不是一件容易办到的事情。虽然每个人在自己的生命历程中，都不可能总是做到一帆风顺事事如意，可大多数的人却总是把得到当做是一种必然的结果，而习惯于把失去看成是一种极为偶然的现象。甚至在某种程度上来说，人们对于失去的那种恐惧心理，其实正是和对于得到的那种渴望心理有着完全相同的强烈程度。以至于对这些人而言，要让他们相信这种失去也是人生中极为正常的一种必然现象，那似乎是一件不太可能的事情了。

但不断地得到也并非是一件值得庆幸和快乐的事情。唐代文学大家柳宗元曾在他的作品中记载过一种有着奇怪特性的小虫。它总是在行走的过程中把自己遇到的所有东西都拾起来放在背上，结果堆积在它背上的东西越来越多，直到最后累得它再也无法前进一步才算罢休。对于这样的一种小虫，也许人们有理由去讽刺和嘲笑它的贪婪，然而，这是否又让我们中的一些人想到了自己的所作所为呢？

古代先哲在所谓的得失问题上，始终强调和追求着一种“处世而忘世”或是“超物而乐天”的人生大境界。他们通过自己的理论著述和实际言行等各种途径来告诫后世之人，千万不要因为在世俗欲望上的无法满足而一味地沉溺其中，否则只会因为自己的贪得无厌和俗不可耐而最终被物欲彻底淹没。

“一切都是暂时，一切都会消逝；让失去的变为可爱。”这是俄国著名诗人普希金在一首诗中写的。就算我们还不具备一种“不以物喜，不以己悲”的高尚品质和博大胸怀，但至少也不应该在得到时就得意忘形，在失去时就悲观绝望吧？在失去中沉淀和积累自己，这样才能为再次的得到打下一个最为坚实的基础。

别让自己的人生输在起跑线上

别让自己的人生输在起跑线上。这就要求我们先去找到一个最适合于自己的人生定位。和这件事情比起来，任何多余的贪念和担忧，显然都是没有必要也是毫无意义的。

其实，生活中的每个人，都应该拥有一个属于自己的位置。无论这个位置本身是指外在的身份地位的高低贵贱，还是指内在的心理定位的成熟与否，都同样会对我们的人生产生出不可估量的影响作用。拥有了一个最适合于自己的位置，往往就意味着能够付出最少的时间去完成最多的事情，从而为我们实现自己的人生价值，或是体现生命的真正意义，打下一个最为坚实的基础。

佛教中有句禅机深厚的偈语：“拿着扫帚不扫地，生怕扫起心上尘。”其实就是在告诫世人要时时刻刻保持自己的身心宁静，而不要被外事外物影响或是左右了自己的心性与操守。而一旦在找到了一个最适合于自我的本心本性的位置后，就更是没有必要再去羡慕或是贪求于他人得到的一切了。这和佛教中一直强调着的“观心”的主张，以及庄子在道教中所大力倡导的“齐物”的观点，在实际功效上是有着异曲同工之妙的。虽然对于现代的人来说，这些既古老又传统的处世哲学确实显得有些遥不可及，但却绝非就是一些不再适用的陈词滥调。因为即便是身处于当今的社会中，每一个人不还是需要拥有一个真正能够实现自我价值、展示自我本色的人生位置吗？与其是靠天靠地靠奇迹，还不如靠这个真实的自己。

相比之下，那种盲目地追随他人或是一味地依靠他人的做法，无论是在什么情况下，都显然是有失明智甚至是完全错误的一种行为。毕竟这个世界上除了自己以外，就再也没有什么东西是完全属于我们的了。

有这么一个寓言故事，说的是一名佛教徒因为遇到了难以解决的问题，就到寺庙里去祈求观音菩萨的庇护。但当他走进庙里时，却看见观音菩萨竟然也跪在自己的佛像面前。于是，他好奇地询问观音菩萨这是为何，观音菩萨只是笑着告诉他，因为求任何人还不如求自己。

观音变相图，出自《观世音菩萨二十二像心忏》，描绘了观世音菩萨的悲天悯人之相。

没有人能够否认当自己在现实生活中遇到各种困难时，确实可以凭借着其他人或其他事物的帮助，来或多或少地解决一些问题。但这种来自外在的人和事的帮助毕竟不是长久之计，也基本上无法从根本上解决所有的难题。而最终可以解决所有问题的，还要靠我们自己的努力。因为只有在种种的磨难之中锻炼自己和完善自己，我们才能在今后的危难和险情中，真正具备呵护自己、保全自己的一种能力。假如不能尽早地确定自己的人生位置，而只是借助于外事外物的支撑来勉强应对这一切，那么最终不但将会失去他人的尊重与扶持，当然也就更是无法赢得人生中的任何成功与胜利了。

其实，一个没有经过深思熟虑而草草选择的人生定位，也有很大的可能会最终毁掉一个人的一生。这是因为一个并不适合于自己的位置，往往将会造成一个人付出一生的努力，但仍然是一无所获的结局。也正是如此，如何找到一个最适合自己的位置，成为每个渴望在自己的生命中获得成功的人，都必须去慎重考虑和仔细选择的首要任务。

心静自然天地宽

洪应明的《菜根谭》哲学，之所以会常常强调修身养性的玄妙方法，其实就是为了告诫后人要在提高自身道德修养的同时,还要勤于磨炼自己的坚强意志。因为只有这样,才能在控制或排除自己的物欲和私心杂念的基础上,求得内心的宁静与从容。而这种自我修炼的落脚点,显然又是应该放在我们的身心之上,却与外在的环境没有太大关系的。

至于历史上的那些以隐居山林的方式来求得内心宁静的所谓清修之人,假如不是怀着一份"终南捷径"式的别有用心,那么显然是违背了自我修养的真正原则。既然无法做到完全彻底忘却世俗生活,那么即便是躲避在深山老林之中,内心不还是会一如既往地喧嚣与烦躁吗?更何况主动地去选择离群索居式的生活方式,这本身就表明自己的内心之中还存在着物我或是动静等的固有观念。所谓"小隐隐于山林,大隐隐于闹市",就说明了这样一个道理。

心静自然天地宽。假如连一份自信的人生态度和一种自我调节的基本能力也没有,那么其他的一切就只能是不切实际的空谈和妄言了。

有那么一位画家,为了知道人们对他的绘画风格和水平有着怎样的看法,就把自己最满意的一幅作品拿到了热闹的市场上,以便让人们把不足之处指出来。可是,当一天的展览结束后,画家发现自己的作品已经被人们密密麻麻地标上了不足之处,这自然让画家十分沮丧。而画家的老师在知道了这件事情后,就让他再把一幅水平基本相近的作品放到菜市场上,只不过这次是让人们把那些认为很好的地方给指出来。当一天的展览结束之后,画家却看到自己的作品又被人们密密麻麻地标上了他们认为很好的地方。

于是,画家终于明白了其中的道理。他再也没有盲目地去听从别人的赞赏或是批评,只是按照自己的风格,继续投入到接下来的绘画创作中,最终取得了辉煌的成就。

能心无旁骛地相信自己,不受干扰地坚持自己。这种自信的人生态度,不仅是故事中的那位画家能够最终获得成功的关键所在,同时也是我们成长和成熟的一个重要条件。

当然,仅仅具备了一份足够的自信,还不足以让成功变成真正的现实。因为在这样的一个基础上,还需要我们能够在日益紧张忙碌的现实生活中掌握一种自我调节的基本能力。英国著名出版家诺慈可里夫就以他的宝贵经验,为我们提供了一种最具有参考意义和借鉴价值的成功范例。

心静自然天地宽。这就是诺慈可里夫用他的成功经历,诠释给我们的一个最为简单的道理。明白了这个道理,我们就应该学会在自信自立的基础上,再去运用自我调节的能力来达到一种"静心观物"的人生境界,那么,一个成功的未来,就离我们不远了。

打碎生命中的所有枷锁

卢梭曾经这样告诫世人:"人生而自由,却无所不在枷锁中。"在这位具有划时代意义的伟大人物看来,人从出生就要不可避免地受到外界事物和自我身心的双重束缚,其中尤以人类自身难以消除的种种欲望最为可怕。这些欲望的不断涌现,就像是在我们的生命中铸上了一把又一把的坚固枷锁,不仅让我们时时受制处处受限,更有可能彻底失去生命中最为珍贵的自由。

尽管欲望本身有巨大危害,可我们必须承认任何人都无法完全抛开欲望而存在的这个现实,更不能否认欲望确实具有促进人类自身完善以及推动社会向前发展的巨大力量。因为没有了欲望,那么人类的生命本身也就失去了继续存在下去的充分理由,更不可能发展到今天的这种程度了。欲望本身的确就像是一把锋利的双刃剑,在带给这个世界幸福与满足的同时,又会以它永无止境的巨大力量夺走我们的自由,直到让越来越多的人沦为它的奴隶。

欲望的这些特性,古今中外的无数先贤和智者早已通过各种各样的方式,对后人发出了告诫和警示,也始终都在强调着"以我转物"的观点。这也就是要求人们应当不断提高自身的精神修养,不但不能成为物欲的奴隶,反而应该是以坚定意志来控制物欲上的贪求与妄念,从而达到使其服务于自己的最终目的。一代文豪托尔斯泰曾在他的作品中讲述过这样一个令人深省的故事:

曾经有一个人向庄园主索要一块土地。庄园主答应了,又让他在清晨时分就开始跑向远方,而且每跑上一段路程就插个旗杆作为标记。这样一来,只要他能够在太阳落山前返回,那么所有插上旗杆的地方就全部都是他的土地了。于是,这个人从一大清早起,就开始拼命地向远方跑去,直到太阳快要落山的时候还是不肯满足。虽然他在天黑前赶了回来,可是却因为劳累过度而死去。在这个人的葬礼上,连牧师也感慨地说:"一个人到底需要多少土地呢? 这么大就可以了。"

这个故事确实值得我们回味和思考。而牧师最后说出的那句话,不仅是在诘问故事中的那个人,同时也是对所有像他一样不知满足的人发出的一种质疑。虽然我们都承认一个事实,那就是与其空洞地去谈如何控制欲望的问题,还不如客观、现实地直面人与欲望之间的关系,同时再去尽量合情合理地实现它。但是我们还必须清醒地认识到欲望本身所具有的特性,那就是它的永无止境和永不满足。也正是如此,与其在欲望的束缚与捆绑中成为它的奴隶,还不如尽可能地去控制和支配这些欲望,让自己成为欲望的主人。

打碎生命中的所有枷锁,就是要求我们能够尽量摆脱欲望的羁绊,最终实现控制和主宰欲望的目的。当我们学会了以一种简朴淡泊的人生志趣和从容不迫的生活态度,去面对周围一切事物的时候,自然也就能让我们的心灵获得更大的自由,让我们的生命获得更多的快乐了。而这样的一种人生状态,才是所谓自由的真谛。与如此美好的结局相比,那些为了满足一时的欲望需求,却不得不去承受欲望苦果的种种遭遇,就如同"丢了西瓜捡芝麻"。

打败自己,而不是被自己打败

同样是在追求成功的人生道路上奋斗求索,为什么有失败和成功之分? 答案其实非常简单,除去一些确实存在的外在因素不论,只是由于前一种人往往是被自己打败,而后一种人却常常能够打败自己罢了。

《庄子》曾经讲述过一则关于"混沌"的寓言故事。其中的大意是说有一个名叫混沌的人,本来既没有眼睛也没有耳朵,后来是在神灵的帮助下才最终打通了耳目。按理说,混沌本来是应该喜欢这个五光十色的世界的,谁知他在有了耳目之后却很快就出人意料地死掉了。而庄子写下这则寓言的真正用意,也正是为了告诫世人:虽然人生在世确实需要得到物质追求上的必要满足,但是拥有了耳目见闻之后,就很容易产生私心杂念,进而也容易导致自己丧失了本性。因此,一定要学会适可而止和删繁就简,千万不要让私心杂念成为阻碍自己求取成功的最大敌人。这也就是常言中所说的"聪明反被聪明误"吧。虽然这则寓言本身有着极为夸张的虚构成分,但是从修身养性以及为人处世的角度来看,其中的寓意却显然适用于古今中外的任何时代或任何一个人。

美国著名影视明星凯丝·戴莱的成功经历,就极为充分地印证了这一点:凯丝·戴莱有着一副天生的好嗓音,可是因为自己的大嘴和一副极为明显的龅牙,成名之前的她不仅一直缺乏足够的信心,甚至还在第一次登上舞台的时候闹出了很多的笑话。直到一位好心的观众劝告她说,观众只是想看到一种真实大方的表演,而没有哪个人会关心明星长了一副什么样的牙齿,凯丝·戴莱才开始在此后每次登台演出的过程中渐渐发挥出了自己的真实水平,因此终于成为人们心目中的明星。

人人都渴望着能像凯丝·戴莱那样得到自己生命中的成功,可是这种成功的最终实现除了需要不懈地努力和执著的追求外,同时还不能缺少我们敢于正视自己、战胜自己的一份信心。因为成功的全部含义,并不在于他人给出了怎样的评价,相反,只是在于我们在追求成功的过程中,究竟付出了怎样的努力以及取得了怎样的成绩。而这样的一个过程,不仅可以衡量出一个人的智慧和能力,同时也可以考验出这个人是否具备了战胜自己的勇气和毅力。

人生最大的挑战,来源于我们自己。因为任何来自外在世界中的敌人,都可以凭借着自己的努力去一一战胜。可如果这个敌人是自己,那么我们又该凭借什么来取得这场战斗的胜利呢?正如某位作家所说的那样:"自己能说服自己,这是一种理智的胜利;自己能感动自己,这是一种心灵的升华;自己能征服自己,这是一种人生的成熟。而如果一个人能够说服、感动和征服自己,那么他就具备了征服一切挫折、痛苦和不幸的能力。"

既然生命中最大的敌人就是我们自己。那么就要利用自己有限的精力,去做一些更有意义的事情,从而实现打败这个敌人而不是被这个敌人打败的最终目的,这一点值得我们深思。

正视自我,才有一切可能

俗话说得好:金无足赤,人无完人。既然天底下没有十全十美的人,更没有从来不曾犯过错误的人,那么有了缺点或是犯了错误应该以怎样的态度去对待,也就成为造就人与人之间巨大差异的一个极为关键的重要原因。所谓正视自我和重塑自我,说的也正是这个问题。

所谓正视自我,既是认识缺点后的开诚布公,也是知道错误后的幡然悔改。这不仅是良知已经复苏的一种体现,同时更是灵魂得以净化后的最佳证明。当一个人能够真正做到耳朵里能够听进去那些所谓的逆耳忠言,心里能够容得下那些所谓的不顺之事,学会正视自己的缺点和错误,然后再加以改正和承担,而不是怀着犹豫和恐惧的态度,或是遮掩和躲避,这本身就已说明了这个人敢于正视自我,以及纠正缺点和错误的巨大决心。

其实，只要我们稍加留意就不难发现，许多伟人和智者，正是因为他们勇于正视自身的缺点和错误，在接受他人劝解或是指责的同时，敢于承担一切的后果和责任，所以才能够为后世之人提供了一个个足够参考和借鉴的最佳典范。

法国历史上最为伟大的启蒙主义思想家、文学家卢梭，就曾经因为在少年时代将一次盗窃行为转嫁给他人，并使对方深受其害的可耻行径而一再自责不已。为了警醒世人，同时也是提醒自己不要再犯类似的错误，他竟然在自己的传世名著《忏悔录》中，详详细细地记载了这件事情，并深刻批判了自己当初的错误行为。

而中国现代文学史上的大师级人物巴金老先生对自己在“文化大革命”时期被迫做出的那些不得已的违心举动，也曾进行过多次忏悔。当他在文字的世界中，将自己全部的愧疚之情淋漓尽致地释放出来的时候，不仅没有被世人轻视和诋毁，反而是让人们看到了一位伟人真诚而博大的旷达情怀。

人们常说聪明的人会认错，而真正拥有大智慧的人在懂得认错的同时，还能够自觉地接受他人的意见和建议，以便更好地省察自身存在着的缺点和错误。从缺点中找出症结所在，从错误中吸取经验和教训，然后再加以调整和改变，以此来避免下次再犯同样的错误。往小了说，这既是一种交际艺术的表露，更是一种处世哲学的体现；而往大了说，这不只是一种人生智慧的反映，更是一份人生境界的结果。

与此相比，那些总是固执地将自己的错误归咎为一时的疏忽和大意，而不是承认自身还存在着缺点和不足的做法，显然就是完全错误的了。这种明知错误而不反省和改正的，除了带给我们不断爬起又不断跌倒的错误和失败之外，还会让我们距离进步和成功越来越远，直至彻底失去了接近和获得真理的可能，并被真理永远地抛弃。当我们的生命完全陷入一片错误的海洋中的时候，那么就无从谈起人生的意义了。

学会虚心地接受他人的意见和建议，勇敢地正视自我的缺点和错误，这才是一个现代人必须具备的基本素质。因为人的生命是不应该在那些缺点和错误中度过的。

英雄不问出处

英雄不问出处。这个道理就像是我们吃过了一个味道很好的鸡蛋后，不必去追问它到底是由哪一只母鸡生出来的一样。

这个比喻可能有些不够恰当，但每一个想要在自己的人生中有所作为的人，却都应该首先具备一种基本认识，也就是所谓的出身问题，确实不是决定着一个人能否有所作为的主要条件，更不该成为一个人骄傲自满或是自艾自怨的充足理由。

比起这种并不具备任何实际作用的出身问题，如果我们真的打算在生命中取得什么成功的话，反而是那些改变命运、创造命运的实际行动更有意义。尤其是对于那些生活在恶劣环境中的人来说，如果是不可逆转的自然环境，就需要自己去勇敢地克服困难和战胜艰险；可如果是可以改变的生活环境，则又需要自己在具备了“出淤泥而不染”的坚强意志和坚定信念的基础上，再去充分发扬那种既不同流合污又不自甘堕落的精神了。

正所谓：“将相本无种，男儿当自强。”先天的环境虽然无法改变，但是，我们却完全可以凭借着自强、自立、自爱、自律的自我约束和自我调节,依靠着坚持不懈的后天努力,来创造自己的命运。此外,我们还应该明白,大凡世间之事往往还都存在着一种物极必反的普遍规律,而人性常常也跟物性有着极为相同相似的地方。这就好比越是温暖的地方就越是容易造成东西的腐烂变质,而越是寒冷的地方反倒越是容易便于东西的长久保鲜一样。所以良好的外在环境也很容易造成人的腐化堕落,而清苦艰难的恶劣条件却很容易激发人们自强不息的奋斗和潜力。

曾有科学家作过一个非常耐人寻味的实验,即先把几只蜜蜂放在一个开口的瓶子里,然后再将倾斜放置后的瓶底朝向有光的地方。这样一来,蜜蜂就会一次次地飞向看似光源的瓶底,直到被撞得落在瓶壁上后也不会改变自己的方向。接下来,科学家又把苍蝇放在了同样条件下的瓶子里,然而苍蝇却很快就飞出了瓶子。

虽然这个实验在科学上的目的,只是为了证实蜜蜂和苍蝇有着完全不同的飞行习惯,但是通过这样的一个实验,却足以让我们看到一种永不放弃的自强精神,将会给生命带来怎样的奇迹。因为这些坚持和努力,不仅将会为我们带来一份成功,甚至也完全有可能在某些时候拯救我们自己的生命。在这件事情上,相信绝大多数的人宁可成为一只聪明的"苍蝇",也不愿意去做那些愚蠢的"蜜蜂"。

在很多约定俗成的看法里,这种舍弃了"出身"高洁的蜜蜂、而去选择"出身"卑污的苍蝇的比喻,实在是有些不可理喻。但是,无论是在任何外界条件下,依然能够保持着一种自强不息的奋斗精神,这不正是我们所需要的一种品质吗?而这样的一种品质,又和所谓的"出身"问题有什么关系呢?我们并非真的想要在苍蝇和蜜蜂之间做出个是非褒贬,而只是希望每一个人都能够抛开那些无用的念头,依靠自己的力量去改变和创造命运。

著名作家大仲马,在得知儿子小仲马创作的那些作品总是遭到不断的拒绝后,就建议小仲马可以在下次寄出作品时注明自己是大仲马的儿子。可是一心想要依靠自己的实力闯出一片天地的小仲马,不仅没有采纳父亲的建议,反而还多次变更了自己的笔名,以避免那些编辑们为了给大名鼎鼎的父亲一点"面子"而特意地照顾自己。这样一来,直到他的传世名著《茶花女》在出版后引起轰动的时候,人们才终于知道其作者原来就是大仲马的儿子。

所谓的出身问题不是能否成功的关键,关键还是在于个人的努力和奋斗。就连有着显赫身家的小仲马,都懂得要依靠自己的努力去赢得一个成功的人生。

成功的人生,怎能少了必要的坚持

"好的开始就是成功的一半"是告诫那些想要在自己的人生之中有所作为的人,务必要为实现自己的理想和目标奠定一个扎实的基础,做好一份充足的准备。正所谓:"千里之行,始于足下。"只有在具备了这些先决条件的基础上,才有可能通过努力奋斗去赢得成功。

当然,这也只是一种可能而已。至于能否实现自己的最终目的,还要取决于我们是否能够将这种努力和奋斗坚持到底。这既是因为任何人在求取成功的道路上都要不可避免地经受各种各样的挫折与失败,更是因为一时的成败得失也不足以决定一个人的最终命运。

成功的人生不能缺少必要的坚持。有一件曾经发生在某家公司里的真实故事，就可以为这一疑问给出一个最为生动具体的答案：

这家公司曾经一度突然作出了裁员的决定。在初次公布的裁员名单上，办公室里的甲和乙都被列入其中，只等一个月的考察期满后，就可最终确定哪个人将会离开了。于是，从那天起，原本在大家看来并没有什么优劣区别的这两个人，却开始出现了极为明显的差异。个性开朗、爱说爱笑的甲，不仅整天阴沉着脸，而且也不再像以往那样认真工作。只是她并不甘心失去这份工作，所以私下里一直在利用各种关系，来为自己争取最后的一点儿希望。相比之下，乙却一如既往地在办公室里忙来忙去，甚至每天下班后也总是最后一个离开公司。也正是因为这种差异的存在，所以一个月后，甲还是没能逃脱被裁退离岗的命运，而乙却因为自己有始有终的工作作风，得到了领导和同事们的一致好评而稳定了这份工作。

乙之所以能够通过一个月的考察期，将自己的名字成功地从裁员名单中除去，并没有特殊能力和有效手段。主要是因为她能够在工作中继续表现出坚持到底、有始有终的一种品质罢了。而一个显而易见的事实就是，当某位员工确实具备了这种不到最后绝不放弃的良好品质时，又有哪一家企业和哪一位领导会不愿意将其留下呢？而这种品质不仅是一种人生态度的集中体现，同时也是一种人生智慧的充分彰显。毕竟要拥有一个全新的开始尚且不易，在历经艰难险阻后还能做到坚持到底，更绝非一件简单轻松的事情。这不仅需要勇气，更需要永不懈怠的执著努力。

不禁又想到了另外一个故事，一个同样讲述了因为这种坚持到底的宝贵品质，从而最终实现理想目标的故事：

某农场主因为在巡视自家谷仓时不慎丢失了价值千金的手表，于是悬赏50元钱，来奖励那个拾到手表再将其归还给自己的人。于是，很多人为了得到这笔赏金，就开始积极地行动起来。可是因为谷仓内到处都是堆积如山的谷粒和四下散放的稻草，所以这些人在找了半天而一无所获之后，也就只能在天色渐暗的时候纷纷离开了。偌大的谷仓里，只剩下一个小孩仍旧坚持寻找着，因为他要用那块手表来换取赏金，好维持家里的穷苦生活。就在这时，在寂静的谷仓里突然传来了手表走动时发出的“滴答”声。而循着声音找到了手表的小男孩，也终于拿到了那一笔赏金。

世间的很多事情，都和这些故事类似。而能够在现实生活中最终实现理想的成功者，也常常都是那些懂得将自己的努力和奋斗坚持到底的人。也许要获得属于自己的美好结局，还需要具备其他方面的智慧和能力，但无论如何，却始终不能缺少了一种坚持的勇气和毅力。即便是已经志得意满的成功人士，也还是要有这种难得的坚持，来继续维护成就和业绩。